普通高等教育“十一五”规划教材
PUTONG GAODENG JIAOYU SHIYIWU GUIHUA JIAOCAI （高职高专教育）

JIANZHU SHEBEI GONGCHENG

建筑设备工程

（水暖部分）

主　编　张　玲
副主编　黄奕沄　郭卫琳
编　写　方　民　张亚静
主　审　程文义

中国电力出版社
http://jc.cepp.com.cn

内容提要

本书为普通高等教育“十一五”规划教材（高职高专教育）。

全书共分六章，主要内容包括给排水管材、器材及卫生器具，建筑给水系统，建筑排水系统，供暖，通风与空调，施工图识读项目实训及附录等，每个章节均配置了相应内容的施工图识图讲解。本书还设置了一个独立章节进行学生施工图识读实训，并提供了一套包含建筑给水排水、消火栓及自喷消防、散热器供暖、集中式及半集中式中央空调等多项内容的完整的施工图。每章内容后面附了包括填空、选择及问答等多种形式的习题。

本书可作为高职高专院校土建类专业（除建筑设备工程、给水排水工程和供热通风空调工程专业外）教材，也可作为成教及中职院校相关专业教材，还可作为从事建筑行业的工程技术人员培训及参考用书。

图书在版编目（CIP）数据

建筑设备工程．水暖部分 / 张玲主编．—北京：中国电力出版社，2009.2（2019.8 重印）

普通高等教育“十一五”规划教材．高职高专教育

ISBN 978-7-5083-8170-1

Ⅰ．建… Ⅱ．张… Ⅲ．①房屋建筑设备－高等学校：技术学校－教材②房屋建筑设备－给排水系统－高等学校：技术学校－教材③房屋建筑设备：采暖设备－高等学校：技术学校－教材 Ⅳ．TU8

中国版本图书馆 CIP 数据核字（2008）第 211443 号

出版发行：中国电力出版社

地　　址：北京市东城区北京站西街 19 号（邮政编码 100005）

网　　址：http://www.cepp.sgcc.com.cn

责任编辑：孙　静

责任校对：黄　蓓　郝军燕

装帧设计：赵姗姗

责任印制：吴　迪

印　　刷：北京雁林吉兆印刷有限公司

版　　次：2009 年 2 月第一版

印　　次：2019 年 8 月北京第五次印刷

开　　本：787 毫米 ×1092 毫米　16 开本

印　　张：15.25

字　　数：369 千字

定　　价：26.00 元

前　言

本书以工程造价管理类专业对建筑设备工程理论知识及能力训练要求为出发点，兼顾了其他土木建筑工程类专业的需要。书中配置了大量施工图图纸及识读训练内容，可以满足“建筑设备工程”课程采用以能力培养为核心的新教学方法的需要。

根据实际授课的需要，本书包括建筑给排水工程、供热通风空调工程（简称暖通）两个专业内容。

与其他同类教材相应内容比较，本书有如下特点：

(1) 基于高职教育的理论知识“必须够用”的原则，缩减了部分理论内容。如舍去了建筑给水和排水用水量的计算公式，提供了估算方法，使之适应本书面对的专业群教学的需要。

(2) 增加了一些新设备、新知识。如在管材、器材及卫生器具章节中，介绍了大量新型管材及附件的规格特点及连接方式；在供暖章节中，地面辐射供暖成为一个独立小节内容，较详细地介绍了低温热水辐射供暖的原理、结构、特点及主要安装敷设等施工知识，并配备了施工图供识读及讲解；在给水和排水章节中，增加了无负压变频恒压给水装置及同层排水的工作原理介绍；在通风内容中，增加了混流风机与斜流风机等设备介绍；在空调工程章节中，增加了多联式空调的知识介绍及空调用制冷机房的布置流程等。

(3) 进一步增加了管道施工技术方面的内容。

(4) 本书前五章在阐述建筑设备（水暖部分）专业知识的同时，每个章节配置了相应的识图内容，学生能够对照施工图纸加深对理论知识部分的理解，并培养识读施工图的初步能力。

(5) 第六章提供了一套经过修改的真实工程的完整施工图，并列出了实训项目单指导学生识图内容，使学生在经过前面的理论及识图教学后，可以面对真实工程进行模拟识图训练，提高施工图识读能力。

本书由浙江建设职业技术学院张玲主编，黄奕沄、郭卫琳副主编。其中，第一章由浙江建设职业技术学院方民编写，第二、三章由郭卫琳编写，第四章由黄奕沄编写，第五章由张玲编写，第六章由铁道部第三勘察设计院张亚静编写。

由于编者水平有限，加之时间仓促，书中难免有不足之处，恳请读者批评指正。

编者

2009 年 1 月

目　录

第一章　给排水管材、器材及卫生器具

第一节　给排水管材及连接方式

一、给水管材及连接方式

建筑室内给水工程常用的管材按材料材质可分为塑料管、复合管、钢管、铜管、给水铸铁管等。

1. 塑料管

塑料管一般是以塑料树脂为原料，加入稳定剂、润滑剂等，以塑的方法在制管机内经挤压加工而成。由于它具有质轻、耐腐蚀、外形美观、无不良气味、加工容易、施工方便等特点，在建筑工程中得到了越来越广泛的应用。塑料管有热塑性塑料管和热固性塑料管两大类。热塑性塑料管采用的主要树脂有聚氯乙烯树脂（PVC）、聚乙烯树脂（PE）、聚丙烯树脂（PP）、聚苯乙烯树脂（PS）、丙烯腈—丁二烯—苯乙烯树脂（ABS）、聚丁烯树脂（PB）等。

塑料管的原料组成决定了塑料管的特性：主要优点有化学性能稳定、耐腐蚀、管壁光滑不宜结垢、水头损失小、重量轻、加工安装方便；主要缺点是抗局部集中强度较低，线性膨胀系数及相对管壁厚度较大。

常用塑料管的物理性能、连接方式见表1-1。

表1-1　常用塑料管的物理性能、连接方式

管材 项目	PVC-U	PE-X	PP-R	PB	ABS	PAP（XPAP）	钢塑复合管
材基名称	硬聚氯乙烯	交联聚乙烯	无规共聚聚丙烯	聚丁烯	丙烯腈—丁二烯—苯乙烯	聚乙烯或交联聚乙烯与铝管复合	聚氯乙烯或聚乙烯衬里钢管
密度（kg/m^3）	1.5×10^3	0.95×10^3	0.9×10^3	0.93×10^3	1.02×10^3		7.85×10^3
长期使用温度（℃）	≤45	≤90	≤70	≤90	≤60	≤60	≤50
工作压力（MPa）	1.6	1.6（冷水） 1.0（热水）	2.0（冷水） 1.0（热水）	1.6～2.5（冷水） 1.0（热水）	1.6	2.0～3.0	2.5
热膨胀系数[mm/(m·℃)]	0.07	0.15	0.11	0.13	0.11	0.025	0.014
热导率[W/(m·℃)]	0.16	0.41	0.24	0.22	0.26	0.45	接近钢管
管道外径（mm）	20～315	14～63	20～110	20～63	15～300	14～32	15～150
寿命（年）	50	50	50	50	50	50	30
连接方式	承插黏结或胶圈连接	采用铜接头的夹紧式、卡套式连接	热熔式连接	热熔式、夹紧式连接	承插黏结或胶圈连接	夹紧式铜接头连接	螺纹、法兰、卡箍式连接

表 1－2 为无规共聚聚丙烯（PP－R）管的规格。

表 1－2　　无规共聚聚丙烯（PP－R）管的规格（$DN \times e_n$）

S5（1.25MPa）	S4（1.6MPa）	S3.2（2.0MPa）	S2.5（2.5MPa）
20×1.9	20×2.3	20×2.8	20×3.4
25×2.3	25×2.8	25×3.5	25×4.2
32×3.0	32×3.6	32×4.4	32×5.4
40×3.7	40×4.5	40×5.5	40×6.7
50×4.6	50×5.6	50×6.9	50×8.4
63×5.8	63×7.1	63×8.1	63×10.5
75×6.9	75×8.4	75×10.1	75×12.5
90×8.2	90×10.1	90×12.3	90×15.0
110×10.0	110×14.6	160×20.7	110×18.0

选用塑料管时，应注意为保证管道接口的严密性，且给水系统由于要承受较大的压力，管道接口宜为热熔连接的形式，同时由于塑料管的线性系数大，在安装中宜采用暗敷的形式。

2. 复合管

复合管是由金属（钢或铝）与塑料复合而成的，常用的有钢塑复合管和铝塑复合管两种。

钢塑复合管是近年来发展的一种新型管道，它以钢管或钢骨架为基体，与各种类型的塑料（如聚丙烯、聚乙烯、聚氯乙烯、聚四氟乙烯等）经复合而成，按基本材料和制造工艺主要有孔网钢带钢塑复合管、钢丝缠绕钢塑复合管、全钢带焊接钢塑复合管三种；按塑料与基体结合的工艺又可分为衬塑复合钢管和涂塑复合钢管两种。

衬塑复合钢管是在镀锌管内壁衬一定厚度的塑料（PE、UPVC、PEX 等）而成，因而同时具有钢管和塑料管的优越性。

涂塑复合钢管是以普通碳素钢管为基材，内涂或内外均涂塑料粉末，经加温熔融黏合形成。依据用途不同，可分为两种：一种是内壁涂敷 PE，外镀锌镍合金；另一种是内、外壁均涂敷 PE。

钢塑复合管在发达国家已比较成熟，广泛应用于石油、化工、建筑、造船、通信、电力和地下输气管道等多个领域。据统计，美国、日本等国家的输水管道有 80%～90%的管材采用钢塑复合管。钢塑复合管兼有金属管和塑料管的优点，既有好的机械强度，又有良好的耐腐蚀性，因此可以广泛用作建筑给水系统中冷热水管道，天然气、煤气等输送管道，建筑消防系统中的给水管道。

钢塑复合管的主要性能有：

(1) 抗腐蚀性高，安全卫生，保温性强。由于钢塑复合管的内壁衬了一层聚乙烯塑料，不易老化，所以有很好的耐腐蚀性。同时，塑料的导热系数小增强了保温性能；抗老化及抗冻性好。复合管的老化主要是塑料层在空气中暴露和阳光暴晒，分子易产生变性；钢塑管由于外壁为钢管，能有效抵挡紫外线的照射，抗老化性能好。钢塑复合管的抗冻效果主要表现在低温时钢与塑料的膨胀系数相差大，使得管头塑料产生收缩。而对于涂塑管、网孔钢带聚乙烯管和内嵌入式衬塑管，由于钢塑之间结合力好，所以不会产生内层收缩，抗冻性能也较好。

(2) 优越的机械性能。钢塑复合管的坯管是焊接钢管，有优越的机械性能，承压高、耐冲击，经涂塑或衬塑复合后的钢管安装后不易发生变形。

(3) 可靠的安装性。安装方便，连接方法成熟可靠，无渗漏。同时由于管材内壁均为塑料，对水质无二次污染，有利于保证水质。

铝塑复合管是中间为一层焊接铝合金，内外各一层聚乙烯，经胶合黏结而成的管子，具有塑料管耐腐蚀性好和金属管耐压高的优点。铝塑复合管按聚乙烯材料不同分为适用于热水的交联聚乙烯铝塑复合管（XPAP）和适用于冷水的高密度聚乙烯铝塑复合管（PAP）。铝塑复合管的连接采用夹紧式铜配件连接，主要用于建筑内配水支管。

3. 钢管

钢管按制造方法可分为无缝钢管和焊接钢管两种。焊接钢管又分为镀锌钢管和非镀锌钢管。无缝钢管用优质碳素钢或合金钢制成，有热轧、冷轧（拔）之分。焊接钢管是由卷成管形的钢板以直缝焊或螺旋缝焊接而成，在制造方法上，又分为低压流体输送用焊接钢管、螺旋缝电焊钢管、直接卷焊钢管、电焊管等。

钢管具有强度高、承受流体的压力大、抗震性好，容易加工和安装等优点，但抗腐蚀性能略差。

镀锌钢管由于在管道内外镀锌，使其耐腐蚀性能增强，但对水质仍有影响。因此，现在冷浸镀锌管已被淘汰，热浸镀锌管也限制场合使用。表 1-3 为低压流体输送用焊接钢管和镀锌焊接钢管的规格。

表 1-3　　低压流体输送用焊接钢管和镀锌焊接钢管的规格

公称直径 *DN*		外径 (mm)	普通钢管		加厚钢管	
(mm)	(in)		壁厚 (mm)	理论质量 (kg/m)	壁厚 (mm)	理论质量 (kg/m)
15	1/2	21.3	2.75	1.26	3.25	1.45
20	3/4	26.8	2.75	1.63	3.50	2.01
25	1	33.5	3.25	2.42	4.00	2.91
32	$1\frac{1}{4}$	42.3	3.25	3.13	4.00	3.78
40	$1\frac{1}{2}$	48.0	3.50	3.84	4.25	4.58
50	2	60.0	3.50	4.88	4.50	6.16
65	$2\frac{1}{2}$	75.5	3.75	6.64	4.50	7.88
80	3	88.5	4.00	8.34	4.75	9.81
100	4	114.0	4.00	10.85	5.00	13.44
125	5	140.0	4.50	15.04	5.50	18.24
150	6	165.0	4.50	17.81	5.50	21.63

钢管连接方法有螺纹连接、法兰连接、焊接连接（镀锌钢管不适合）、卡箍连接。螺纹连接配件如图 1-1 所示。

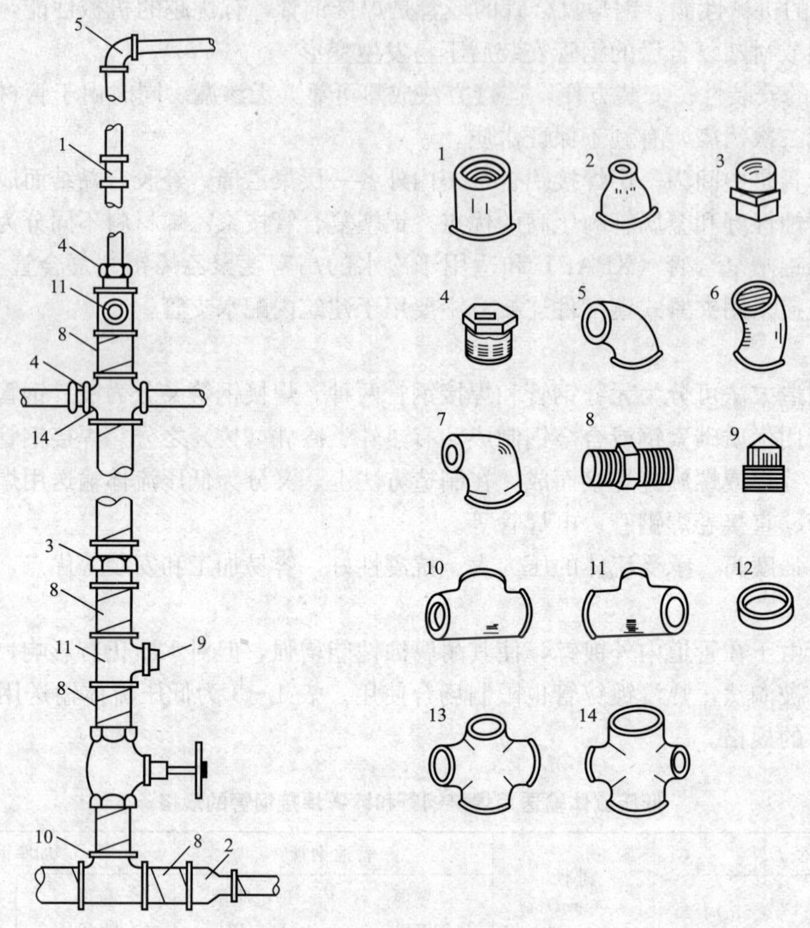

图 1-1 钢管螺纹连接及管件

1—管箍；2—异径管箍；3—活接头；4—补心；5—90°弯头；6—45°弯头；7—异径弯头；8—外螺纹；9—管塞；10—等径三通；11—异径三通；12—根母；13—等径四通；14—异径四通

4. 铜管

铜管主要由纯铜、磷脱氧铜制造，通常称为紫铜管。黄铜管由普通黄铜、铅黄铜等制造。

铜管具有高强度、高可塑性等优点，且经久耐用、水质卫生、水力条件好、热胀冷缩系数小、抗高温环境，适合输送热水。铜管管材及其配件齐全，主要规格有 $\phi15$～$\phi160$，连接方式有焊接、螺纹和沟槽卡压连接等。

5. 给水铸铁管

铸铁管是由生铁制成的，按制造方法不同可分为砂型离心承插直管、连续铸铁直管及砂型铁管；按所用的材质不同可分为灰口铁管、球墨铸铁管及高硅铁管。

给水铸铁管与钢管相比具有耐腐蚀、使用寿命长等优点，其缺点是管壁厚、质量大，多用于 $DN \geqslant 75$mm 的给水管道中，尤其适用埋地敷设。我国生产的给水铸铁管有低压（0～

0.5MPa）、普压（≤0.7MPa）和高压（≤1.0MPa）三种灰口铸铁管。建筑给水管道一般采用普压给水铸铁管。

离心球墨给水铸铁管是市政和居住小区目前常采用的新型给水管，用离心铸造工艺生产，材质为球墨铸铁。它具有铁的本质，钢的性能，强度高、韧性好、耐腐蚀，是传统铸铁管和普通钢管的更新换代产品。此外，离心球墨铸铁管机械性能好，在内外镀锌处理后，内壁再衬水泥浆，外涂刷沥青防腐，且涂层黏附牢固，并采用T型承插式柔性接口，胶圈密封，安装方便。表1-4为K9级T型接口离心球墨铸铁管的规格，其标准有效长度为6m。

表1-4　K9级T型接口离心球墨铸铁管的规格

公称直径*DN*（mm）	外径（mm）	壁厚（mm）	每米质量（kg/m）	总质量近似值（kg）
100	118	6	14.9	94
150	170	6	21.9	138
200	222	3.0	30.1	191

给水铸铁管连接方法有承插连接和法兰连接两种。承插连接可采用石棉水泥接口、胶圈接口、铅接口、膨胀水泥接口。在经常拆卸的部位应采用法兰接连，但法兰连接只用于明敷管道。离心球墨铸铁管采用的承插连接方式为胶圈接口。

6. 薄壁不锈钢水管

随着国民经济的发展和人民生活水平的提高，薄壁不锈钢水管已经成为国内给水管道系统发展的新趋势。

国内薄壁不锈钢水管是20世纪90年代末才问世的新型管材，由于其具有安全卫生、强度高、耐蚀性好、坚固耐用、寿命长、免维护、美观等特点，已大量应用作建筑给水和直饮水管道。薄壁不锈钢水管牌号及应用场合见表1-5。

表1-5　薄壁不锈钢水管牌号及应用场合

牌　号	应用场合
0Cr18Ni9（304）	饮用净水、生活饮用水、空气、医用气体、热水等管道用
0Cr17N12Mo2（316）	耐腐蚀性比0Cr18Ni9更高的场合
00Cr17N14Mo2（316L）	海水中

二、排水管材及连接方式

建筑内部的排水管道一般采用硬聚氯乙烯（PVC-U）排水管，高层建筑常采用柔性接口排水铸铁管，室外埋地排水管常采用埋地PVC-U排水管和混凝土管。

1. 硬聚氯乙烯（PVC-U）排水塑料管

PVC-U管具有耐腐蚀、质量轻、施工安装方便、水流阻力小、造价低廉、外表美观等优点，近年来在国内建筑排水工程中得到普遍应用。PVC-U排水管规格用公称外径表示，常用规格为*DN*50、*DN*75、*DN*110和*DN*160，采用承插黏结连接。图1-2所示为PVC-U排水塑料管管件。

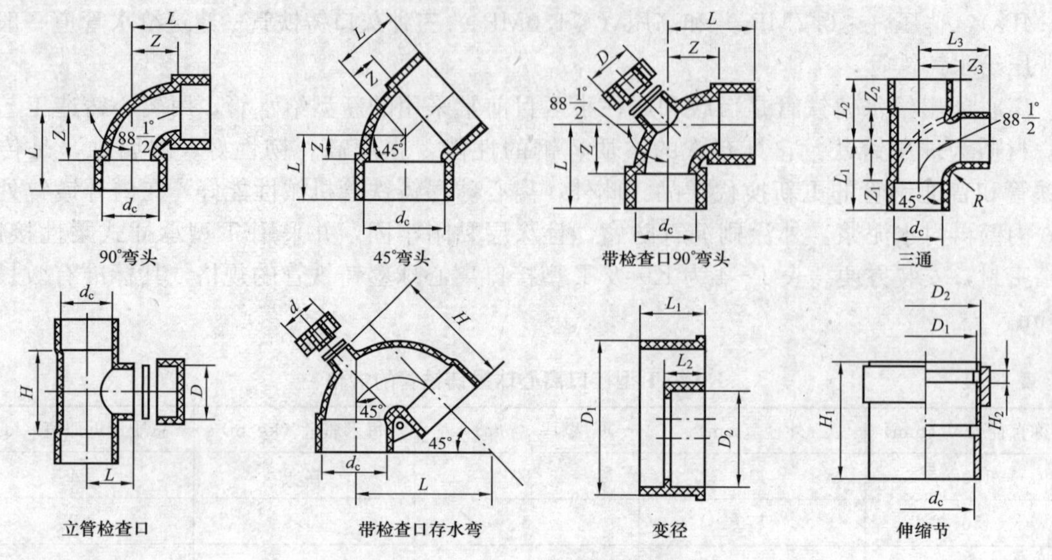

图 1-2 PVC-U 排水塑料管管件

2. 柔性接口排水铸铁管

高层建筑及地震区建筑的排水管宜采用柔性接口排水铸铁管，其具有良好的曲挠性和伸缩性，可适应建筑楼层间变位导致的轴向位移和横向曲挠变形，防止管道裂缝、折断。图 1-3 所示为 RK-A 型柔性接口排水铸铁管，接口采用法兰压盖和螺栓将橡胶密封圈压紧。柔性接口排水铸铁管管件有立管检查口、三通、45°弯头、90°弯头、45°和 30°通气管、四通、P 形和 S 形存水弯等，如图 1-4 所示。

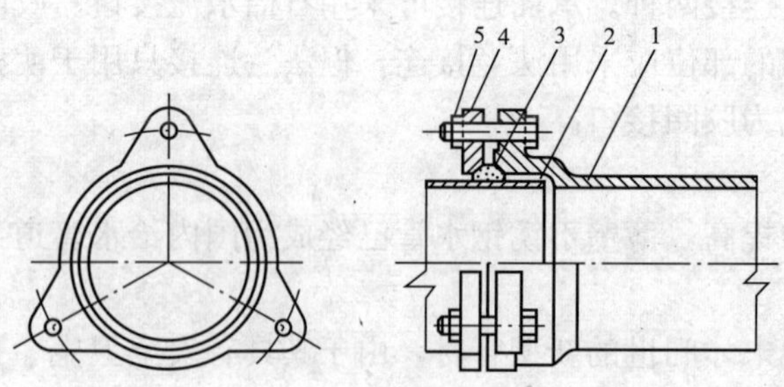

图 1-3 RK-A 型柔性接口排水铸铁管接口

1—承口端；2—插口端；3—橡胶密封圈；4—法兰压盖；5—螺栓

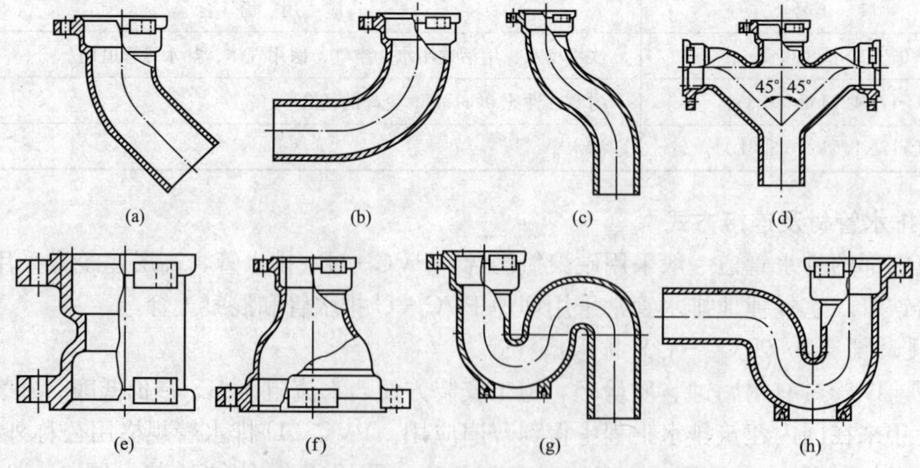

图 1-4 柔性接口排水铸铁管部分管件

(a) 45°弯头；(b) 90°弯头；(c) 乙字管；(d) 四通；(e) 管箍；(f) 异径管箍；(g) S 形存水弯；(h) P 形存水弯

图1-5所示为W型卡箍式柔性接口排水铸铁管接口。W型卡箍式排水铸铁管是一种新型建筑排水管材，为无承口管道和配件，接口采用橡胶套密封，效果好，能承受来自各方向的振动（包括强烈地震）；外罩为不锈钢卡箍，接口美观牢固、耐腐蚀；在安装接口时，将卡箍放松到最大直径限位，先将不锈钢外套套入管道，然后接口的两端分别对入橡胶套内，将不锈钢外套套在橡胶套外部拧牢即可获得满意效果；具有质量轻、接口抗震性能好、安装施工方便、外观美观（不带承口）等优点。

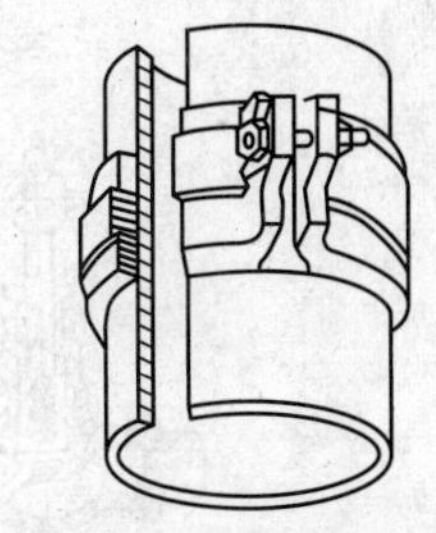

图1-5　W型卡箍式柔性接口排水铸铁管接口

第二节　器材与设备

一、给水配水附件

给水配水附件用于调节和分配水流，通常指为各类卫生洁具或受水器分配或调节水流的各式水龙头。常用的配水附件如图1-6所示，其种类有以下几种。

1. 配水龙头

(1) 球形阀式配水龙头。一般装设在洗脸盆、污水盆、盥洗槽上。

(2) 旋塞式配水龙头。该水龙头旋转90°时完全开启，可在短时间内获得较大流量。

2. 盥洗龙头

这种龙头设在洗脸盆上供冷水（或热水）用，有莲蓬头式、角式、喇叭式、长脖式等多种式。

3. 混合配水龙头

用以调节冷热水的温度，供盥洗、洗涤、沐浴等使用。这种水龙头样式繁多，质地优良，可结合实际选用。

除上述配水龙头外，还有化验盆鹅颈水龙头、小便器水龙头、皮带水龙头、电子自控水龙头等。

二、给水控制附件

控制附件是用来调节水量和水压，关断水流，控制水流方向和水位的各式阀门。阀门是管路中的控制装置，其基本功能是接通或切断管路介质的流通，改变介质的流动方向，调节介质的压力和流量，保护管路、设备的正常运行。阀门的用途广泛，种类繁多，大致可分两大类：

第一类自动阀门：依靠介质（液体、气体）本身的能力而自行动作的阀门，如止回阀、安全阀、调节阀、疏水阀、减压阀等。

第二类驱动阀门：借助手动、电动、液动、气动来操纵动作的阀门，如闸阀、截止阀、节流阀、蝶阀、球阀、旋塞阀等。

阀门按照阀体结构形式和功能有截止阀、闸阀、止回阀、减压阀、压力平衡阀、安全阀、排气阀、温控阀、电磁阀、浮球阀等。选用阀门时，需要考虑管径大小、接口方式、水流特点及启闭要求等因素。

1. 截止阀J

在$DN\leqslant 50$mm，且经常启闭、水流呈单向流动的管道上宜选用截止阀。该种阀门密封性比闸阀好，可用于调节管道内水流流量的大小。截止阀阀体可由铸铁、铜、塑料等材料制

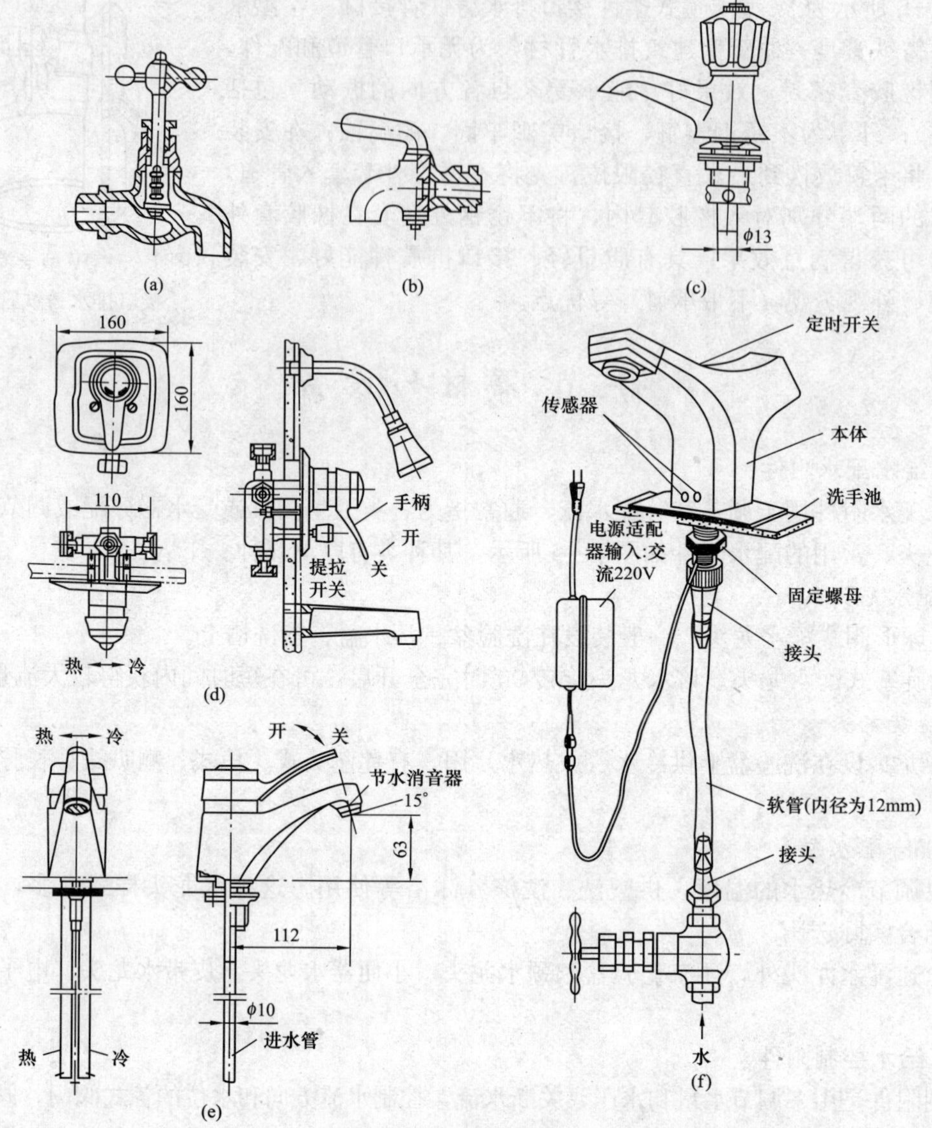

图 1-6　常用配水龙头

(a) 球形阀式配水龙头；(b) 旋塞式配水龙头；(c) 洗脸盆水龙头；(d) 单柄浴盆水龙头；(e) 单柄洗脸盆水龙头；(f) 自动水龙头

成，主要有直通式、角式、直流式三种构造形成，有内外螺纹、法兰接口。图 1-7 所示为直通式截止阀，水流方向为低进高出。

2. 闸阀 Z

在 $DN>50$mm，且启闭较少的管段上应采用闸阀。闸阀由铸铁或铜制成，有螺纹和法兰盘两种接口。闸阀的阀体内有一个与水流方向垂直的闸板，当阀杆向上提升起闸板时，阀开启。闸阀按阀杆升降方式有明杆式、暗杆式两种形式；按启闭方式有手动传动、齿轮转动、电动和液压传动；按阀芯构造形式有楔式、平行式。闸阀的特点是，全开时水流呈直线通过，阻力小，对于明杆式闸阀还容易从阀杆升降程度看出阀的开启度。但若水中杂质沉积阀座时，阀板将不易关严，易产生漏水。图 1-8 所示为明杆楔式法兰闸阀。

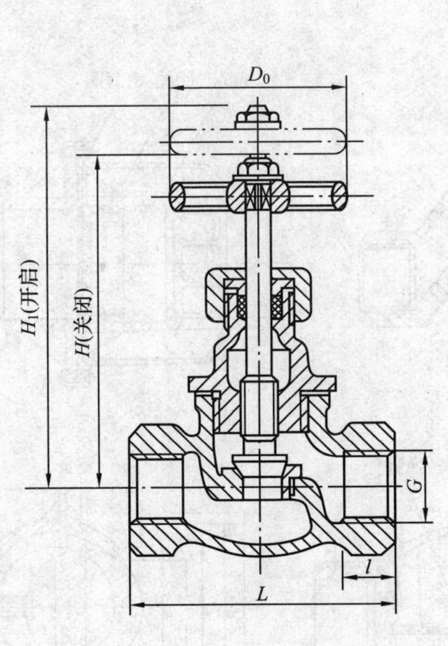

图 1-7　直通式截止阀

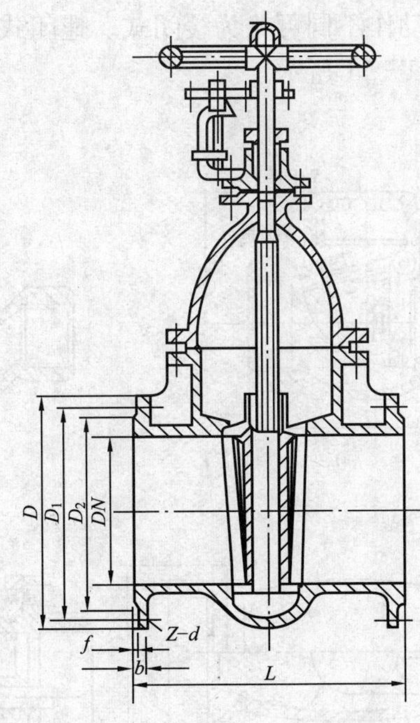

图 1-8　明杆楔式法兰闸阀

3. 蝶阀 D

图 1-9 所示为蝶阀构造，具有开启方便、结构紧凑、占用面积小的特点，可在设备安装空间较小时采用。

4. 球阀 Q

图 1-10 所示为球阀构造，按阀体材料有铸铁、碳钢、铜、塑料等。其特点是启闭灵活，可用于要求启闭迅速的场合。

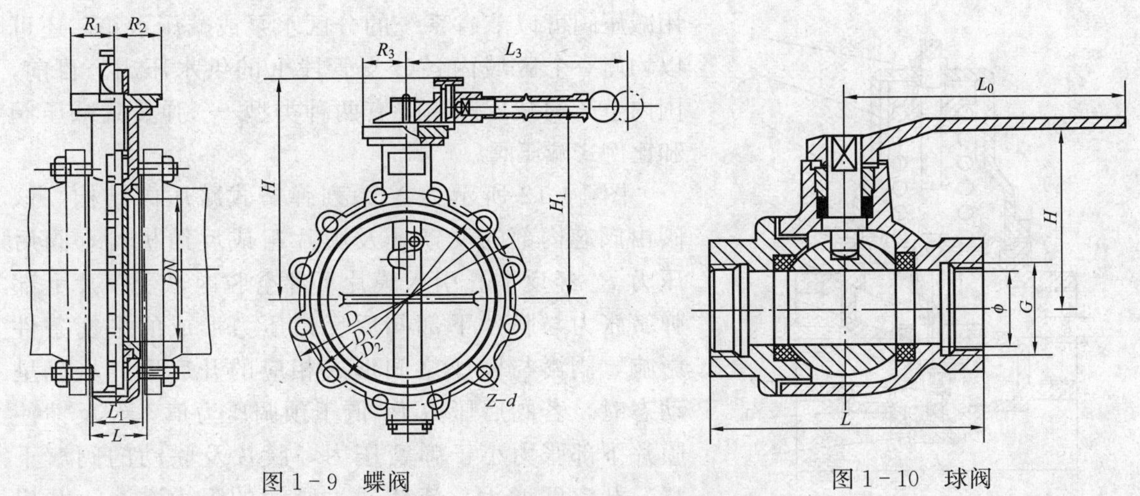

图 1-9　蝶阀

图 1-10　球阀

5. 止回阀 H

止回阀用于阻止水流的反向流动，装设在需要防止水倒流的管段上，按构造不同可分为旋启式、升降式、蝶式、梭式和球式等；按振动和消声等级不同可以分为消声式、普通式；

按阀瓣的动作不同可分为缓闭式、速闭式；按连接方式不同可以分为螺纹式、法兰式、沟槽式。如图 1-11 所示。

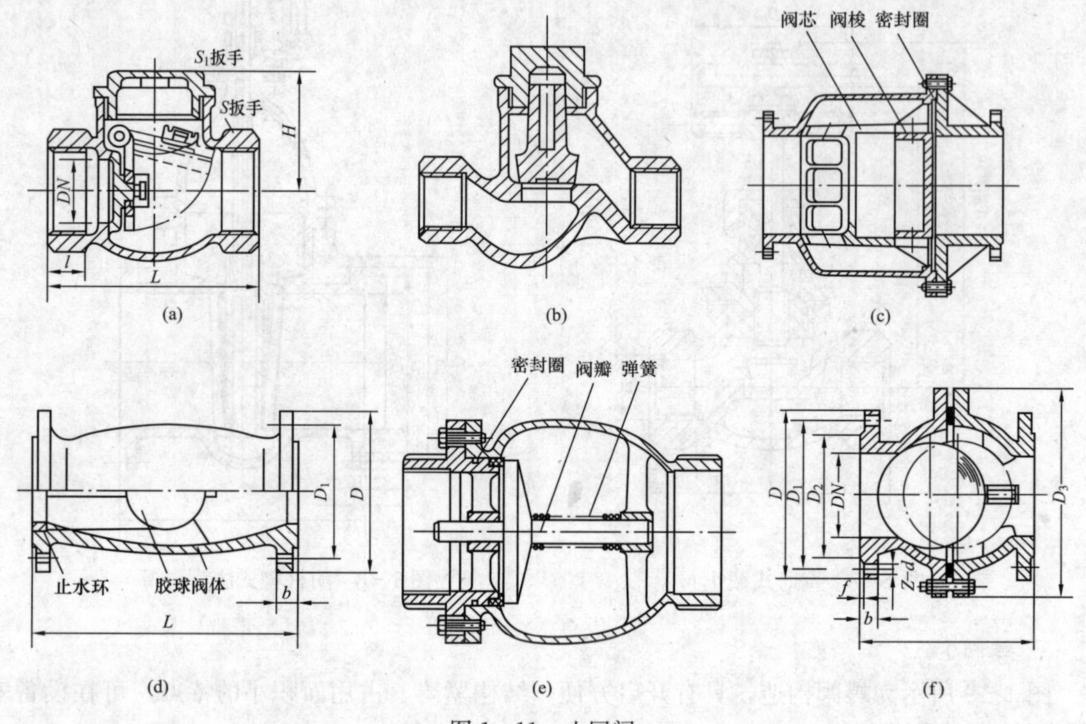

图 1-11 止回阀

(a) 旋启式；(b) 升降式；(c) 梭式；(d) 球式；(e) 消声式；(f) 浮球式

6. 减压阀 Y

减压阀是一种广泛应用于高层建筑生活给水系统和消防给水系统管道上的减压装置。采用减压阀可以节省系统的分区水泵或减压水箱，还可以均衡一个区域内各分支管段上的供水压力。目前，国内生产的减压阀主要有两种类型——弹簧式减压阀和比例式减压阀。

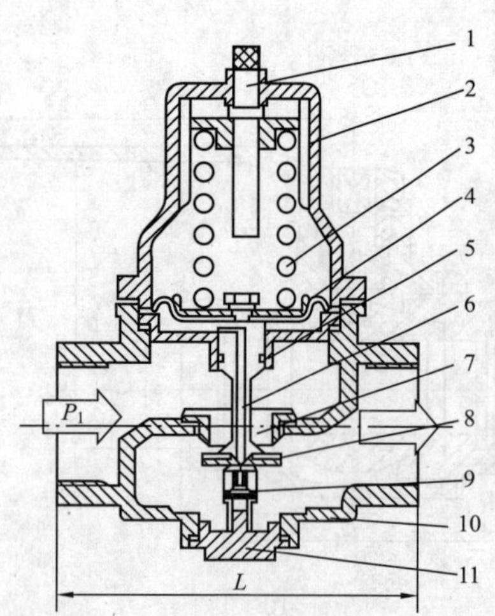

图 1-12 Y 系列弹簧式减压阀结构

1—调节杆；2—弹簧罩；3—弹簧；4—薄膜；5—O 形圈；6—阀芯；7—阀座；8—阀瓣；9—限位螺母；10—阀体；11—底盖

图 1-12 所示为 Y 系列弹簧式减压阀结构。该阀由阀芯内部的反馈孔及膜片组成反馈机构，阀后压力 P_2 经反馈孔引入膜片下部空腔内，受膜片上部弹簧张力与膜片下部阀后反馈压力形成的平衡条件影响，阀瓣与阀座之间形成相应的开启度。水流呈动态时，若阀后压力 P_2 低于预调压力值，经反馈使膜片下部张力小于弹簧压力，膜片及联动的阀瓣下移，开启度增大，流体通过阀瓣的阻力减小，开启度增大至预调压力值时将维持不变；若阀后压力 P_2 高于预调压力值，其动作与上述过程相反，从而达到减小动压的目的。水流呈静态时，随着阀后压力

P_2 增加，阀瓣上移，当 P_2 值至预调压力时，阀瓣与阀座闭合，从而达到减少静压的目的。

图 1-13（a）所示为活塞式比例减压阀结构，活塞前后两侧面积成特定比例，利用活塞前后水流通过的截面不同而改变水流的压强。活塞式比例减压阀具有结构简单、工作平稳、密封性能好、减压不减流量的优点，可减静压也可减动压。

图 1-13（b）所示为膜片式比例减压阀结构，其工作原理与 Y 系列减压阀相同，但阀门内部传感器结构呈比例设计，因此阀前和阀后压力也呈比例关系变化，弹簧仅限于微调。

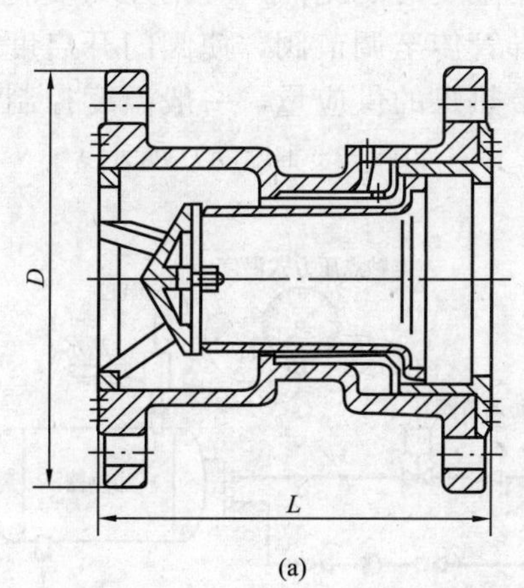

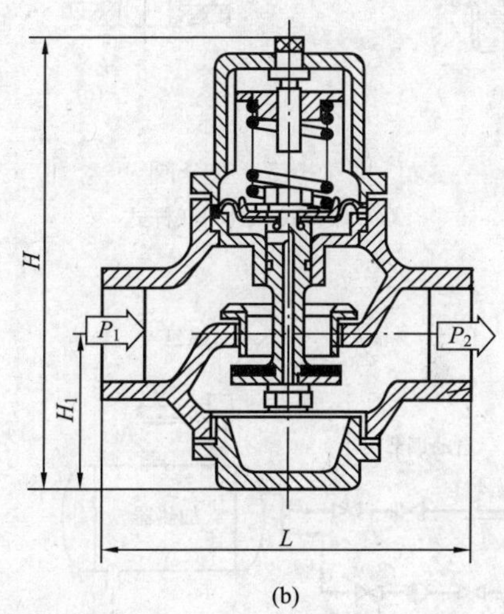

图 1-13 比例减压阀

（a）活塞式；（b）膜片式

减压阀可水平安装，也可垂直安装。弹簧式减压阀一般宜水平安装，比例式减压阀宜垂直安装。减压阀前后均应安装压力表及检修阀门，减压阀前端还应装设过滤器，以防杂物堵塞减压阀。图 1-14 所示为减压阀单阀水平安装图。

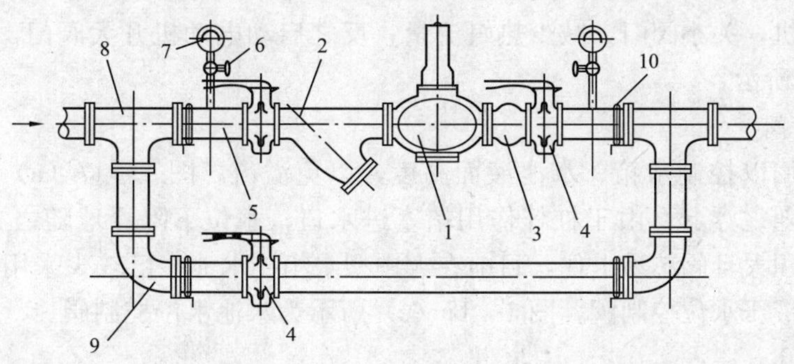

图 1-14 减压阀单阀水平安装图

1—减压阀；2—Y 型过滤器；3—柔性接头；4—蝶阀；5—短管；6—三通表阀；7—压力表；8—三通；9—弯头；10—活接头

7. 安全阀 A

安全阀是保证系统和设备安全运行的阀门，用于需超压保护的设备容器及管路上，能自动放泄压力。安全阀按构造可分为杠杆式、弹簧式和脉冲式，如图 1-15 所示。

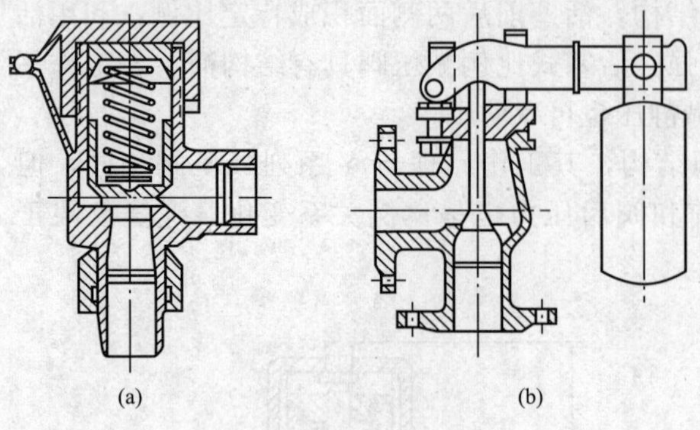

图 1-15 安全阀
(a) 弹簧式；(b) 杠杆式

8. 自动调温装置

自动调温装置有直接式和电动式两种。

直接式自动调温装置由温包感温元件和调节阀组成。温包内装有低沸点液体，插在加热器热水管道出口或热水管道中，根据温度的变化而产生的压力变化，由毛细导管传至调节阀，使阀门开启度不同以调节热媒的供应量，一般温度控制精度小于 2℃，如图 1-16 (a) 所示。

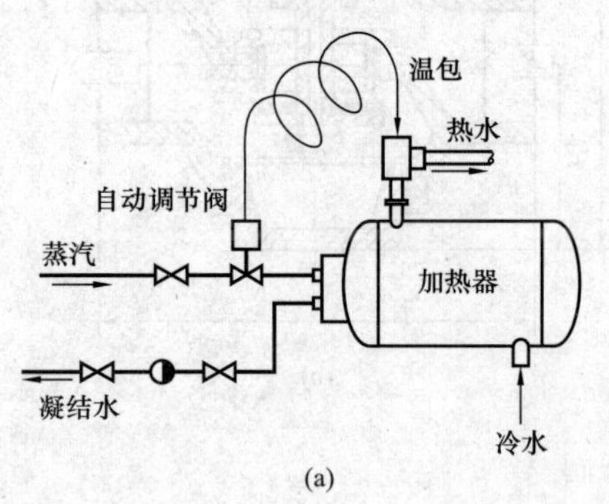

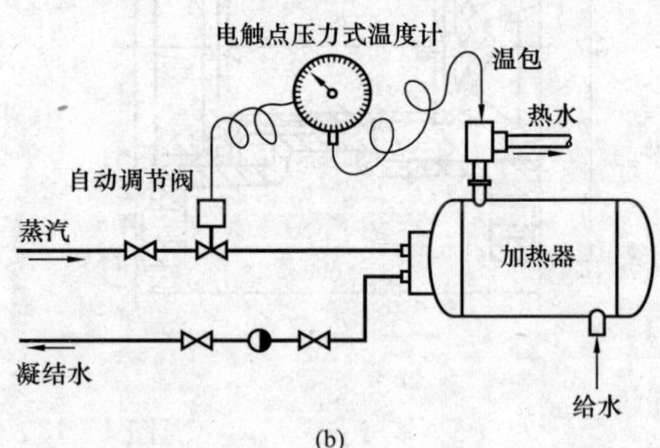

图 1-16 自动调温装置
(a) 直接式自动调温装置；(b) 电动式自动调温装置

电动式自动调温装置由电触点压力式温度计、电动调节阀和控制装置组成。由电触点压力式温度计温包把探测到的温度变化传感到电触点温度计，当指针转到大于规定的温度触点时，即启动电动机，关小阀门，减少热媒流量；反之启动电动机开大阀门，增大热媒流量。如图 1-16 (b) 所示。

9. 液位控制阀

液位控制阀用以控制水箱、水池液面高度，以免溢流。图 1-17 (a) 所示为浮球阀，水位上升后浮球随之浮起，由于杠杆作用堵塞进水口；水位下降浮球随之下降，进水口开启。由于浮球体积大且阀芯易卡住，目前在大中型水箱、水池中已较少采用。图 1-17 (b) 所示为改进后的液压水位控制阀，图 1-17 (c) 所示为水池水位控制阀。

10. 疏水器 S

疏水器是阻汽通水、用于蒸汽间接加热中凝结水管始端的装置，按工作原理及构造有浮桶式、吊桶式、热动力式、脉冲式、温调式等多种类型。热水供应系统通常采用高压疏水器。图 1-18 所示为吊桶式疏水器构造，动作前吊桶下垂、阀孔及快速排气孔均开启。若凝结水流入，可直接从阀孔排出；若蒸汽进入疏水器，吊桶中双金属片迅速受热

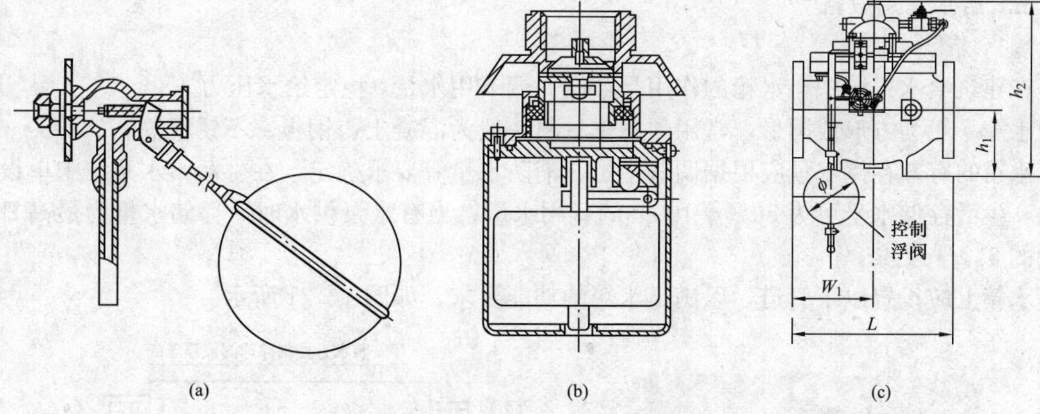

图 1-17　液位控制阀

(a) 浮球阀；(b) 液压水位控制阀；(c) 水池水位控制阀

膨胀，吊桶上方的快速排气孔关闭，蒸汽在疏水器内冷凝成水，逐渐增多的凝结水浮起吊桶，关闭阀孔，阻止了蒸汽和凝结水的排出，直至疏水器内全部蒸汽冷凝成水，双金属片降温收缩而下垂，再次打开快速排气阀和阀孔后，阀内凝结水才能排除。

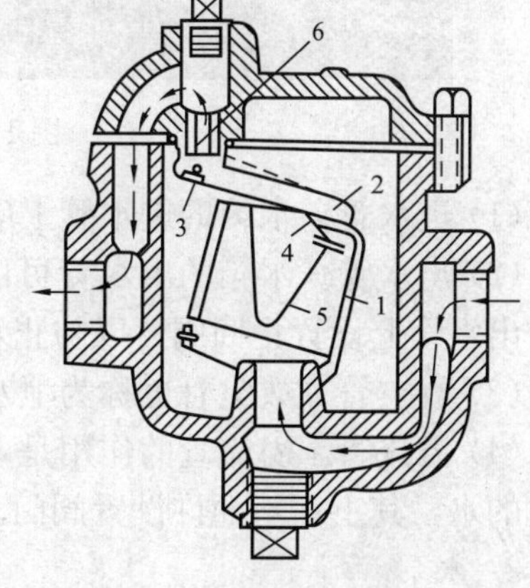

图 1-18　吊桶式疏水器构造

1—吊桶；2—杠杆；3—珠阀；4—快速排气孔；5—双金属弹簧片；6—阀孔

图 1-19 所示为热动力式疏水器构造。它是利用进入阀体的蒸汽或凝结水对阀片上下两边产生的压差使阀片上升或降落，达到排水阻汽的效果。

11. 排气阀

在热水供应系统中管道内不同程度地存有空气，由于采用集气罐排气需人工操作，所以目前广泛采用自动排气阀，其构造如图 1-20 所示。

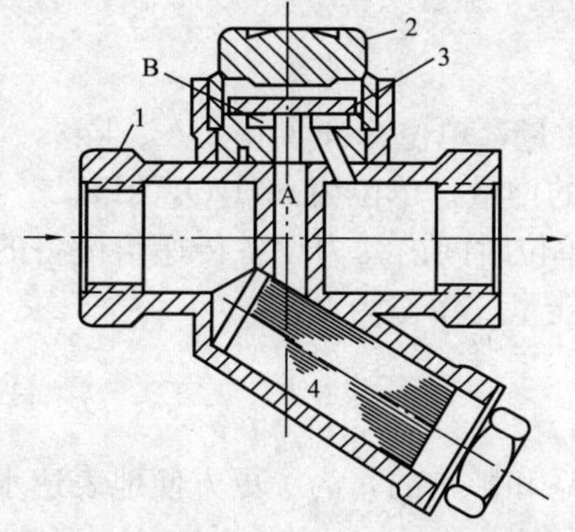

图 1-19　热动力式疏水器构造

1—阀体；2—阀盖；3—阀片；4—过滤器；A—排水通道；B—阀片

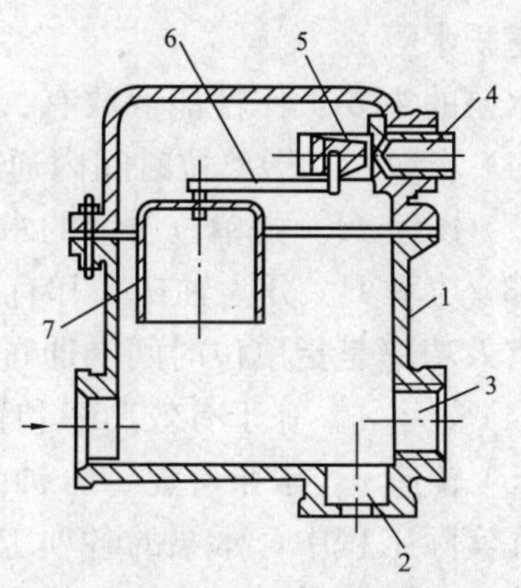

图 1-20　自动排气阀构造

1—排气阀体；2—直角安装出水口；3—水平安装出水口；4—阀座；5—滑阀；6—杠杆；7—浮筒

三、给水常用设备

1. 水箱

在建筑给水系统中，水箱的作用是存储、调节用水量，稳定给水压力。

水箱一般为方形或圆形，常用的制作材料一般为混凝土、钢板、不锈钢等。

水箱的有效存储水量应根据调节水量、消防水量等要求确定。在生活给水系统中单设水箱时，生活存储水量可为50%～100%的日用水量；当有水泵供水时，存储水量为最高日用水量的5%～12%。

水箱上应设置以下管道，以满足水箱的功能要求，如图1-21所示。

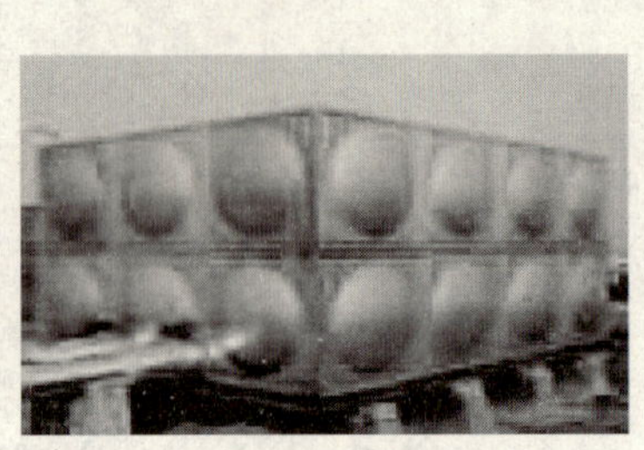

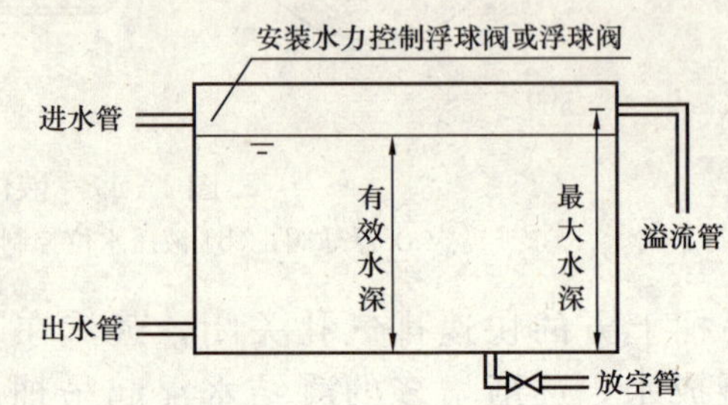

图1-21 不锈钢生活水箱及构造

(1) 进水管。水箱的进水管上应设置两个浮球阀，在浮球阀前设置闸阀。

(2) 出水管。水箱的出水管可以单独设置，也可以与进水管合用。当与进水管合用时，应在出水管上设置止回阀，以防止水由出水管进入水箱。

(3) 放空管。放空管也称为泄水管，在检修或清洗水箱时用来将水箱内的存水放净。

(4) 溢流管。溢流管的作用是，当进水管上的浮球阀失效时，能有组织地排除水箱过高水位的水，其上面不允许设置阀门。

2. 水泵

水泵是一种将原动机的机械能转换为水的动能和势能并输送水的一种通用机械，广泛地应用在国民经济的各个领域。

在室内建筑给水排水工程中，水泵主要用于提高水的压力，稳定给水管道的水压，排除地下室积水等。

水泵的主要工作性能参数有：

(1) 流量Q。指单位时间内通过水泵的水的体积或质量，单位为m^3/h、L/s、kg/s。

(2) 扬程H。指单位质量的水通过水泵后获得能量的增量，单位为mH_2O，kPa。

(3) 功率P。分为轴功率和有效功率，轴功率是指单位时间内动力设备传递给设备的功率，有效功率是指单位时间内通过水泵的水所获得的总能量，单位为kW。

(4) 效率η。等于有效功率和轴功率的比值。

(5) 转速n。水泵叶轮每分钟的转数，单位为r/min。

在实际工程中，水泵的各项工作性能参数是相互联系和影响的，为了更方便地表达水泵的性能，一般用水泵的性能曲线来表示，如图1-22所示。

3. 气压给水装置

气压给水装置主要由气压水罐、水泵和控制系统组成。该装置的工作原理是，当水泵工作时，水送至给水管网的同时，多余的水进入气压水罐，罐体内水室扩大并将罐内的气体压

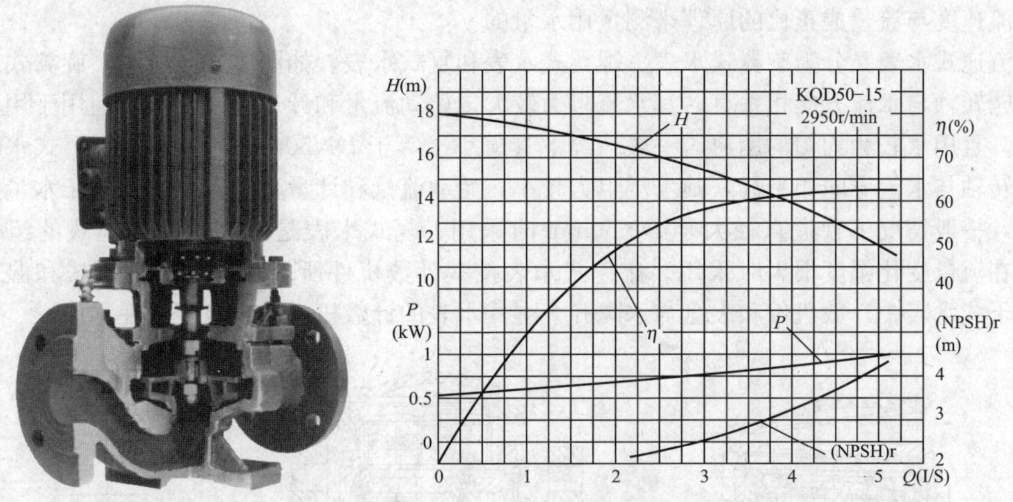

图 1-22　水泵的构造和性能曲线

缩，气室缩小罐内压力也随之升高，压力升至最高工作压力 P_2 时，水泵停转，并利用罐内被压缩气体的压力将罐内储存的水不断送入给水管网，随之水室缩小，气室扩大，罐内压力也随之下降，压力降至最低工作压力 P_1 时，水泵重新启动，如此周而复始，不断运行。气压给水装置可以替代高位水箱，能有效杜绝水质二次污染，具有占地少、投资省、建设周期短、自动启停、高效节能等优点，如图 1-23 所示。

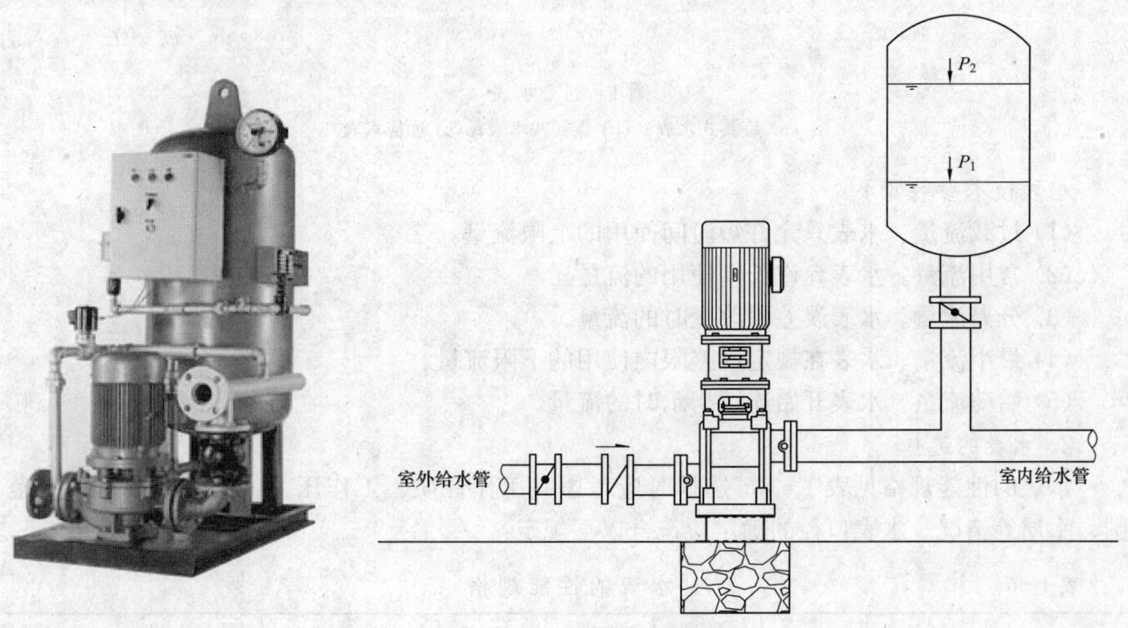

图 1-23　气压给水装置

四、水表

1. 水表的种类及性能参数

水表是一种计量建筑物或设备用水量的仪器，根据工作原理不同可分为流速式和容积式，在建筑给水系统中广泛使用的是流速式水表。流速式水表是根据管径一定时，通过水表的水流速度与流量成正比的原理来测量用水量的。

流速式水表又分为旋翼式水表、螺翼式水表和复式水表，如图 1－24 所示。旋翼式水表的叶轮转轴与水流方向相垂直，其水流阻力较大，始动流量和计量范围较小，适用于用水量较小，且用水较为均匀的用户，一般情况下管道小于等于 DN50mm 时采用。螺翼式水表的叶轮转轴与水流方向相平行，其水流阻力较小，始动流量和计量范围较大，适用于水量大的用户，一般情况下管道直径大于 DN50mm 时采用。复式水表是旋翼式和螺翼式的组合形式，在流量变化幅度很大时采用。流速式水表按其计数机件所处状态又分为干式和湿式两种，干式水表中计数机件和表盘与水隔开，湿式水表的计数机件和表盘浸没在水中。

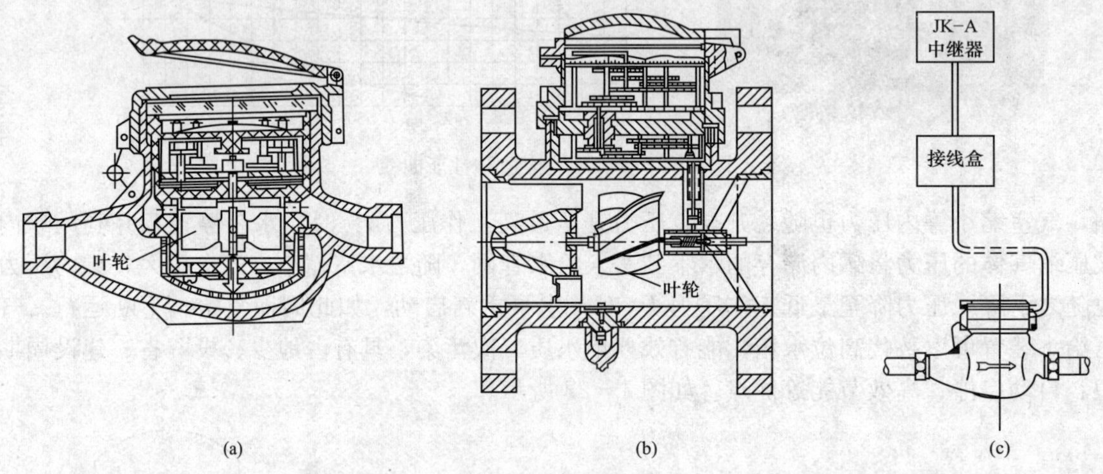

图 1－24　水表
(a) 旋翼式水表；(b) 螺翼式水表；(c) 远传水表

水表技术参数如下：

(1) 过载流量。水表只允许短时间使用的上限流量。

(2) 常用流量。水表允许长期使用的流量。

(3) 分界流量。水表误差限改变时的流量。

(4) 最小流量。水表在规定误差限内使用的下限流量。

(5) 始动流量。水表开始连续指示时的流量。

2. 水表的选择

水表的性能规格见表 1－6，选择时应考虑其工作性质、工作压力、工作时间、计量范围、水质等情况。水表口径的确定应符合以下规定：

表 1－6　　水表的性能规格

型　号	公称口径 (mm)	计量等级	过载流量 (m^3/h)	常用流量 (m^3/h)	分界流量 (m^3/h)	最小流量 (L/h)	始动流量 (L/h)	最小读数 (m^3)	最大读数 (m^3)
LXS－15C LXSL－15C	15	A	3	1.5	0.15	45	14	0.0001	9999
		B			0.12	30	10		
LXS－20C LXSL－20C	20	A	5	2.5	0.25	75	19	0.0001	9999
		B			0.20	50	14		

续表

型　　号	公称口径（mm）	计量等级	过载流量（m^3/h）	常用流量（m^3/h）	分界流量（m^3/h）	最小流量（L/h）	始动流量（L/h）	最小读数（m^3）	最大读数（m^3）
LXS－25C	25	A	7	3.5	0.35	140	23	0.001	99 999
		B			0.28	70	17		
LXS－32C	32	A	12	6	0.60	180	32	0.001	99 999
		B			4.80	120	27		
LXS－40C	40	A	20	10	1.00	300	56	0.001	99 999
		B			0.80	200	46		
LXS－50C	50	A	30	15	1.50	450	75	0.001	99 999
		B							

（1）水表口径宜与给水管道接口管径一致。

（2）用水量均匀的生活给水系统的水表，应以设计流量选定水表的常用流量。

（3）用水量不均匀的生活给水系统的水表，应以设计流量选定水表的过载流量。

（4）生活（生产）消防共用给水系统的水表，应以生活给水的设计流量叠加消防流量进行校核，校核流量不大于水表的过载流量。

（5）通过水表产生的水头损失一般应控制在表1－7范围内。

表1－7　按最大小时流量选用水表时的允许压力损失值　kPa

表　型	正常用水时	消防时
旋翼式	<25	<50
螺翼式	<13	<30

3．新型水表及集中抄读系统

随着科学技术的发展，建筑智能技术已被广泛应用于水表抄读中，从而出现了远传户外抄读和计算机物业管理相结合的远传水表、集中抄读系统，如图1－24（c）所示。目前，IC卡、TM卡（智能卡式）水表和代码式水表发展速度很快，并将成为主流产品，这类水表适用于“先付费后用水”条件下的管理系统。此外，特种水表也呈现出快速发展势头，如热量表（或热能表）、污水表、特大流量计量水表、提高水表始动流量灵敏度的滴水计量水表等相继研发成功并已投产应用。

第三节　卫生器具、冲洗设备及安装

卫生器具是室内排水系统的重要组成部分，常用卫生器具按用途可分为以下四类：

（1）便溺用卫生器具。如大便器、小便器、大便槽、小便槽等。

（2）盥洗、沐浴用卫生器具。如洗脸盆、盥洗槽、浴盆和沐浴器等。

（3）洗涤用卫生器具。如洗涤盆、化验盆、污水盆等。

（4）专用卫生器具。如医疗的倒便器、婴儿浴盆、净身盆、水疗设备及饮水器等。

一、便溺器具及安装

1．大便器及安装

（1）蹲式大便器。一般用于集体宿舍、学校、办公楼等公共场所及防止接触传染的医院厕所间内，采用高位水箱或带有真空破坏器的延时自闭式冲洗阀进行冲洗。有些蹲式大便器本身不带水封装置，需另外装设存水弯。蹲式大便器一般安装在地板上的平台内，图1－25

所示为高位水箱蹲式大便器的安装。大便器成组安装的中心距为 900mm。

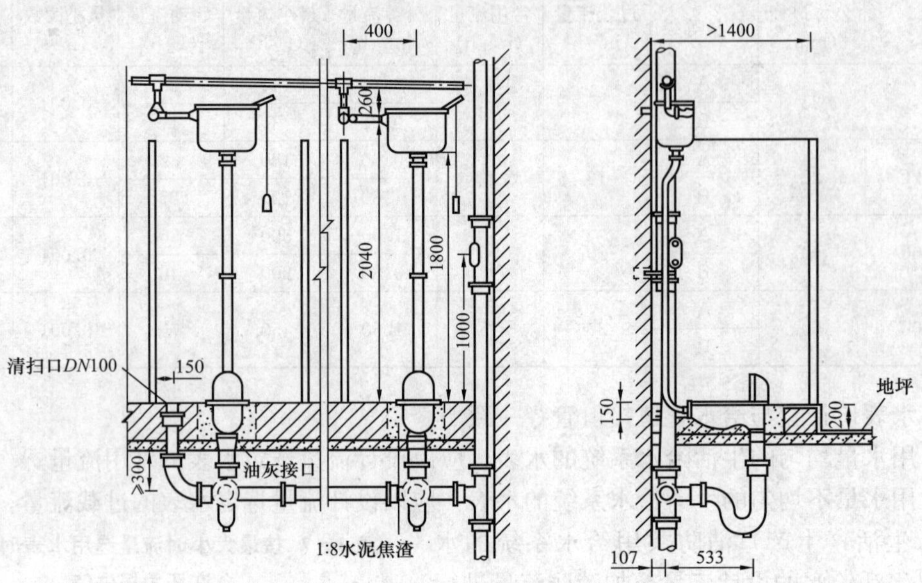

图 1-25　高位水箱蹲式大便器的安装

（2）坐式大便器。一般用于住宅、宾馆等卫生间内，采用低位水箱冲洗。坐式大便器构造本身带有存水弯，按冲洗原理及构造可分为冲洗式和虹吸式两类。

冲洗式坐便器在上口部位设有环绕一圈并开有很多小孔口的冲洗槽，开始冲洗时，水进入冲洗槽，经小孔沿大便器内表面冲下，大便器内水面涌高后将粪便冲过存水弯，排至排水管道。

虹吸式坐便器是靠虹吸作用将粪便污水全部吸出的。

坐便器可用分体式、连体式低位水箱冲洗，也可采用专用延时自闭式冲洗阀冲洗。连体式坐便器的安装如图 1-26 所示。图 1-27 所示为后出水坐便器采用延时自闭冲洗阀冲洗的安装，后出水坐便器便于排水管道的同层布置。

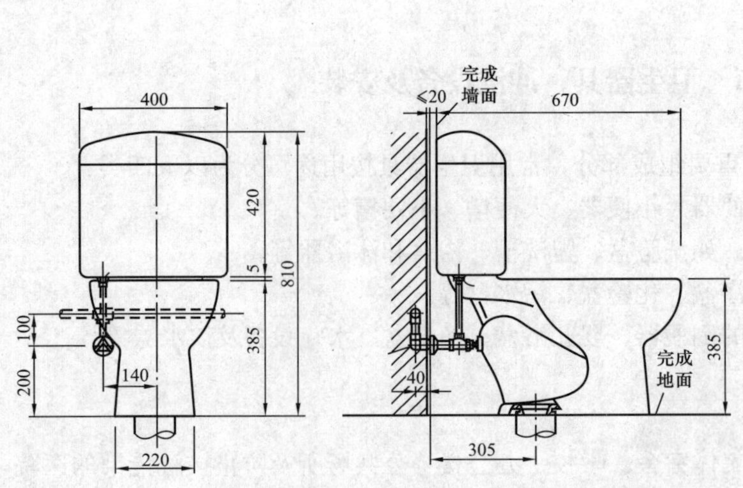

图 1-26　连体式坐便器的安装

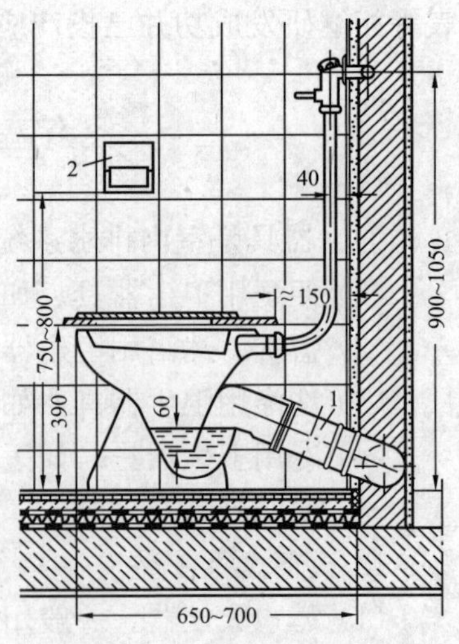

图 1-27　后出水坐便器采用延时自闭冲洗阀冲洗的安装

2. 小便器及小便槽

(1) 小便器。小便器一般用于机关、学校、旅馆等公共建筑的男卫生间内。根据建筑物的性质、使用要求和标准，可选用立式小便器或挂式小便器，常成组设置，中心距为700mm。

小便器常采用自闭式冲洗阀冲洗，标准高的场所可采用光控自动冲洗阀冲洗，如图1-28所示。

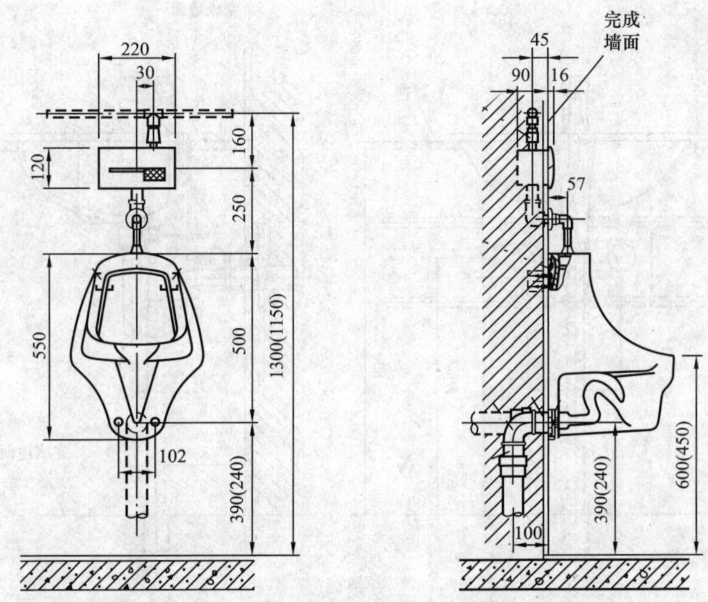

图1-28　光控自动冲洗阀冲洗的小便器

(2) 小便槽。小便槽的构造和安装如图1-29所示，一般用于工业企业、公共建筑、集体宿舍的男卫生间内，具有造价低、同时供多人使用、管理方便等特点。小便槽宽不大于300mm，槽的起端深度为100～150mm，槽底坡度不小于0.01，长度一般不大于6m，排水口下设水封装置。小便槽通常采用手动启闭截止阀控制的多孔冲洗管进行冲洗，应尽量采用冲洗水箱，以节约用水。

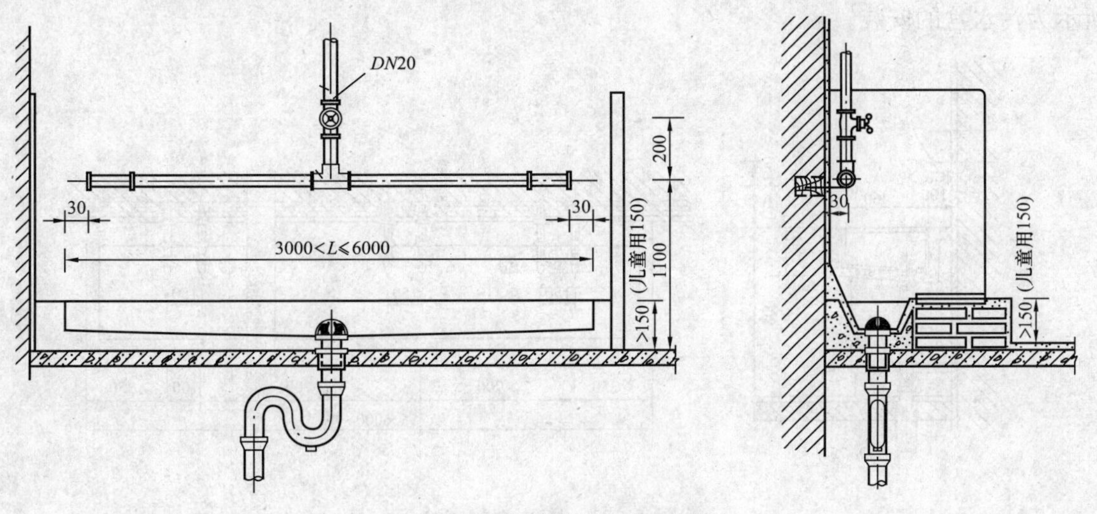

图1-29　小便槽的构造和安装

二、盥洗、沐浴器具及安装

1. 洗脸盆

洗脸盆设置在盥洗间、浴室、卫生间内，一般为陶瓷制品，按安装方式可分为墙架式、立式、台式三种，其外形有长方形、半圆形、椭圆形和三角形。图 1－30 所示为台式洗脸盆的安装。

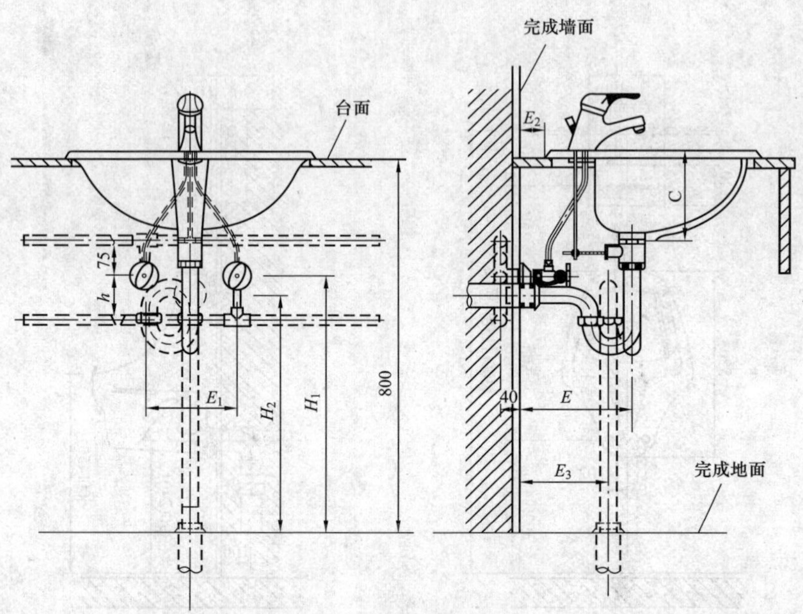

图 1－30 台式洗脸盆的安装

2. 盥洗槽

盥洗槽一般设置在工厂生活间、集体宿舍等多人同时盥洗的场所。盥洗槽为现场砌筑的卫生器具，常用的材料为瓷砖、水磨石，形状有长条形和圆形。长方形盥洗槽的槽宽一般为 500～600mm，配水龙头的间距为 700mm，槽内靠墙的一侧设有泄水沟，槽长在 3m 以内可在槽的中部设一个排水栓，超过 3m 设两个排水栓。盥洗槽的安装如图 1－31 所示。图 1－32 所示为污水盆的安装。

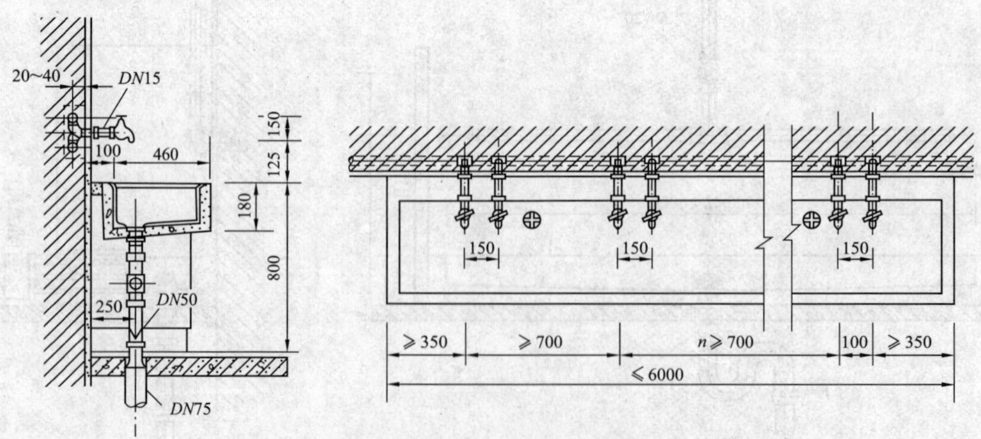

图 1－31 盥洗槽的安装

3. 浴盆

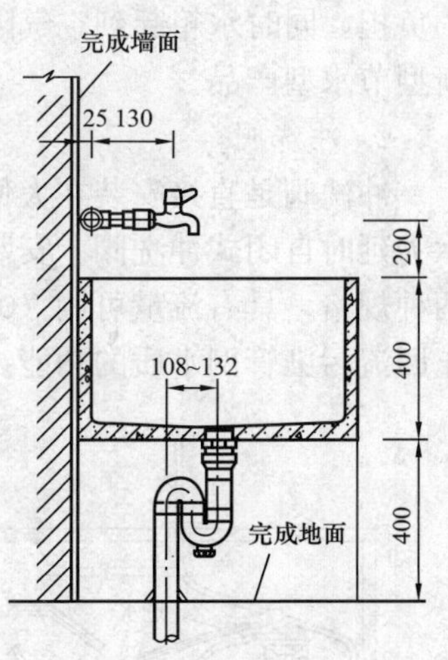

图 1－32　污水盆的安装

浴盆设在住宅、宾馆等建筑的卫生间及公共浴室内。浴盆外形一般为长方形，材质有钢板搪瓷、玻璃钢、人造大理石等。浴盐根据不同的功能分为裙板式、扶手式、坐浴式、普通式等，其安装如图 1－33 所示。

4. 淋浴器

淋浴器一般设置在工业企业生活间、集体宿舍及旅馆的卫生间、体育场和公共浴室内。淋浴器与浴盆比较有占地面积小、使用人数多、设备费用低、耗水量小、清洁卫生等优点。淋浴器成组设置时，相邻两喷头之间的距离为 900～1000mm，莲蓬头距地面高度为 2000～2200mm，浴室地面应有 0.005～0.01 的坡度坡向排水口。按配水阀门和装置的不同，淋浴器可分为普通式、脚踏式和光电三种。淋浴器的安装如图 1－34 所示。

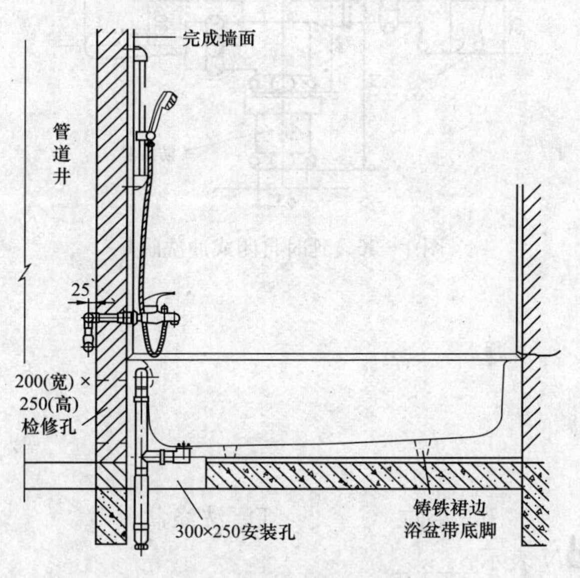

图 1－33　浴盆的安装

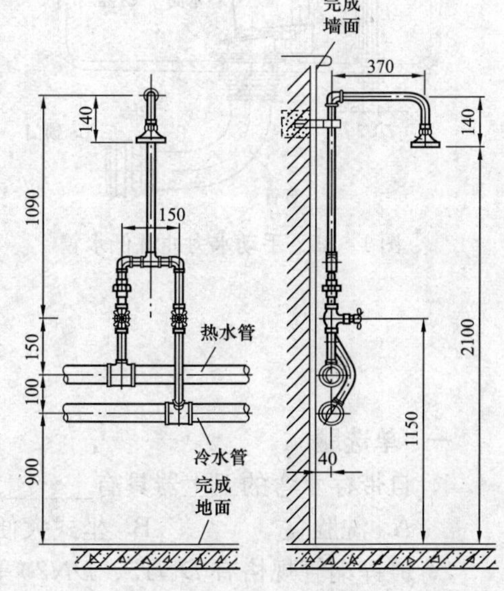

图 1－34　淋浴器的安装

三、冲洗设备

便溺用卫生器具要求具有足够的压力水来冲洗污物，以保护其自身的洁净，所以需要设置冲洗设备。冲洗设备有冲洗水箱和冲洗阀两类。

冲洗水箱按冲洗水力原理可分为冲洗式和虹吸式两类；按启动方式可分为手动和自动两种；按安装位置可分为高水箱和低水箱。新型冲洗水箱多为虹吸式，它具有冲洗能力强、构造简单、工作可靠等优点。

1. 手动水力冲洗低水箱

如图 1－35 所示，是装设在坐式大便器上的冲洗设备，使用时扳动手把，橡皮阀提起，箱内的水立即由阀口进入冲洗管冲洗坐便器，当箱内的水快要放空时，借助水流对橡皮阀的抽吸力的作用，橡皮阀回落到阀口上，关闭水流，停止冲洗。

冲洗水箱的优点是具有足够冲洗一次用的储备水容积，可以调节室内给水管网同时供水的负担，同时水箱起到空气隔断作用，可以防止因水回流而污染给水管道。冲洗水箱应选用新型节水型产品。

2. 冲洗阀

冲洗阀是直接安装在大便器冲洗管上的冲洗设备，可代替高、低冲洗水箱。图 1-36 所示为延时自闭式冲洗阀。安装在大便器冲洗管上的延时自闭式冲洗阀一般为 *DN*20 和 *DN*25 两种规格，具有流量可调（0.8～1.2L/s），延时冲洗（2～15s），自动关闭，节约用水和防止回流污染管网水质的功能。

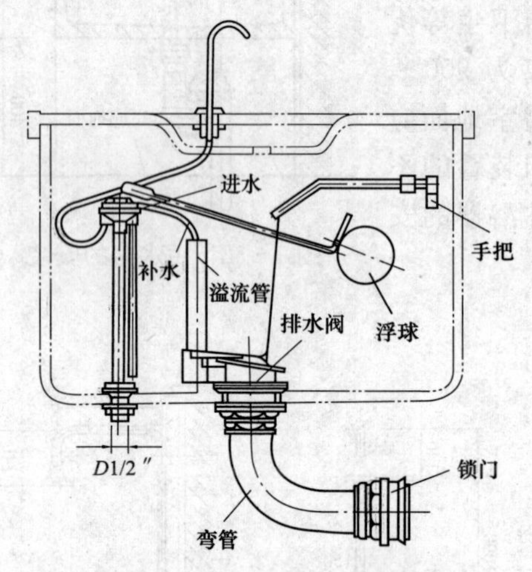

图 1-35 手动水力冲洗低水箱

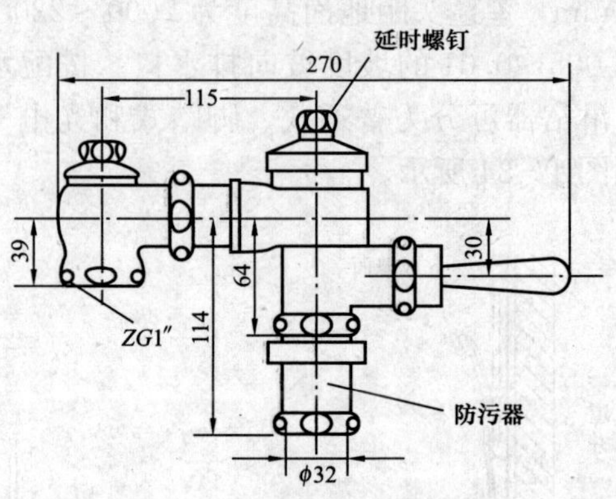

图 1-36 延时自闭式冲洗阀

习 题

一、单选题

1. 自带存水弯的卫生器具有______。

A. 洗脸盆　　B. 坐式大便器　　C. 浴缸　　D. 洗涤盆

2. 镀锌钢管规格有 *DN*15、*DN*20 等，*DN* 表示______。

A. 内径　　B. 公称直径　　C. 外径　　D. 其他

3. 一般______管不可使用焊接。

A. 塑料管　　B. 无缝钢管　　C. 铜管　　D. 镀锌钢管

4. 以下错误的选项是______。

A. 截止阀安装时无方向性　　B. 止回阀安装时有方向性，不可装反

C. 闸阀安装时无方向性　　D. 旋塞的启闭迅速

5. 住宅给水一般采用______水表。

A. 旋翼式干式　　B. 旋翼式湿式

C. 螺翼式干式　　D. 螺翼式湿式

6. 用于管径由大变小或由小变大的接口处的管件称为______。

A. 活接头　　B. 管箍　　C. 补心　　D. 对丝

7. 为防止管道水倒流，需在管道上安装的阀门是______。
   A. 止回阀　B. 截止阀　C. 蝶阀　D. 闸阀
8. 阀门型号为 Z944T-1.0 表示这个阀门是______。
   A. 截止阀　B. 安全阀　C. 闸阀　D. 止回阀

二、多选题

1. 建筑内部给水系统中，水泵的选择是根据计算后所确定的________来决定的。
   A. 流量　B. 功率　C. 流速　D. 扬程
   E. 转速
2. 钢管常用的连接方式有________。
   A. 螺纹连接　B. 焊接　C. 法兰连接　D. 卡箍连接
   E. 黏结
3. 一般用于建筑内部热水管道系统的材料有________。
   A. 硬聚氯乙烯给水管（UPVC）　B. 聚丙烯管（PP-R）
   C. 镀锌钢管　D. 铜管　E. 铝塑复合管（P-A1-P）

三、问答题

1. 建筑内部给水常用的管材有哪几种？主要特点是什么？
2. 建筑内部给水附件有哪些？适用条件如何？

第二章　建筑给水系统

第一节　建筑给水系统的分类与组成

建筑给水系统是将市政给水管网或自备水源的水引入建筑内，输送到室内各配水龙头、生产设备、消防设备等用水点处，并满足对水质、水量和水压要求的系统。

一、建筑给水系统的分类

建筑给水系统按用途可分为以下三类。

1. 生活给水系统

供人们在民用建筑和工业建筑内的饮用、烹饪、盥洗、洗涤、沐浴等日常生活用水的给水系统，其水质要求符合 GB 5749—2006《生活饮用水卫生标准》的规定。

2. 生产给水系统

供各类产品生产过程中所需的设备冷却、原料和产品的洗涤及锅炉用水等，其供水水质、水量、水压及安全方面的要求由产品及生产工艺要求确定。

3. 消防给水系统

供民用建筑和工业建筑内消防用水的给水系统。消防用水对水质要求不高，但必须按照防火设计规范的要求，满足水量、水压的要求。

上述三类基本给水系统可以独立设置，也可以根据用户对水质、水量、水压等要求，结合室外给水系统的实际情况，经技术经济比较，组合不同的共用系统，如生活、生产共用给水系统，生活、生产、消防共用给水系统等。

为了节约用水，可将生产、生活用水划分为循环、重复使用或循环和重复使用相结合的给水系统，如中水系统、冷却水系统等。

在条件允许时，可采用分质给水，如在生活给水中，根据水质的不同可划分为自来水、直饮水、软化水、中水系统等。

二、建筑给水系统的组成

一般情况下，建筑内部给水系统由下列各部分组成，如图 2-1 所示。

1. 水源

水源指市政给水管网或自备水源。民用建筑的水源一般以城镇市政管网提供的自来水为首选，当采用自备水源供水时，生活用水水质应符合 GB 5749—2006。

2. 引入管

引入管是室外给水管网与室内给水管网之间的联络管段，也称进户管。

3. 水表节点

水表节点指为计量建筑用水量安装的水表，表前、表后阀门和泄水装置。公共建筑水表节点一般安装在引入管上，设置在水表井中，如图 2-2 所示。住宅类建筑内的分户水表节点，仅设表前阀门，一般集中设在容易读取数据的地方，如图 2-3 所示。当住宅水表设在室内时，宜采用 IC 卡水表或智能化水表进行远程计量。

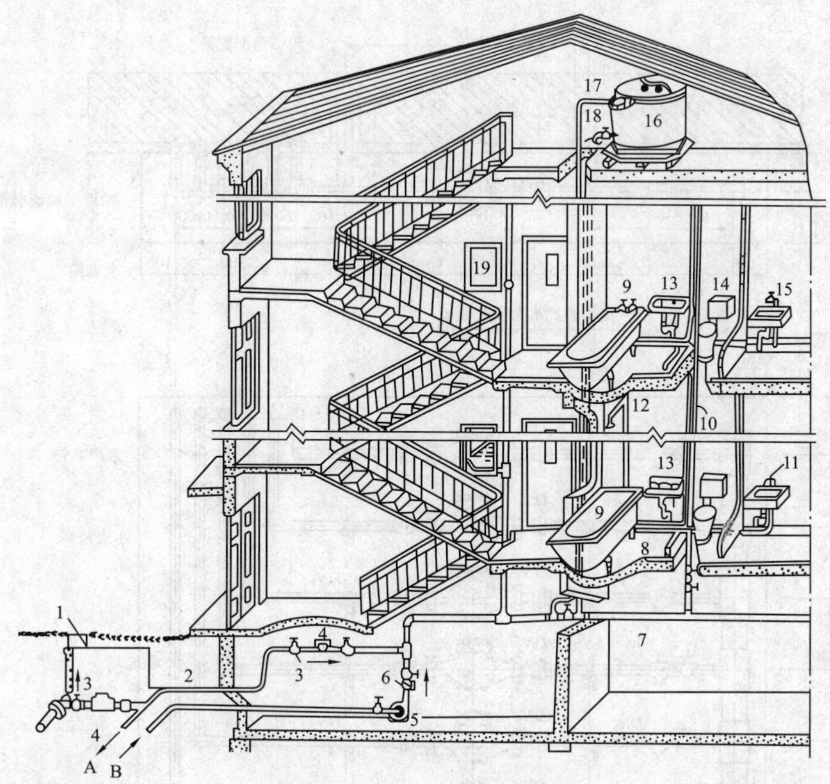

图 2-1 建筑给水系统

1—阀门井；2—引入管；3—闸阀；4—水表；5—水泵；6—止回阀；7—干管；8—支管；
9—浴盆；10—立管；11—水龙头 12—淋浴器；13—洗脸盆；14—大便器；
15—洗涤盆；16—水箱；17—进水管；18—出水管；19—消火栓；
A—入储水池；B—来自储水池

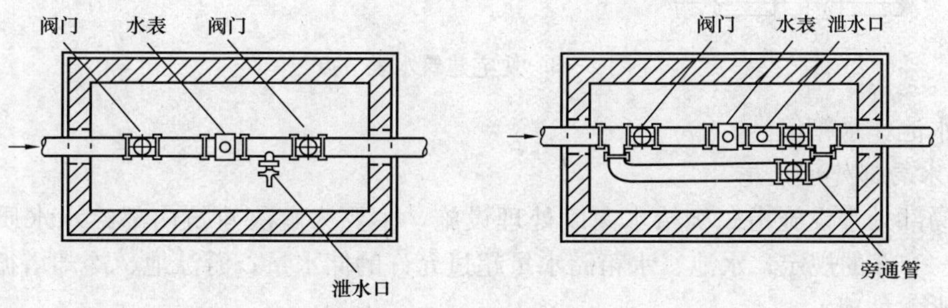

图 2-2 水表节点

4. 给水管网

给水管网指建筑内部给水水平干管、立管和支管等。

5. 给水附件

给水附件指管路上的各类阀门（控制阀、减压阀、止回阀等）及各式配水龙头、仪表等。

6. 增压和储水设备

增压和储水设备指为解决室外给水管网水量、水压不足或保证建筑内部供水安全性、水压稳定性而设置的各种附属设备，如水泵、无负压给水装置、气压给水装置、变频调速给水

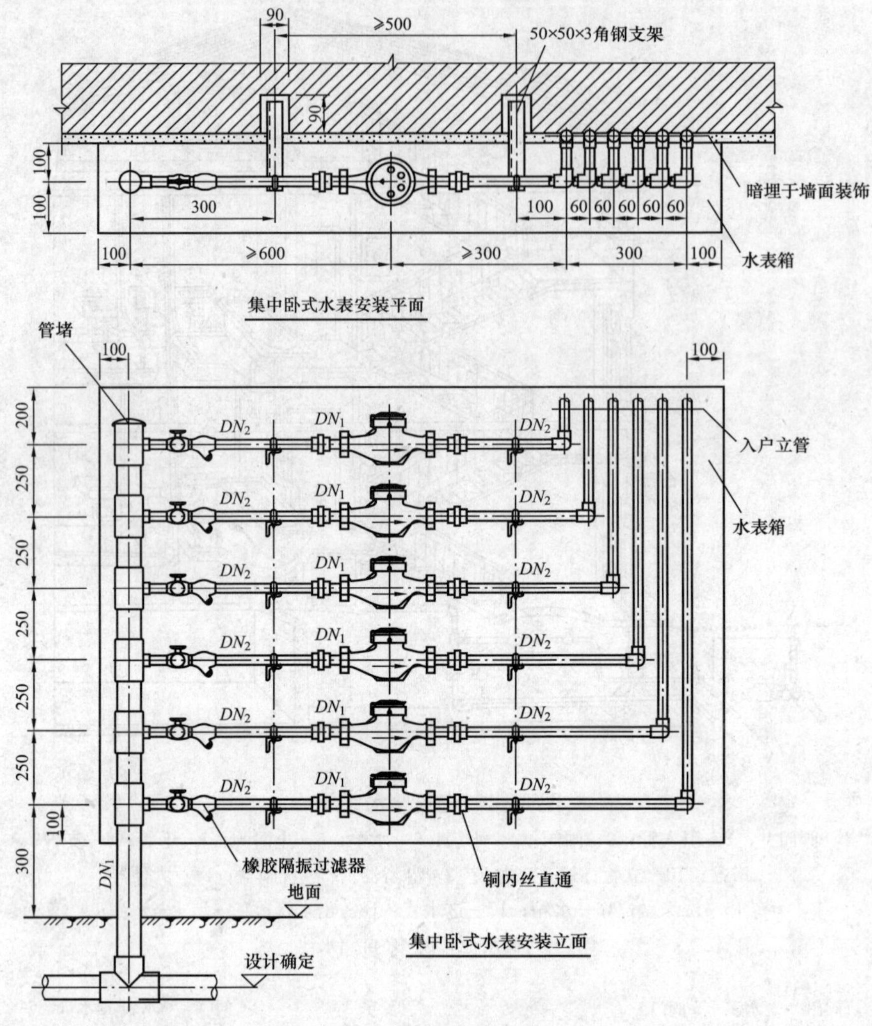

图 2-3　住宅建筑水表节点

装置、储水池、水箱等。

7. 给水局部处理设施

给水局部处理设施指二次给水深度处理设施，主要为解决建筑内部给水水质要求超出 GB 5749—2006 的规定；水池、水箱储水量超过允许的储水量；游泳池、冷却塔循环水等特殊情况的水质处理。

8. 室内消防设施

室内消防设施是按照建筑防火要求设置的消防给水专用设施，如室内消火栓、喷头、消防控制阀、信号阀、稳压装置等。

第二节　建筑给水所需水压与供水方式

一、建筑给水系统所需水压

建筑给水系统所需的工作压力，应能将需要的水量输送到建筑物内最不利用水点（一般是最远、最高用水点），并保证配水点最低工作压力。

配水点最低工作压力是指各种配水龙头或用水设备，为获得规定的出水流量（额定流量）需保证的最小压力，其值见表 2-1。

表 2-1 卫生器具的给水额定流量、当量、连接管公称管径和最低工作压力

序号	给水配件名称	额定流量（L/s）	当量	公称管径（mm）	最低工作压力（MPa）
1	洗涤盆、拖布盆、盥洗槽 单阀水嘴 单阀水嘴 混合水嘴	 0.15～0.20 0.30～0.40 0.15～0.20（0.14）	 0.75～1.00 1.5～2.00 0.75～1.00（0.70）	 15 20 15	0.050
2	洗脸盆 单阀水嘴 混合水嘴	 0.15 0.15（0.10）	 0.75 0.75（0.5）	 15 15	0.050
3	洗手盆 单阀水嘴 混合水嘴	 0.10 0.15（0.10）	 0.5 0.75（0.5）	 15 15	0.050
4	浴盆 单阀水嘴 混合水嘴（含淋浴转换器）	 0.20 0.24（0.20）	 1.0 1.2（1.0）	 15 15	 0.050 0.050～0.070
5	淋浴器 混合阀	 0.15（0.10）	 0.75（0.5）	 15	 0.050～0.100
6	大便器 冲洗水箱浮球阀 延时自闭式冲洗阀	 0.10 1.20	 0.50 6.00	 15 25	 0.020 0.100～0.150
7	小便器 手动或自动自闭式冲洗阀 自动冲洗水箱进水阀	 0.10 0.10	 0.50 0.50	 15 15	 0.050 0.020
8	小便槽穿孔冲洗管（每米长）	0.05	0.25	15～20	0.015
9	净身盆冲洗水嘴	0.10（0.07）	0.50（0.35）	15	0.050
10	医院倒便器	0.20	1.00	15	0.050
11	实验室化验水嘴（鹅颈） 单联 双联 三联	 0.07 0.15 0.20	 0.35 0.75 1.00	 15 15 15	 0.020 0.020 0.020
12	饮水器喷嘴	0.05	0.25	15	0.050
13	洒水栓	0.40 0.70	2.00 3.50	20 25	0.050～0.100 0.050～0.100
14	室内地面冲洗水嘴	0.20	1.00	15	0.050
15	家用洗衣机水嘴	0.20	1.00	15	0.050

建筑给水所需水压的确定方法有以下两种：

1. 估算法

用于初步设计阶段估算室内给水管网所需的工作压力。对于层高小于等于 3.5m 的民用建筑生活给水系统，可按建筑物的层数估算自室外地面算起的最小保证压力值，见表 2-2，表中三层及以上的建筑物，每增加一层压力值应增加 40kPa。管道较长或层高超过 3.5m 时，数值可适当增加。

表 2-2　按建筑物层数确定所需的最小压力值

建筑物层数	1	2	3	4	5	6	7	8	9	10
最小压力值（kPa）	100	120	160	200	240	280	320	360	400	440

2. 计算法

该法用于给水管道布置完毕，给水水量、管径确定之后，计算建筑物给水系统实际所需的工作压力，校核初选的给水方式是否满足要求。由图 2-4 分析，给水系统所需的工作压力可按下式计算，即

$$H = H_1 + H_2 + H_3 + H_4 \tag{2-1}$$

式中　H——建筑给水系统所需的工作压力，自室外引入管起点算起，kPa；

H_1——引入管起点与最不利点之间的静水压差，kPa；

H_2——管路沿程与局部水头损失之和，kPa；

H_3——水流通过水表的水头损失，kPa；

H_4——管路最不利配水点的最低工作压力，kPa。

二、建筑给水系统的给水方式

给水方式，是指建筑给水系统具体组成与管道、设备的布置方案。给水方式的确定依据建筑物的性质、高度；室外管网所能提供的水量、水压；室内管网所需的水量、水压和用水点的分布等。生活给水系统的模式如图 2-5 所示。

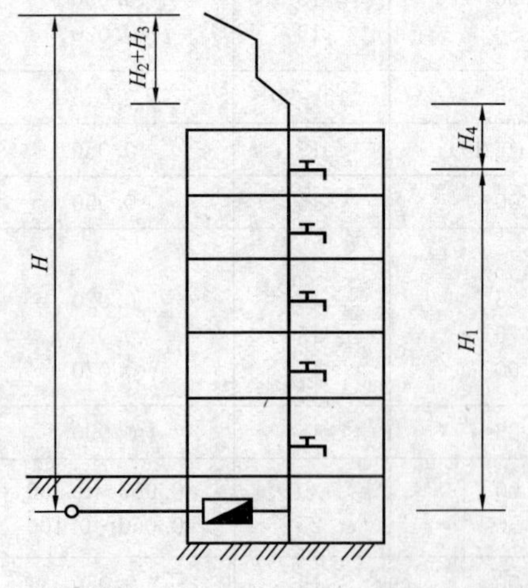

图 2-4　建筑给水系统所需水

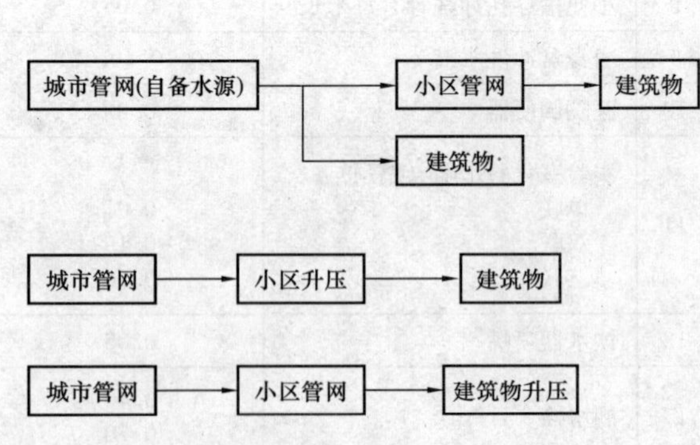

图 2-5　生活给水系统的模式

给水方式的选择还应根据节能、节水、节省初投资等因素综合考虑。例如，居住小区的室外给水系统宜采用生活给水和消防给水合用系统；尽量利用城市市政给水管网的水压直接

供水；条件允许时尽量采用分质给水，图 2－6 所示为几种常见的分质给水形式。综合以上因素，建筑物内最基本的给水方式有以下几种：

1. 直接给水方式

直接给水方式是指直接把室外管网的水引到建筑内各用水点的给水方式。该方式适用于室外给水管网、市政管网（或小区管网）提供的水量、水压在任何时候均能满足建筑内部用水要求，一般多用于单层、多层建筑和高层建筑中下部楼层，如图 2－7 所示。

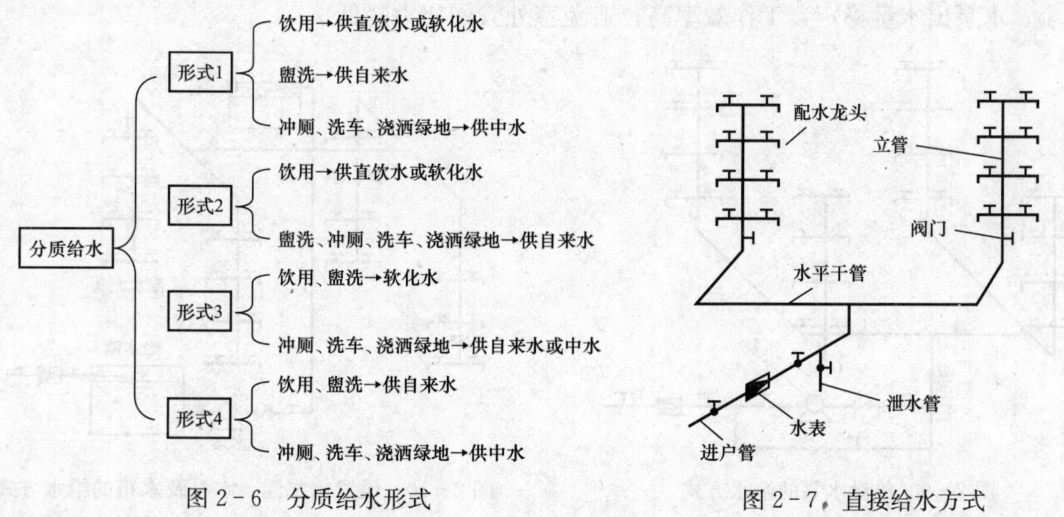

图 2－6　分质给水形式　　图 2－7　直接给水方式

2. 单设水箱的给水方式

单设水箱的给水方式是指给水系统设置高位水箱，用水低谷时，利用室外给水管网水压直接向室内给水系统和水箱供水；用水高峰时，由水箱向室内给水系统供水的给水方式，如图 2－8 所示。该方式适用于室外给水管网的水压出现周期性不足，或者建筑内要求储存水量、稳定水压的多层建筑。但它增加了结构荷载，水箱的水质较差。

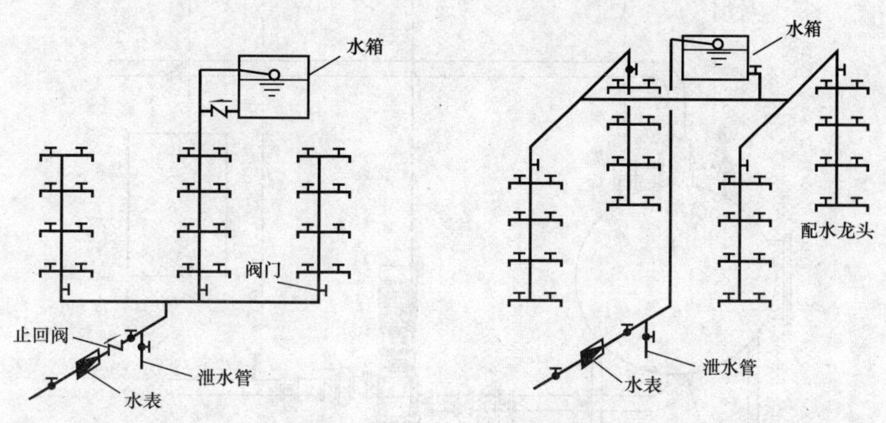

图 2－8　单设水箱的给水方式

3. 单设水泵的给水方式

单设水泵的给水方式是指采用水泵直接由室外管网吸水，向室内给水系统供水的方式。该方式适用于室外给水管网的水压经常不足，室内用水量大且较均匀，建筑物顶部不宜设置高位水箱的建筑，如图 2-9 所示。因该方式水泵直接从室外管网抽水，有可能使外网压力降低，影响外网上其他用户用水。所以，采用这种方式，必须征得供水部门的同意。

4. 设置储水池、水泵及水箱的给水方式

设置储水池、水泵及水箱的给水方式是指室外管网不允许直接抽水时，采用储水池、水泵和水箱联合工作向室内给水系统供水的方式。该方式适用于室外给水管网的水压低于建筑内部给水管网所需水压，且室内用水不均匀的建筑，如图 2-10 所示。这种给水方式水箱容积小；水泵出水量稳定，工作效率高；避免室外管网压力降低。

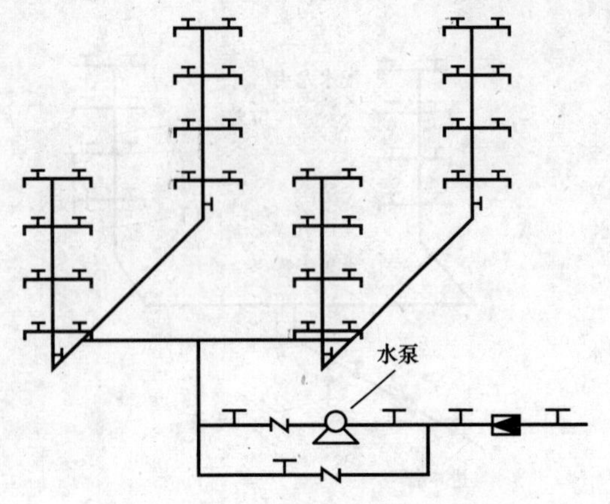

图 2-9 单设水泵的给水方式

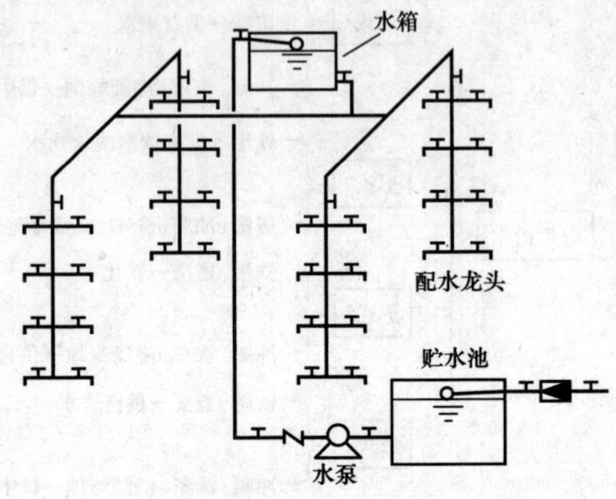

图 2-10 设置储水池、水泵及水箱的给水方式

5. 设置无负压变频恒压给水装置的给水方式

该方式是指在室外给水管网的水压低于建筑内部给水管网所需水压，且室内用水不均匀时，采用无负压变频恒压给水装置向室内给水系统供水的方式。无负压变频恒压给水装置如图 2-11 所示。这种装置在外网能够满足建筑内部水压、水量时，通过旁通管向室内管网直

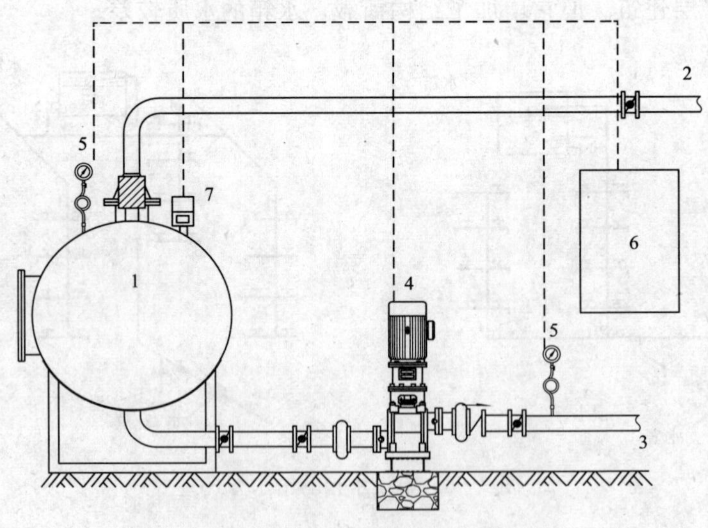

图 2-11 无负压变频恒压给水装置

1—不锈钢水罐；2—市政来水；3—二次管线；4—变频水泵；

5—压力传感器；6—电控柜；7—真空消除器

接供水；当外网不能满足要求时，系统通过压力传感器启动水泵运行。水泵供水时，若外网的水量大于水泵流量，则系统保持正常供水；用水高峰期，若外网水量小于水泵流量，则调节罐内的水作为补充水源仍能正常供水，此时，空气由真空消除器进入调节罐，消除管网的负压。这种给水方式无需建水池、水箱，与室外管网直接串接加压供水，可充分利用自来水原有的压力。但是，该方式调节罐蓄水量较少，对市政供水系统的依赖性较高，不适于用水安全要求高的建筑物和消防给水系统。

6. 设置气压给水装置的给水方式

设置气压给水装置的给水方式是指在给水系统中设置气压给水设备，利用该设备气压罐内气体的可压缩性，协同水泵增压向室内给水系统供水的方式。该方式适用于室外给水管网压力低于室内所需水压、不宜设置高位水箱的建筑（生活给水系统室内用水不均匀，气压给水装置中配置的水泵应为变频泵），如图 2－12 所示。这种给水方式需设置水池供水泵吸水，系统运行时因为气压罐中的水量调节作用，所以降低了水泵的启动频率，延长了设备的使用寿命。

7. 分区给水方式

当建筑物高度较高时，室外管网只能满足下层供水要求，不能满足上层需要，为充分利用室外管网的压力，将下层和上层分开供水（见图 2－13）。

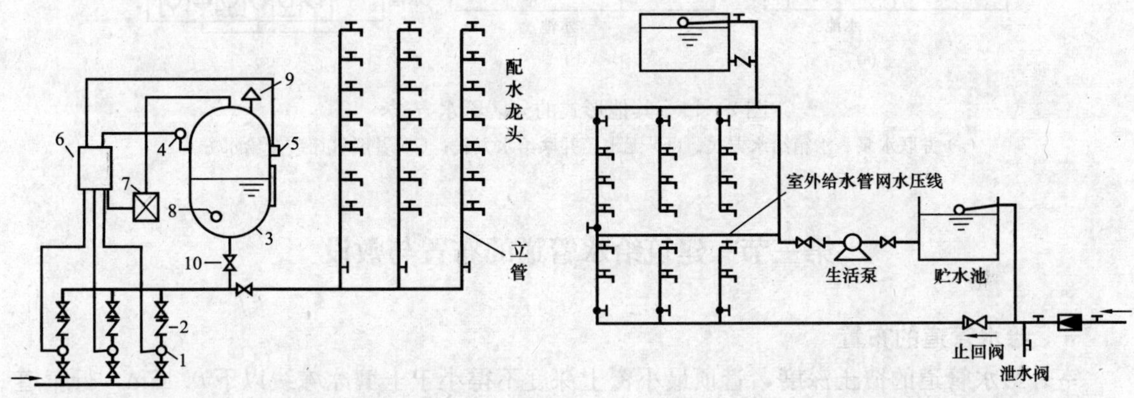

图 2－12　设置气压给水装置的给水方式

1—水泵；2—止回阀；3—气压水罐；4—压力信号器；5—液位信号器；6—控制器；7—补气装置；8—排气阀；9—安全阀；10—阀门

图 2－13　分区给水方式

另外，在高层建筑中，为防止管道系统下部静水压力过大，管道及配件承受的水压应大于其工作压力。将高层建筑的给水管网一般按竖向划分几个区域布置，使下层管道系统的静水压力减小，以避免下部管道附件承受过大的工作压力，水流喷溅而使用不便，水击形成噪声与振动。我国建筑给水排水设计规范规定，高层建筑生活给水系统各竖向分区最低卫生器具配水点处的静水压强不宜大于 0.45MPa，特殊情况下不宜大于 0.55MPa，对于水压大于 0.35MPa 的住宅入户管宜设置减压设施。一般要求住宅、旅馆、医院其坠地卫生器具的静水压为 0.3～0.35MPa；办公楼、教学楼、商业楼为 0.35～0.45MPa。

高层建筑给水系统竖向分区有多种方式。图 2－13 所示为低区利用外网水压直接供水，高区由增压储水设备供水的分区给水方式。图 2－14 所示为其他形式的分区给水方式。其中，图 2－14（a）为分区设置高位水箱，有对应的水泵与输水管供水至水箱，用水点通过水箱供水，适用于各分区不允许同时停水的建筑，但需设分区水箱，建筑荷载较大。图 2－14（b）、（c）为各区单独设置水泵或气压给水装置，通过调节水池抽水，升压供水至用水点，适用于高度不超过 100m 的建筑。高区的水泵扬程较高，对输水管的材质和接口的要求较高，用水的安全可靠性较好，不会造成整个建筑停水。

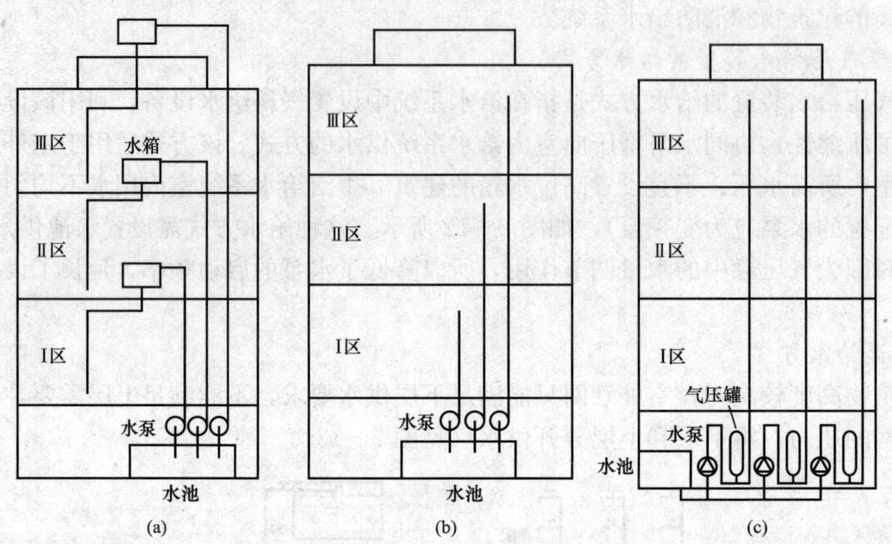

图 2－14 其他形式的分区给水方式

(a) 并联水泵、水箱给水方式；(b) 无水箱并联给水方式；(c) 并联气压装置给水方式

第三节 建筑给水管道的布置与敷设

一、给水管道的布置

室外给水管道的覆土深度，管顶最小覆土深度不得小于土壤冰冻线以下 0.15m，行车道下的管线不宜小于 0.7m。

建筑物的给水引入管，从供水可靠性方面考虑，宜从建筑物用水量最大处或尽量靠近不允许间断供水处引入；当建筑物内卫生用具布置比较均匀时，应在建筑物中部引入，以平衡配水，缩短管网的输水长度。引入管一般设置一条，当建筑物不允许间断供水时，需要设置两条，并应由城市环形管网的不同侧引入；若必须同侧引入时，则两根引入管间的距离不得小于 15m，并应在两条引入管之间的室外给水管上设置阀门。

给水干管宜靠近用水量大或不允许间断供水的用水点，以不影响建筑的使用和美观。管道宜沿墙、梁、柱布置或在吊顶内布置。

给水立管一般可设置在管井内或墙角边。对于塑料管，距灶边的净距不得小于 0.4m，距燃气热水器的边缘不得小于 0.2m，与供暖管的净距不得小于 0.2m，当条件不许可时应加隔热防护措施。需进人维修管道的管道井，工作通道净宽不宜小于 0.6m。管道井的井壁、隔断和检修门的耐火极限应符合消防规范规定。管道井每两层应有横向隔断（建筑高度超过 100m 时，应每层设置），检修门宜开向走廊。

室内给水管道不应穿越变配电房、电梯机房、通信机房、计算机房、网络中心、音像库房等遇水会损坏设备或引发事故的房间，并应避免在生产设备的上方通过。

室内给水管道不得妨碍生产操作、生产安全、交通运输和建筑物的使用。在管道直埋地下时，应当避免被重物压坏或被设备振坏；不允许管道穿过设备基础，特殊情况下，应同有关专业协商处理。

室内给水管道不得敷设在烟道、风道、电梯井和排水沟内；不宜穿越橱窗、壁柜、木装修，不宜穿越建筑物的伸缩缝、防震缝和沉降缝，当必须穿过时，应采取相应的措施。

二、给水管道的敷设

1. 敷设形式

给水管道的敷设有明装、暗装两种形式。明装管道一般沿建筑物的墙、梁、柱敷设，优点是安装、维修方便，造价低；但外露的管道影响美观，表面易结露、积尘。明装管道一般用于对卫生、美观没有特殊要求的建筑。暗装管道敷设在管道井、技术层、管沟、墙槽、顶棚或夹壁墙中，直接埋地或埋在楼板的垫层里，其优点是管道不影响室内的美观、整洁，但施工复杂，维修困难，造价高。暗装管道适用于对卫生、美观要求较高的建筑，如宾馆、高级公寓和要求无尘、洁净的车间、实验室、无菌室等。

2. 敷设要求

室内埋地敷设的生活给水管与排水管道平行敷设时，两管间的最小间距不得小于0.5m；交叉敷设时，垂直净距不得小于0.15m。

引入管穿承重墙或基础处应预留孔洞，且管顶上部净空高度不得小于建筑物的沉降量，一般不小于0.1m。给水管道穿越地下室、地下构筑物外墙、屋面、楼板或钢筋混凝土水池（箱）的壁板时应采取防水措施，设置套管。防水套管类型及适用场所见表2-3，管道穿越楼板、屋面、墙时所需预留孔洞（或套管）的尺寸见表2-4。

表2-3 防水套管类型及适用场所

<table>
<tr><th colspan="2">防水套管类型</th><th colspan="2">适用场所</th></tr>
<tr><td rowspan="2">柔性套管</td><td>A型</td><td>用于穿水池壁或内墙</td><td rowspan="2">有地震设防要求的地区，管道穿墙处受振动和管道伸缩变形或有严密防水要求的建（构）筑物</td></tr>
<tr><td>B型</td><td>用于穿建（构）筑物外墙</td></tr>
<tr><td rowspan="3">刚性套管</td><td>A型</td><td>适用于钢管</td><td rowspan="3">管道穿墙处不承受振动和管道伸缩变形的建（构）筑物。对有地震设防要求的地区，如采用刚性防水套管，应在池壁或建筑物外墙的管道上就近设置柔性连接</td></tr>
<tr><td>B型</td><td>适用于球墨铸铁管</td></tr>
<tr><td>C型</td><td>适用于铸铁管</td></tr>
</table>

表2-4 管道穿越楼板、屋面、墙时所需预留孔洞（或套管）的尺寸

管道名称	穿楼板	穿屋面	穿（内）墙	备注
PVC-U管	孔洞大于管外径50～100		与楼板同	
PVC-C管	套管内径比管外径大50		与楼板同	为热水管
PP-R管			孔洞大于管外径50	
PEX管	孔洞宜大于管外径70，套管内径不宜大于管外径50	与楼板同	与楼板同	
PAP管	孔洞或套管的内径比管外径大30～40	与楼板同	与楼板同	

续表

管道名称	穿楼板	穿屋面	穿（内）墙	备注
铜管	孔洞比管外径大 50～100		与楼板同	
薄壁不锈钢管	可用塑料套管	需用金属套管	孔洞大于管外径 50～100	
钢塑复合管	孔洞大于管外径 40	与楼板同		

给水横干管宜敷设在地下室、技术层、吊顶或管沟内，横管需要泄空时，宜有 0.002～0.005 的坡度坡向泄水装置。

给水管道应避免穿越人防地下室，必须穿越时，应按人防工程要求设置防爆阀门。

暗装管道在墙中敷设时，也应预留墙槽，以免临时刨槽影响建筑结构的强度。暗装支管预留墙槽尺寸一般为 60mm×60mm。嵌墙敷设的塑料管、铝塑复合管管径不宜大于 25mm，覆塑铜管、覆塑薄壁不锈钢管管径不宜大于 20mm。

3. 管道的防腐、防冻、防结露

在室外明设的塑料给水管道，应有保护措施，避免接受阳光的直接照射。

金属管材一般应采取适当的防腐措施，具体要求见表 2-5。

表 2-5 金属管的防腐要求

敷设位置	管材	防腐要求
埋地敷设	铸铁管	管外壁刷冷底子油一遍、石油沥青两道
	钢管	管外壁刷冷底子油一遍、石油沥青两道外加保护层
	钢塑复合管	管外壁刷冷底子油一遍、石油沥青两道外加保护层
	薄壁不锈钢管	管沟、管外加防腐套管或外缚防腐胶带
	薄壁铜管	管外加防腐套管
明装	热镀锌钢管	管外壁刷银粉漆（或调和漆）两道
	铜管	管外壁刷防护漆
腐蚀性环境	金属管	管外壁刷防腐漆或缠绕防腐材料

敷设在可能结冻的室外、房间、地下室、管井及管沟等场所的生活给水管道应有防冻保温措施；当管道内水温低于室内空气的露点温度时，为防止管道外表面产生凝结水，管道应有防冻保温措施。

管道保温一般由绝热材料、防潮层和保护层构成。绝热材料具备绝热保温功能；防潮层具有抗水蒸气渗透，防水和防潮性能；保护层保护绝热层或防潮层表面，使其不受损坏，或因美观需要而设置。管道保温系统各构成材料的种类及适用条件见表 2-6。

表 2-6 管道保温系统各构成材料的种类及适用条件

材料名称		适用条件
绝热材料	玻璃棉、超细玻璃棉、泡沫橡塑（PVC/NBR）、酚醛泡沫（PF）、复合硅酸盐、聚乙烯泡沫、岩棉等制品	金属管、塑料管
	聚氨酯泡沫、聚苯乙烯泡沫、泡沫玻璃、硅酸铝、微孔硅酸钙、憎水珍珠岩等制品	金属管

续表

材料名称		适用条件
防潮层	不燃性玻璃布复合铝箔、难燃性夹筋双层铝箔、阻燃性夹筋单层铝箔	软质及半软质绝热材料
	阻燃性塑料布	硬质及闭孔型绝热材料
	三元乙丙橡胶防水卷材、沥青胶防水冷胶料玻璃布	软质、半软质及硬质绝热材料
保护层	不锈钢薄板、铝合金薄板、镀锌薄钢板、玻璃钢薄板、玻璃布+防火漆	

保温层厚度应通过计算确定。对于热水管、回水管、热媒水管的保温层厚度，可参照表 2-7 采用。水加热器、热水分水集水器、开水器等设备采用岩棉制品、硬聚氨酯发泡塑料保温时，保温层厚度可为 35mm。

表 2-7　热水管、回水管、热媒水管的保温层厚度

管径（mm）	热水供、回水管				热媒水、蒸汽凝结水管		蒸汽管		
	15、20	25～50	65～100	>100	≤50	>50	≤40	50～65	≥80
保温层厚度（mm）	20	30	40	50	40	50	50	60	70

4. 管道的支吊架

室内给排水管道由于自重、温度及外力作用下会产生变形和位移而受到损坏。为此，在水平管道和垂直管道上每隔一定距离应设管道支架或吊架，将管道位置予以固定。根据对管道的制约情况，支架可分为固定支架和活动支架。

(1) 固定支架。在固定支架上，管道被牢牢地固定住，不能有任何位移，管道只能在两个固定支架间膨胀。因此，固定支架不仅承受管道、附件、管内介质及保温结构的重量，同时还承受管道因温度、压力的影响而产生的轴向伸缩推力和变形的应力，并将这些力传递到支撑结构上去，所以固定支架必须有足够的强度。

(2) 活动支架。对管道起支撑作用并允许管道有位移的支架称为活动支架。活动支架起支撑管道及介质、保温材料等的重量，承受管道移动时的摩擦力。

1) 滑动支架。允许管道在支架上自由滑动，支架仅起支撑作用。

2) 导向支架。为防止非轴向的力对管道伸缩的影响，限制管道非轴向的位移。

3) 吊架。活动性强，吊架的根部只承受垂直方向的力。

4) 管卡。用于小口径立管固定。立管卡分单、双立管卡两种，分别用于单根立管、并行的两根立管的固定。

图 2-15 所示为常见管道支架形式。

为了使管道不产生变形而受到损坏，不同的管道对支吊架的最大安装间距都有一定的要求，见表 2-8 和表 2-9。

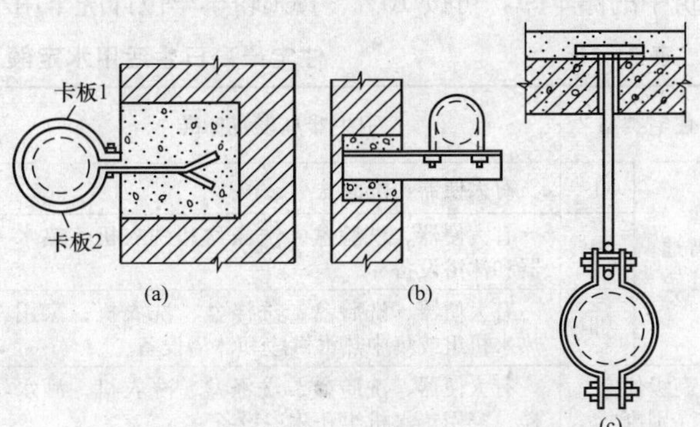

图 2-15　常见管道支架形式

(a) 管卡；(b) 托架；(c) 吊环

表 2-8 金属管管道支架最大间距 m

公称直径 DN		15	20	25	32	40	50	70	80	100	125	150	200	250	300
普通钢管	保温	2	2.5	2.5	2.5	3	3	4	4	4.5	6	7	7	8	8.5
	不保温	2.5	3	3.25	4	4.5	5	6	6	6.5	7	8	9.5	11	12
薄壁不锈钢管	横管	1.0	1.5	1.5	2.0	2.0	2.5	2.5							
	立管	1.5	2.0	2.0	2.5	2.5	3.0	3.0							
铜管	横管	1.2	1.8	1.8	2.4	2.4	2.4	3.0	3.0	3.0	3.0	3.5	3.5		
	立管	1.8	2.4	2.4	3.0	3.0	3.0	3.5	3.5	3.5	3.5	4.0	4.0		

表 2-9 塑料管管道支架最大间距 m

公称外径 De		20	25	32	40	50	63	75	90	110
硬聚氯乙烯管 PVC-U	立管	1.0	1.1	1.2	1.4	1.6	1.8	2.1	2.4	2.6
	横管	0.6	0.65	0.7	0.9	1.0	1.2	1.3	1.45	1.6
聚丙烯冷水管 PP-R	立管	1.0	1.2	1.5	1.7	1.8	2.0	2.0	2.1	2.5
	横管	0.65	0.8	0.95	1.1	1.25	1.4	1.5	1.6	1.9
氯化聚氯乙烯管 PVC-C	立管	1.0	1.1	1.2	1.4	1.6	1.8	2.1	2.4	2.7
	横管	0.8	0.8	0.85	1.0	1.2	1.4	1.5	1.6	1.7
交联聚乙烯管 PEX	立管	0.8	0.9	1.0	1.3	1.6	1.8			
	横管	0.6	0.7	0.8	1.0	1.2	1.4			

第四节 给水用水量

一、给水用水量标准

建筑内用水包括生活、生产和消防用水三部分。

生产用水量根据地区条件、工艺过程、设备情况、产品性质等因素计算确定。生活用水量受当地气候、建筑物使用性质、卫生器具和用水设备的完善程度、使用者的生活习惯及水价等因素的影响。

住宅、公共建筑生活和工业企业建筑生活、淋浴用水定额见表 2-10～表 2-12。附设在民用建筑中的停车库，可按 10%～15%轿车车位计洗车用水，轿车洗车用水定额为 10～15L/(辆·次)。

表 2-10 住宅最高日生活用水定额及小时变化系数

住宅类型		卫生器具设置标准	用水定额（最高日）[L/(人·d)]	小时变化系数
普通住宅	Ⅰ	有大便器、洗涤盆	85～150	3.0～2.5
	Ⅱ	有大便器、洗脸盆、洗涤盆和洗衣机、热水器和沐浴设备	130～300	2.8～2.3
	Ⅲ	有大便器、洗脸盆、洗涤盆、洗衣机、家用热水机组或集中热水供应和沐浴设备	180～320	2.5～2.0
高级住宅别墅		有大便器、洗脸盆、洗涤盆、洗衣机、洒水栓、家用热水机组和沐浴设备	200～350	2.3～1.8

注 1. 当地主管部门对住宅生活用水标准有规定的，按当地规定执行。

2. 别墅用水定额中含庭院绿化用水，汽车洗车水。

表 2-11 集体宿舍、旅馆和其他公共建筑的生活用水定额及小时变化系数

序号	建筑物名称及卫生器具设置标准	单 位	最高日生活用水定额（L）	小时变化系数	每日使用时间（h）
1	单身职工宿舍、学生宿舍、招待所、培训中心、普通旅馆				
	设公用盥洗室	每人每日	50～100	3.0～2.5	24
	设公用盥洗室、淋浴室	每人每日	80～130	3.0～2.5	24
	设公用盥洗室、淋浴室、洗衣室	每人每日	100～150	3.0～2.5	24
	设单独卫生间、公用洗衣室	每人每日	120～200	3.0～2.5	24
2	宾馆客房				
	旅客	每床位每日	250～400	2.5～2.0	24
	员工	每人每日	80～100	2.5～2.0	24
3	医院住院部				
	设公用盥洗室	每床位每日	100～200	2.5～2.0	24
	设公用盥洗室、淋浴室	每床位每日	150～250	2.5～2.0	24
	设单独卫生间	每床位每日	250～400	2.5～2.0	24
	医务人员	每人每班	150～250	2.0～1.5	8
	门诊部、诊疗所	每病人每次	10～15	1.5～1.2	8～12
	疗养院、休养所住房部	每床位每日	200～300	2.0～1.5	24
4	养老院、托老所				
	全托	每人每日	100～150	2.5～2.0	24
	日托	每人每日	50～80	2.0	10
5	幼儿园、托儿所				
	有住宿	每儿童每日	50～100	3.0～2.5	24
	无住宿	每儿童每日	30～50	2.0	10
6	教学、实验楼				
	中小学校	每学生每日	20～40	1.5～1.2	8～9
	高等院校	每学生每日	40～50	1.5～1.2	8～9
7	办公楼	每人每班	30～50	1.5～1.2	8～10
8	商场 员工及顾客	每平方米营业厅每日	5～8	1.5～1.2	12
9	公共浴室				
	淋浴	每顾客每次	100		12
	淋浴、浴盆	每顾客每次	120～150	2.0～1.5	12
	桑拿浴（淋浴、按摩池）	每顾客每次	150～200		12
10	理发室、美容院	每顾客每次	40～100	2.0～1.5	12
11	洗衣房	每公斤干衣	40～80	1.5～1.2	8
12	餐饮业				
	中餐酒楼	每顾客每次	40～60	1.5～1.2	10～12
	快餐店、职工及学生食堂	每顾客每次	20～25	1.5～1.2	12～16
	酒吧、咖啡厅、茶座、卡拉OK房	每顾客每次	5～15	1.5～1.2	8～18
13	电影院、剧院	每观众每场	3～5	1.5～1.2	3
14	会议厅	每座位每次	6～8	1.5～1.2	4
15	体育场				
	运动员淋浴	每人每次	30～40（50）	3.0～2.0	
	观众	每人每场	3	1.2	4

续表

序号	建筑物名称及卫生器具设置标准	单　位	最高日生活用水定额（L）	小时变化系数	每日使用时间（h）
16	健身中心	每人每次	30～50	1.5～1.2	8～12
17	停车库地面冲洗用水	每平方米每次	2～3	1.0	6～8
18	客运站旅客、展览中心观众	每人次	3～6	1.5～1.2	8～16
19	菜市场冲洗地面及保鲜用水	每平方米每日	10～20	2.5～2.0	8～10

注　1. 除养老院、托儿所、幼儿园的用水定额中含食堂用水外，其他均不含食堂用水。
2. 除注明外，均不含员工用水，员工用水定额每人每班 40～60L。
3. 医疗建筑用水中已含医疗用水。
4. 空调用水应另计。

表 2-12　　工业企业建筑生活、淋浴用水定额

<table>
<tr><td colspan="3">生活用水定额［L/(班·人)］</td><td>小时变化系数</td><td>备　注</td></tr>
<tr><td>管理人员</td><td colspan="2">40～60</td><td rowspan="2">1.5～2.5</td><td rowspan="2">每班工作时间以 8h 计</td></tr>
<tr><td>车间工人</td><td colspan="2">30～50</td></tr>
<tr><td colspan="4">工业企业建筑淋浴用水定额</td><td rowspan="7">淋浴用水延续时间为 1h</td></tr>
<tr><td colspan="3">车间卫生特征</td><td rowspan="2">每人每班淋浴用水定额（L）</td></tr>
<tr><td>有毒物质</td><td>生产性粉尘</td><td>其　他</td></tr>
<tr><td>极易经皮肤吸收引起中毒的剧毒物质（如有机磷、三硝基甲苯、四乙基铅等）</td><td></td><td>处理传染性材料、动物原料（如皮毛等）</td><td rowspan="2">60</td></tr>
<tr><td>易经皮肤吸收或有恶臭的物质，或高毒物质（丙烯腈、吡啶、苯酚等）</td><td>严重污染全身或对皮肤有刺激的粉尘（如炭黑、玻璃棉等）</td><td>高温作业、井下作业</td></tr>
<tr><td>其他毒物</td><td>一般粉尘（如棉尘）</td><td>重作业</td><td rowspan="2">40</td></tr>
<tr><td colspan="3">不接触有毒物质及粉尘、不污染或轻度污染身体（如仪表、金属冷加工、机械加工等）</td></tr>
</table>

二、最高日用水量与最大时用水量

1. 最高日用水量

建筑内生活用水的最高日用水量可按式（2-2）计算，最高日用水量一般在确定储水池（箱）容积过程中使用。

$$Q_d = \frac{mq_d}{1000} \tag{2-2}$$

式中　Q_d——最高日用水量，m^3/d；

m——用水单位数（人数、床位数等）；

q_d——最高日生活用水定额，L/(人·d)、L/(床·d)。

最高日用水量一般用于确定水池容积。例如，生活小区加压泵站储水池的容积，宜按最高日用水量的 15%～20%确定；建筑物生活储水池的容积，宜按最高日用水量的 20%～

25%确定，最大不得大于48h用水量。

2. 最高日最大时用水量

根据最高日用水量可算出最高日最大时用水量，即

$$Q_h = \frac{Q_d}{T}K_h = Q_p K_h \tag{2-3}$$

式中 Q_h——最高日最大时用水量，m^3/h；

T——建筑物内每天用水时间，h；

Q_p——最高日平均小时用水量，m^3/h；

K_h——小时变化系数。

最大时用水量一般用于确定水箱水泵联合供水方式中水泵流量和高位水箱容积，也用于市政给水管网和建筑小区给水管道的设计计算。但因为室内配水不均匀性规律不同于小时变化系数，所以室内给水管道的最大流量为设计秒流量。对于单设水泵或水池水泵系统，水泵的选择流量为设计秒流量。同样，也利用设计秒流量，计算确定给水管道的管径。

三、给水管道管径估算

在已知计算给水管段的卫生器具当量数时（单个卫生器具给水当量见表2-1），可按给水管允许负担的当量数估算管径，见表2-13。

表2-13　给水当量与管径的关系

给水管允许负担的当量数	管径 DN（mm）	给水管允许负担的当量数	管径 DN（mm）
1～2	15	11～16	32
3～5	20	17～25	40
6～10	25	26～50	50

第五节　建筑消火栓给水系统

根据GB 50016—2006《建筑设计防火规范》和GB 50045—1995《高层民用建筑防火规范》的规定，9层及9层以下的住宅和建筑高度小于24m的其他民用建筑为低层建筑，其余为高层建筑。对低层建筑物，消防车能直接使用室外水源扑救火灾，因此室内设置的消防给水系统仅用于扑灭初期火灾。对于高层建筑，因为市政消防设施和消防车的供水能力无法满足水量水压要求，所以扑灭高层建筑的火灾，应以室内消防给水系统为主，立足于自救，室内消防系统应满足火灾延续时间内消防给水的水量和水压。

一、室内消火栓的设置场所

GB 50016—2006和GB 50045—1995规定：存在与水接触能引起剧烈燃烧爆炸的物品除外的下列场所应设置消火栓消防给水系统。

（1）建筑占地面积大于300m^2的厂房（仓库）。

（2）体积大于5000m^3的车站、码头、机场的候车（船、机）楼、展览建筑、商店、旅馆建筑、病房楼、门诊楼、图书馆建筑等。

（3）特等、甲等剧场，超过800个座位的其他等级的剧场和电影院等，超过1200个座

位的礼堂、体育馆等。

(4) 超过 5 层或体积大于 10 000m³ 的办公楼、教学楼、非住宅类居住建筑等其他民用建筑。

(5) 超过 7 层的住宅应设置室内消火栓系统，当确有困难时，可只设置干式消防竖管和不带消火栓箱的 $DN65$ 的室内消火栓。消防竖管管径不应小于 $DN65$。

(6) 国家级文物保护单位的重点砖木或木结构的古建筑，宜设置室内消火栓。

二、室内消火栓用水量

GB 50016—2006 规定了多层和低层建筑的室内消火栓用水量，见表 2-14。GB 50045—1995 规定了高层建筑的室内消火栓用水量，见表 2-15。

表 2-14　室内消火栓用水量

建筑物名称	高度 h(m)、层数、体积 V(m³) 或座位数 N（个）		消火栓用水量 (L/s)	同时使用水枪数量（支）	每根竖管最小流量（L/s）
厂房	$h\leqslant24$	$V\leqslant10\ 000$	5	2	5
		$V>10\ 000$	10	2	10
	$24<h\leqslant50$		25	5	15
	$h>50$		30	6	15
仓库	$h\leqslant24$	$V\leqslant5000$	5	1	5
		$V>5000$	10	2	10
	$24<h\leqslant50$		30	6	15
	$h>50$		40	8	15
科研楼、试验楼	$H\leqslant24$，$V\leqslant10\ 000$		10	2	10
	$H\leqslant24$，$V>10\ 000$		15	3	10
车站、码头、机场的候车（船、机）楼和展览建筑等	$5000<V\leqslant25\ 000$		10	2	10
	$25000<V\leqslant50\ 000$		15	3	10
	$V>50\ 000$		20	4	15
剧院、电影院、会堂、礼堂、体育馆等	$800<n\leqslant1200$		10	2	10
	$1200<n\leqslant5000$		15	3	10
	$5000<n\leqslant10\ 000$		20	4	15
	$n>10\ 000$		30	6	15
商店、旅馆等	$5000<V\leqslant10\ 000$		10	2	10
	$10\ 000<V\leqslant25\ 000$		15	3	10
	$V>25\ 000$		20	4	15
病房楼、门诊楼等	$5000<V\leqslant10\ 000$		5	2	5
	$10\ 000<V\leqslant25\ 000$		10	2	10
	$V>25\ 000$		15	3	10
办公楼、教学楼等其他民用建筑	层数大于等于 6 或 $V>10\ 000$		15	3	10
国家级文物保护单位的重点砖木或木结构的古建筑	$V\leqslant10\ 000$		20	4	10
	$V>10\ 000$		25	5	15
住宅	层数大于等于 8		5	2	5

表 2-15　**高层建筑的室内消火栓用水量**

高层建筑类别	建筑高度(m)	消火栓用水量(L/s)		每根立管最小流量(L/s)	每支水枪最小流量(L/s)
		室外	室内		
普通住宅	≤50	15	10	10	5
	>50	15	20	10	5
1. 高级住宅 2. 医院 3. 二类建筑的商业楼、展览楼、综合楼、财贸金融楼、电信楼、商住楼、图书馆、书库 4. 省级以下的邮政楼、防灾指挥调度楼、广播电视楼、电力调度楼 5. 建筑高度不超过 50m 的教学楼和普通的旅馆、办公楼、科研楼、档案楼等	≤50	20	20	10	5
	>50	20	30	15	5
1. 高级旅馆 2. 建筑高度超过 50m 或每层建筑面积超过 1000m² 的商业楼、展览楼、综合楼、财贸金融楼、电信楼 3. 建筑高度超过 50m 或每层建筑面积超过 1500m² 的商住楼 4. 中央和省级（含计划单列市）广播电视楼 5. 网局级和省级（含计划单列市）电力调度楼 6. 省级（含计划单列市）邮政楼、防灾指挥调度楼 7. 藏书超过 100 册的图书馆、书库 8. 重要的办公楼、科研楼、档案楼 9. 建筑高度超过 50m 的教学楼和普通的旅馆、办公楼、科研楼、档案楼等	≤50	30	30	15	5
	>50	30	40	15	5

注　表 2-14 中丁、戊类高层厂房（仓库）室内消火栓的用水量可按本表减少 10L/s，同时使用水枪数量可按本表减少 2 支；消防软管卷盘或轻便消防水龙带及住宅楼梯间中的干式消防竖管上设置的消火栓，其消防用水量可不计入室内消防用水量。表 2-15 中建筑高度不超过 50m，室内消火栓用水量超过 20L/s，且设有自动喷水灭火系统的建筑物，其室内外消防用水量可按本表减少 5L/s。

高层建筑的消防用水总量为室内外消防用水量之和。高层建筑内设有消火栓、自动喷水、水幕、泡沫等灭火系统时，室内消防用水量应为需要同时开启的灭火系统用水量之和。

三、消火栓系统的组成

室内消火栓系统一般由水枪、水龙带、消火栓、消防管道、储水增压设备、稳压设施、消防水泵接合器等组成，如图 2-16 所示，其给水方式也同样有直接给水方式，设水泵、水箱给水方式，设水池、水泵、水箱给水方式等几种形式。

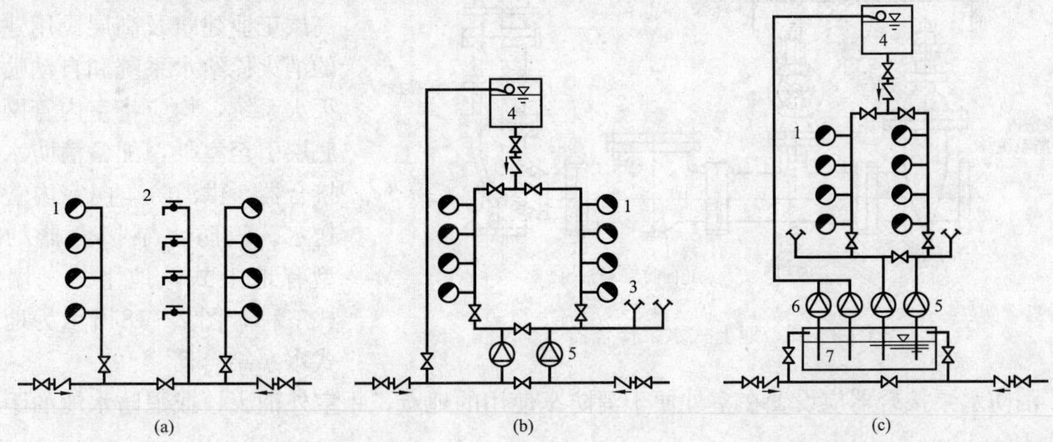

图 2-16　室内消火栓系统

(a) 直接给水方式；(b) 设水泵、水箱给水方式；(c) 设水池、水泵、水箱给水方式

1—消火栓；2—生活给水用水点；3—水泵接合器；4—水箱；5—消防水泵；6—生活水泵；7—水池

水枪、水龙带、消火栓安装在消火栓箱内，设置消防水泵的室内消火栓系统，消火栓箱内还设置直接启动消防水泵的按钮，图 2－17 所示为室内各类消火栓箱。

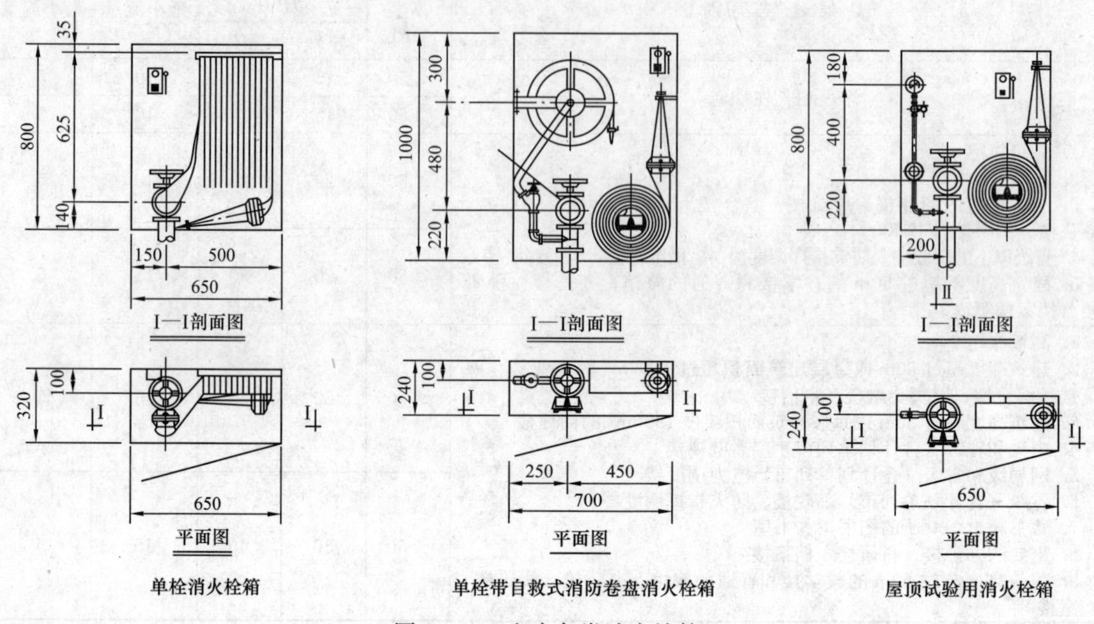

图 2－17　室内各类消火栓箱

常用消防水枪的喷口直径有 13、16、19mm 三种，衬胶水龙带直径有 50、65mm 两种，长度有 15、20、25m 三种规格，消火栓直径有 *SN*50、*SN*65，类型有单出口、双阀双出口两种。

在高层建筑中，为了便于非消防人员的自救，在消火栓箱内配备自救式消防卷盘，如图 2－17 所示。消防卷盘栓口直径为 25mm，胶带内径有 19、25mm，长度为 30m，配 6mm 水枪。

为了消防队员到达火场后能及时扑救火灾，减少火灾损失，超过四层的厂房、库房、高层工业建筑及高层民用建筑的消火栓给水系统和自动喷水灭火系统，均应将室内管网从底层引至室外，配备消防水泵接合器，供消防车向室内管网送水。消防水泵接合器的类型有地上式、地下式、墙面式三种，图 2－18所示为地上式水泵结合器。

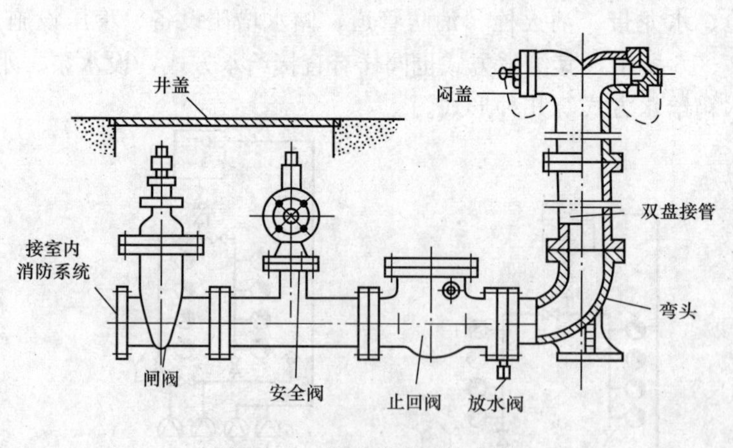

图 2－18　地上式水泵接合器

消防水泵接合器应设置在室外便于消防车使用的地点，距室外消火栓或消防水池的距离宜为 15～40m。

四、室内消火栓的布置

室内消火栓设置在各层的走道、楼梯、消防电梯前室等明显易取的地点。设有室内消火栓的建筑，如为平屋顶，则在平屋顶上设置试验和检查用的消火栓。消火栓栓口离地面的高度为1.1m。

消火栓的布置应考虑在任何情况下，当邻近一个消火栓受到火灾威胁不能使用时，另一个消火栓仍能保护任何部位。因此，应保证每一个防火分区同层有2支水枪的充实水柱同时到达任何部位（每个消火栓应按一支水枪计算）。建筑物高度小于或等于24m，且体积小于或等于5000m³的多层库房，可采用1支充实水柱到达室内任何部位。

水枪的充实水柱，是指由水枪喷嘴起到射流90%水柱水量穿过38cm圆圈处的一段射流长度。规范规定水枪的充实水柱一般不小于7m；甲、乙类厂房，超过六层的公共建筑，超过四层的厂房（库房），不应小于10m；高层厂房（库房）、高架仓库和体积大于25 000m³的商店、体育馆、影剧院、会堂、展览建筑，车站、码头、机场建筑等，不应小于13m。

室内消火栓的布置间距应由计算确定，规范规定，高层厂房（库房）、高架仓库和甲、乙类厂房，高层建筑中，室内消火栓的间距不应超过30m。其他单层和多层建筑、高层建筑裙房室内消火栓间距不应超过50m。

消火栓的保护半径可按下式计算，即

$$R = kl_d + l_s \tag{2-4}$$

式中　R——消火栓保护半径，m；

l_d——水龙带的长度，m；

k——水带弯曲折减系数，根据水带转弯数量取0.8～0.9；

l_s——水枪射流上倾角按45°计算时，充实水柱的水平投影长度。

同时使用水枪支数为2支时，消火栓的布置如图2-19所示，消火栓的间距可按下式计算，即

$$S = \sqrt{R^2 - b^2} \tag{2-5}$$

式中　S——同层消火栓布置间距，m；

R——消火栓保护半径，m；

b——消火栓最大保护宽度，m。

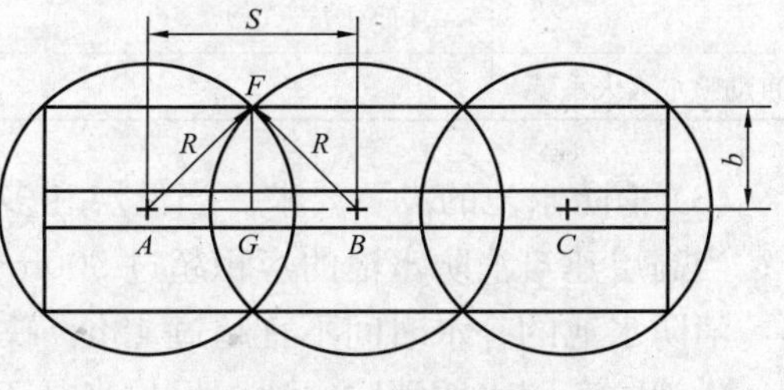

图2-19　消火栓的布置

五、消防增压储水装置

1. 消防水箱

为了保证火灾初期有足够的水量和水压，设置临时高压的消防给水系统，应设置消防水箱或气压水罐、水塔，并符合下列要求：

(1) 应在建筑物的最高部位设置重力自流的消防水箱。

(2) 室内消防水箱（包括气压水罐、水塔、分区水箱），应储存10min的消防水量。多层建筑当室内消防用水量不超过25L/s，经计算水箱消防储水量超过12m³时，仍可采用12m³；当室内消防用水量超过25L/s，经计算水箱消防储水量超过18m³时，仍可采用18m³。高层建筑消防水箱的储水量，一类公共建筑不应小于18m³；二类公共建筑和一类居住建筑不应小于12m³；二类居住建筑不应小于6m³。

(3) 高位消防水箱的设置高度应保证最不利点消火栓静水压力。当建筑物高度不超过100m时，高层建筑最不利点静水压力不应低于0.07MPa；当建筑物高度超过100m时，高

层建筑最不利点消火栓静水压力不应低于 0.15MPa。当高位消防水箱不能满足上述静压要求时，应设增压、稳压措施。

（4）当用气压水罐代替消防水箱时，水罐的有效容积与水箱相同，但因其容量较大，工程中很少应用。

2. 消防水池

（1）消防水池的设置条件。当生产、生活用水量达到最大时，市政给水管道、进水管或天然水源不能满足室内外消防用水量；市政给水管道为枝状或只有一条进水管（二类居住建筑除外），且消防用水量之和超过 25L/s。

（2）消防水池的容积。当室外给水管网能保证室外消防用水量时，消防水池的有效容积应满足在火灾延续时间内室内消防用水量的要求；当室外给水管网不能保证室外消防用水量时，消防水池的有效容积应能满足在火灾延续时间内室内消防用水量和室外消防用水量不足部分之和的要求，在火灾发生情况下能保证连续补水时，消防水池的容量可减去火灾延续时间内补充的水量。各类建筑物消防系统的火灾延续时间见表 2－16。消防用水与其他用水共用的水池，应有确保消防用水量不被作他用的技术措施。

表 2－16　各类建筑物消防系统的火灾延续时间

系统类型	建筑类型	火灾延续时间（h）
消火栓系统	居住区、工厂、戊类仓库	2.00
	甲、乙、丙类物品仓库、可燃气体储罐和煤、焦炭露天堆场	3.00
	商业楼、展览馆、综合楼、一类建筑的财贸金融楼、图书馆、书库、重要的档案楼、科研楼和高级旅馆	3.00
	其他建筑	2.00
自动喷水灭火系统		1.00

（3）消防水池的设置要求。当低层和多层建筑消防水池的容积超过 500m³ 时，应分成两个；当高层建筑消防水池的容积超过 500m³ 时，应分成两个能独立使用的消防水池。

消防水池的补水时间不宜超过 48h，缺水地区或独立的石油库可延长到 96h。

供消防车取水的消防水池，保护半径不应大于 150m；供消防车取水的消防水池应设取水口，取水口与建筑物的距离宜按规范执行；供消防车取水的消防水池应能保证消防车的吸水高度不超过 6m。

3. 稳压装置

当高位消防水箱不能满足最不利点消火栓最低静水压力要求时，应考虑设置稳压装置。

消防系统的稳压装置是维持系统一定压力，能够自动检测运行的装置。该装置的作用是，在火灾初起时，消防水泵启动前，满足消火栓系统和自喷系统的水压要求，使消防给水管道系统最不利点始终保持消防所需的压力，如图 2－20 所示。常用的稳压装置一般有隔膜式气压罐加稳压水泵及单设稳压水泵两种类型。

（1）稳压水泵加气压水罐的增压稳压装置。由隔膜式气压罐、水泵、电控箱、仪表、管道附件等组成。平时管道系统如有少量渗漏等泄压情况，气压罐内的水在空气压力的作用下自动补水，气压罐水位处于低水位时，稳压水泵启动充水稳压。一旦发生火灾，消火栓或喷

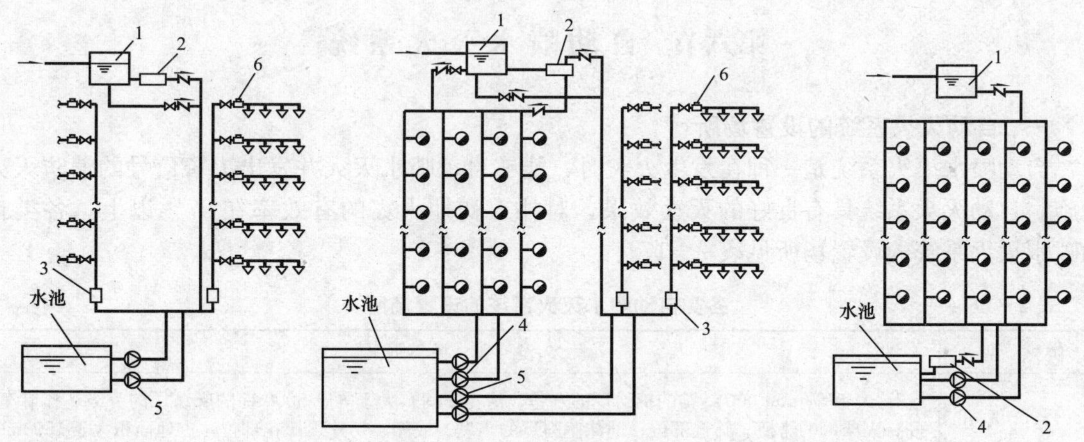

图 2-20　消防系统的稳压装置

1—消防水箱；2—增压稳压设备；3—湿式报警阀；
4—消火栓系统消防泵；5—自动喷水系统消防泵；6—水流指示器

头启动管道系统大量缺水，系统压力下降，发出报警信号，立即启动消防水泵，稳压泵停止，直至消防水泵停止运转，手动恢复稳压设施的控制功能，如图 2-21 所示。该装置具备两项功能：①使消防给水管道系统最不利点始终保持消防所需的压力；②使气压水罐内始终储有 30s 的消防水量，且隔膜式气压罐的容积不小于 450L。

(2) 单设稳压水泵的稳压装置。消防稳压泵的布置如图 2-22 所示。稳压泵的开启与关闭由装在消防水泵出水管上的压力开关自动控制，当压力下降低于消防管网工作压力 0.07MPa 时，稳压水泵开启；当恢复至工作压力时，稳压泵关闭；当压力下降至低于消防管网工作压力 0.10MPa 时，消防水泵开启，稳压水泵停止工作。该装置简单，但稳压水泵运行频繁，设备的使用寿命不如稳压水泵加气压水罐的增压稳压装置。

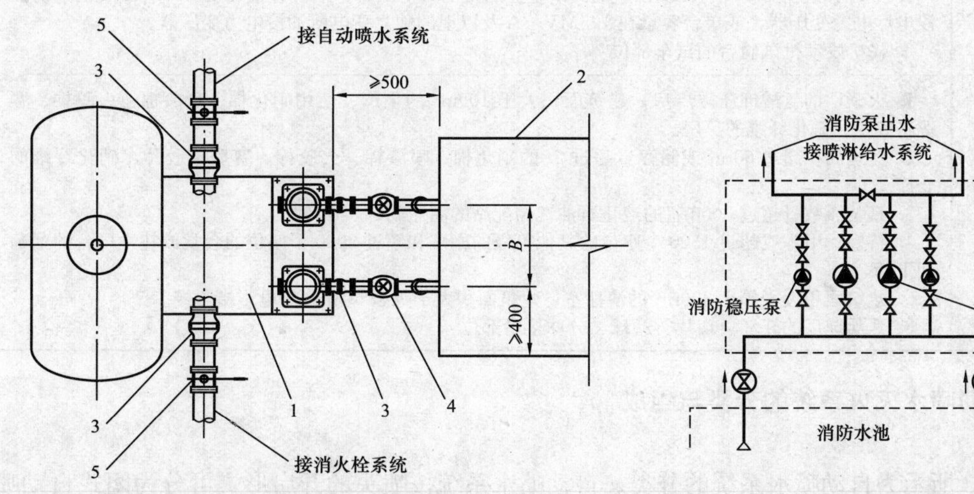

图 2-21　稳压水泵加气压水罐的增压稳压装置

1—立式增压稳压设备；2—高位水箱或水池；
3—可曲挠橡胶接头；4—截止阀；5—蝶阀

图 2-22　消防稳压泵的布置

第六节　自动喷水灭火系统

一、自动灭火系统的设置场所

自动喷水灭火系统是一种在发生火灾时，能够自动喷水灭火并发出火警信号的消防灭火设施。自动灭火系统具有良好的灭火效果，对扑灭初期火灾的有效率在97%以上。各类自动喷水灭火系统的设置场所见表2-17。

表2-17　各类自动喷水灭火系统的设置场所

类　型	设　置　场　所
自动喷水灭火系统	1. 大于等于50 000纱锭的棉纺厂的开包、清花车间；大于等于5000锭的麻纺厂的分级、梳麻车间；火柴厂的烤梗、筛选部位；泡沫塑料厂的预发、成型、切片、压花部位；占地面积大于1500m^{2}的木器厂房；占地面积大于1500m^{2}或总建筑面积大于3000m^{2}的单层、多层制鞋、制衣、玩具及电子等厂房；高层丙类厂房；飞机发动机试验台的准备部位；建筑面积大于500m^{2}的丙类地下厂房。 2. 每座占地面积大于1000m^{2}的棉、毛、丝、麻、化纤、毛皮及其制品的仓库；每座占地面积大于600m^{2}的火柴仓库；邮政楼中建筑面积大于500m^{2}的空邮袋库；建筑面积大于500m^{2}的可燃物品地下仓库；可燃、难燃物品的高架仓库和高层仓库（冷库除外）。 3. 特等、甲等或超过1500个座位的其他等级的剧院；超过2000个座位的会堂或礼堂；超过3000个座位的体育馆；超过5000人的体育场的室内人员休息室与器材间等。 4. 任一楼层建筑面积大于1500m^{2}或总建筑面积大于3000m^{2}的展览建筑、商店、旅馆建筑，以及医院中同样建筑规模的病房楼、门诊楼、手术部；建筑面积大于500m^{2}的地下商店。 5. 设置有送回风道（管）的集中空气调节系统，且总建筑面积大于3000m^{2}的办公楼等。 6. 设置在地下、半地下或地上四层及四层以上或设置在建筑的首层、二层和三层，且任一层建筑面积大于300m^{2}的地上歌舞娱乐放映游艺场所（游泳场所除外）。 7. 藏书量超过50万册的图书馆
水幕系统	1. 特等、甲等或超过1500个座位的其他等级的剧院和超过2000个座位的会堂或礼堂的舞台口，以及与舞台相连的侧台、后台的门窗洞口。 2. 应设防火墙等防火分隔物而无法设置的局部开口部位。 3. 需要冷却保护的防火卷帘或防火幕的上部
水喷雾灭火系统	1. 单台容量在40MV·A及以上的厂矿企业油浸电力变压器、单台容量在90MV·A及以上的油浸电厂电力变压器，或单台容量在125MV·A及以上的独立变电所油浸电力变压器。 2. 飞机发动机试验台的试车部位
雨淋式灭火系统	1. 火柴厂的氯酸钾压碾厂房；建筑面积大于100m^{2}的生产、使用硝化棉、喷漆棉、火胶棉、赛璐珞胶片、硝化纤维的厂房。 2. 建筑面积超过60m^{2}或储存量超过2t的硝化棉、喷漆棉、火胶棉、赛璐珞胶片、硝化纤维的仓库。 3. 日装瓶数量超过3000瓶的液化石油气储配站的灌瓶间、实瓶库。 4. 特等、甲等或超过1500个座位的其他等级的剧院和超过2000个座位的会堂或礼堂舞台的葡萄架下部。 5. 建筑面积大于等于400m^{2}的演播室，建筑面积大于等于500m^{2}的电影摄影棚。 6. 乒乓球厂的轧坯、切片、磨球、分球检验部位

二、自动喷水灭火系统的分类与组成

1. 分类

图2-23所示为自动喷水系统的分类。自动喷水系统按喷头的开启形式可分为闭式自动喷水系统和开式自动喷水系统；按报警阀的形式可分为湿式系统、干式系统、预作用系统、雨淋系统等；按对保护对象的功能可分为暴露防护型（水幕或冷却）和控灭火型。所谓暴露防护，是利用向暴露在火灾中的建筑或设备直接喷射水或水雾来实现驱除或减少火焰传递的热量。

2. 组成与工作原理

(1) 湿式自动喷水灭火系统。湿式自动喷水灭火系统的组成如图2-24所示，准工作状态时，管道内充满有压水；火灾时，建筑物内温度上升，当室温升高到足以打开闭式喷头上的闭锁装置时，喷头即自动喷水灭火，同时报警阀门通过水力警铃和流水指示器发出报警信号，压力开关启动相应给水管路上阀门或消防水泵组。该系统适用于常年温度不低于4℃，且不高于70℃的建筑物和场所。

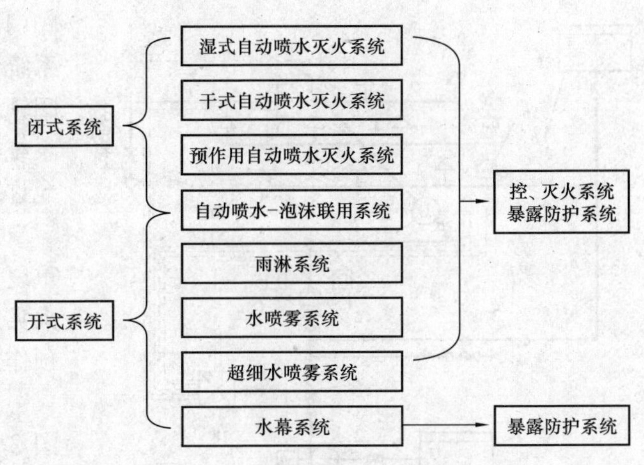

图2-23 自动喷水系统的分类

(2) 干式自动喷水灭火系统。干式自动喷水灭火系统的组成如图2-25所示，准工作状态时，报警阀上部配水管道内充满用于启动系统的有压气体，报警阀下部充满压力水；火灾时，闭式喷头的闭锁装置熔化脱落，管网排气充水灭火。该系统适用于室温低于4℃或高于70℃的建筑物和场所。

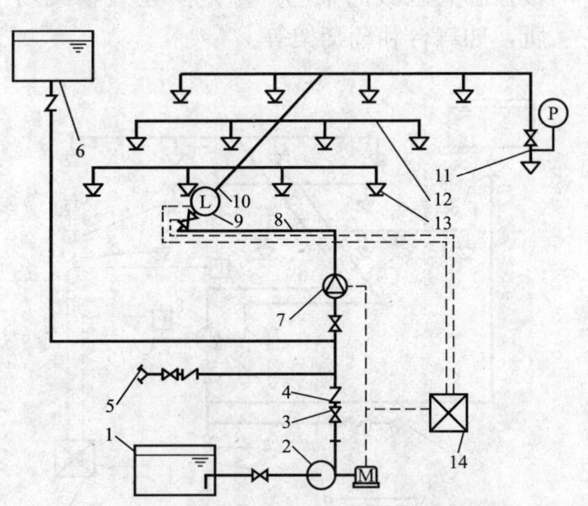

图2-24 湿式自动喷水灭火系统的组成

1—水池；2—水泵；3—止回阀；4—闸阀；5—水泵接合器；6—消防水箱；7—湿式报警阀组；8—配水干管；9—水流指示器；10—配水管；11—配水支管；12—配水支管；13—闭式洒水喷头；14—报警控制器；P—压力表；M—驱动电动机；L—水流指示器

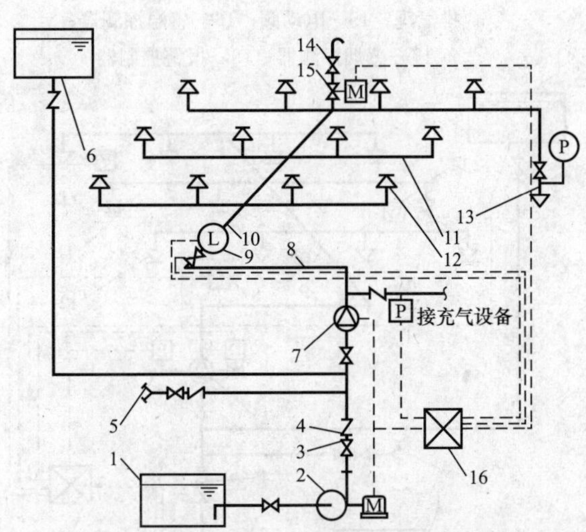

图2-25 干式自动喷水灭火系统的组成

1—水池；2—水泵；3—止回阀；4—闸阀；5—水泵接合器；6—消防水箱；7—干式报警阀组；8—配水干管；9—水流指示器；10—配水管；11—配水支管；12—闭式喷头；13—末端试水装置；14—快速排气阀；15—电动阀；16—感温报警控制器

(3) 预作用喷水灭火系统。预作用喷水灭火系统的组成如图2-26所示，准工作状态时，配水管道内不充水，而充以有压或无压的气体；火灾时，由感烟（或感温、感光）火灾探测器报警，同时发出信息开启报警信号，报警信号延迟30s证实无误后，自动启动预作用

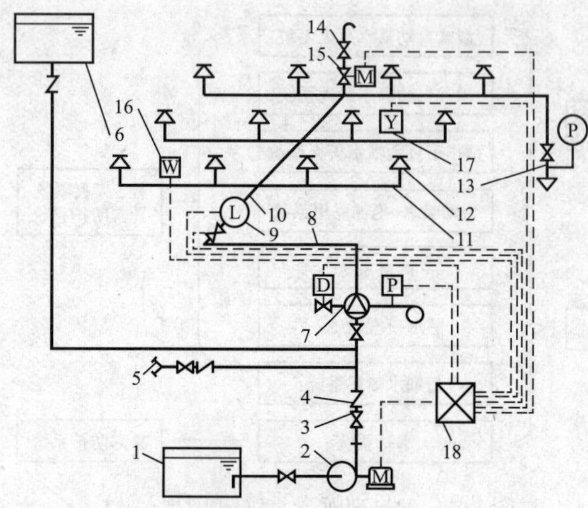

图 2-26 预作用喷水灭火系统的组成

1—水池；2—水泵；3—止回阀；4—闸阀；5—水泵接合器；6—消防水箱；7—预作用报警阀组；8—配水干管；9—水流指示器；10—配水管；11—配水支管；12—闭式洒水喷头；13—末端试水装置；14—快速排气阀；15—电动阀；16—感温探测器；17—感烟探测器；18—报警控制器

阀门而向喷水管网中自动充水，转为湿式系统。当火灾温度继续升高，闭式喷头的闭锁装置脱落，喷头即自动喷水灭火。该系统适用于室温低于 4℃或高于 70℃或不允许由水渍损失的建筑物。

（4）重复启闭预作用喷水灭火系统。重复启闭预作用喷水灭火系统是能在扑灭火灾后自动关阀，复燃时再次开阀喷水的预作用系统。

（5）雨淋系统。雨淋系统的组成如图 2-27 和图 2-28 所示，准工作状态时，配水管道内无水；火灾时，自动报警系统或传动管控制自动开启雨淋阀和启动供水泵后，通过管网向开式洒水喷头供水灭火。该系统适用于火灾发生时燃烧猛烈、蔓延迅速，闭式喷头开放不能及时使喷水有效覆盖着火区域的某些严重危险建筑物或场所，如舞台和葡萄架等。

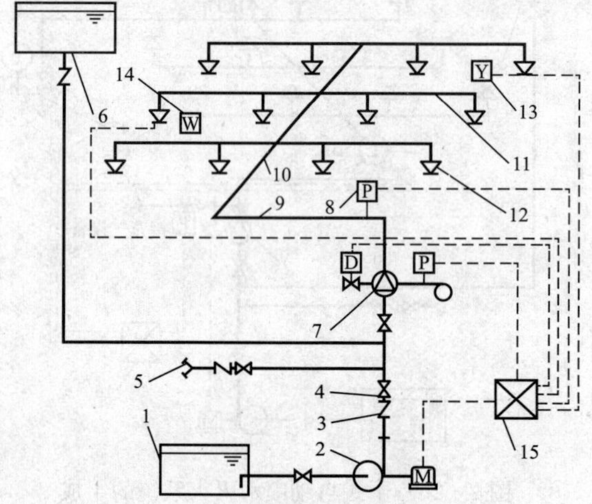

图 2-27 电启动雨淋系统

1—水池；2—水泵；3—止回阀；4—闸阀；5—水泵接合器；6—消防水箱；7—雨淋报警阀组；8—压力开关；9—配水干管；10—配水管；11—配水支管；12—开式洒水喷头；13—感烟探测器；14—感温探测器；15—报警控制器

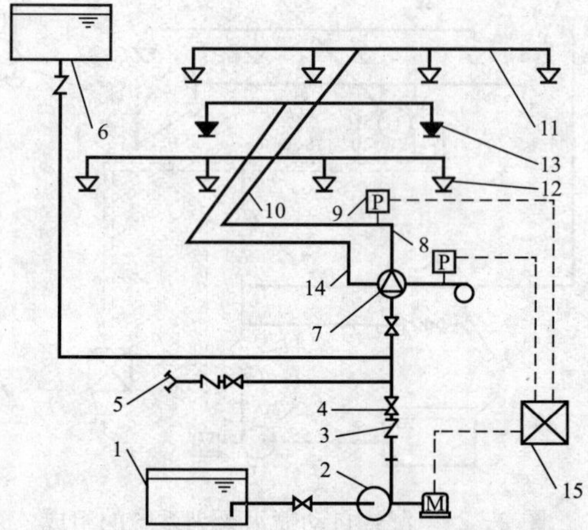

图 2-28 充液（水）传动管启动雨淋系统

1—水池；2—水泵；3—止回阀；4—闸阀；5—水泵接合器；6—消防水箱；7—雨淋报警阀组；8—配水干管；9—压力开关；10—配水管；11—配水支管；12—开式洒水喷头；13—闭式喷头；14—传动管；15—报警控制器

雨淋系统与湿式、干式和预作用自动喷水灭火系统最大的区别是采用开式喷头，系统一旦动作，保护面积内将全部喷水。而后者因为喷头开放速度明显慢于火灾燃烧速度，对火势发展迅猛、蔓延迅速的火灾无效。

(6) 水幕系统。水幕系统的组成如图 2－29 所示，火灾时，利用感温雨淋阀或人工操作的通用阀组控制开式洒水喷头或水幕喷头喷水。用于挡烟阻火的叫防火分隔水幕。用于冷却分隔物的叫防护冷却水幕，直接将水喷向被保护对象。水幕一般安装在舞台口、防火卷帘，以及需要设水幕保护的门、窗、孔、洞。水幕系统还有另一种类型，即利用湿式系统，在工程实践中以加密喷头的形式出现。

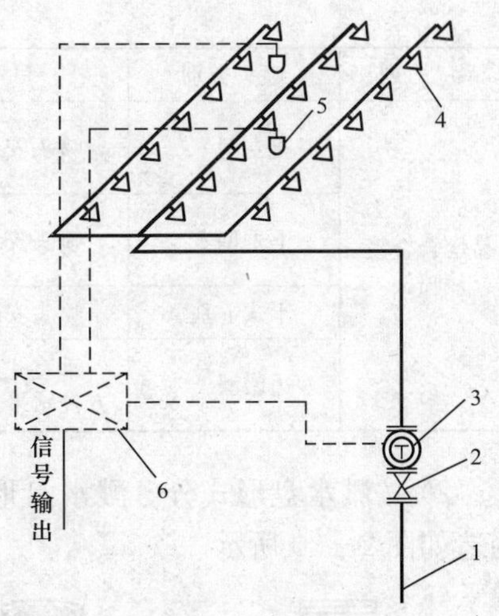

图 2－29 水幕系统
1—供水管；2—闸阀；3—控制阀；4—水幕喷头；5—火灾探测器；6—火灾报警控制箱

(7) 水喷雾系统。水喷雾系统是由水源、供水设备、管道、雨淋阀组、过滤器和水雾喷头等组成，向保护对象喷射水雾灭火或防护冷却的灭火系统。该系统适用于扑救固体火灾、闪点高于 60℃的液体火灾和电气火灾，并可用于可燃气体和甲、乙、丙类液体的生产、储存装置或装卸设施的防护冷却。自动系统的灭火原理是冷却降温，而水喷雾系统的灭火原理是冷却、窒息、乳化及稀释。

冷却是指同体积的水以水雾滴形态喷出（比直射流形态喷时表面积大几百倍），当水雾滴喷射到燃烧表面时，因为换热面积大而吸收大量的热迅速汽化，使燃烧表面迅速降温。

窒息是指水雾滴受热汽化后形成原体积 1680 倍的水蒸气，使燃烧物周围的空气含氧量降低，燃烧因缺氧而受抑或中断。

乳化是指水雾滴喷射到燃烧液体表面时，水雾滴在液体表面的冲击搅拌，使不溶于水的液体表层乳化，由于乳化层的不燃性，造成燃烧中断。

稀释是指水雾滴稀释了水溶性液体，使液体的燃烧速度降低而较易扑灭火灾。

三、主要组件

1. 喷头

(1) 闭式喷头。闭式喷头是闭式自动喷水灭火系统的关键组件，系通过热敏释放机构的动作而喷水。喷头由喷水口、温感释放器和溅水盘组成。

喷头根据感温元件、温度等级、溅水盘形式等进行分类如下。

1) 按感温元件分。目前，我国生产的有两种感温元件作为闭式喷头的闭锁装置，一是易熔合金锁片喷头，二是玻璃球喷头。这两种喷头的适用场所见表 2－18。

表 2－18　　常用闭式喷头类型

系列	喷头类别	安装方式	适用场所
玻璃球式喷头	直立型	喷头安装在配水管上方	设置场所无吊顶，水管沿梁下布置，上、下方均需保护的场所
	下垂型	喷头安装在配水管下方	设置场所有吊顶，水管在吊顶内布置，吊顶下方均需保护的场所
	吊顶型	喷头朝下隐蔽安装在吊顶内	设置场所有吊顶，水管在吊顶内布置，吊顶下方均需保护及美观要求较高的建筑
	上、下通用型	喷头安装在配水管上、下方	设置场所无吊顶，上、下方均需保护的场所

续表

系　列	喷头类别	安装方式	适用场所
易熔合金锁片喷头	直立型	喷头安装在配水管上方	设置场所无吊顶，水管沿梁下布置，上、下方均需保护的场所
	下垂型	喷头安装在配水管下方	设置场所有吊顶，水管在吊顶内布置，吊顶下方均需保护的场所
	干式下垂型	喷头安装在配水管下方	适用于干式或预作用式系统
	边墙型	垂直式喷头安装在配水管上方，水平式喷头水平安装	安装空间狭小，或层高小的走廊、房间

2）按溅水盘形式分。溅水盘形式有直立型、下垂型、边墙型、吊顶型等，各类喷头的构造如图 2－30 所示。

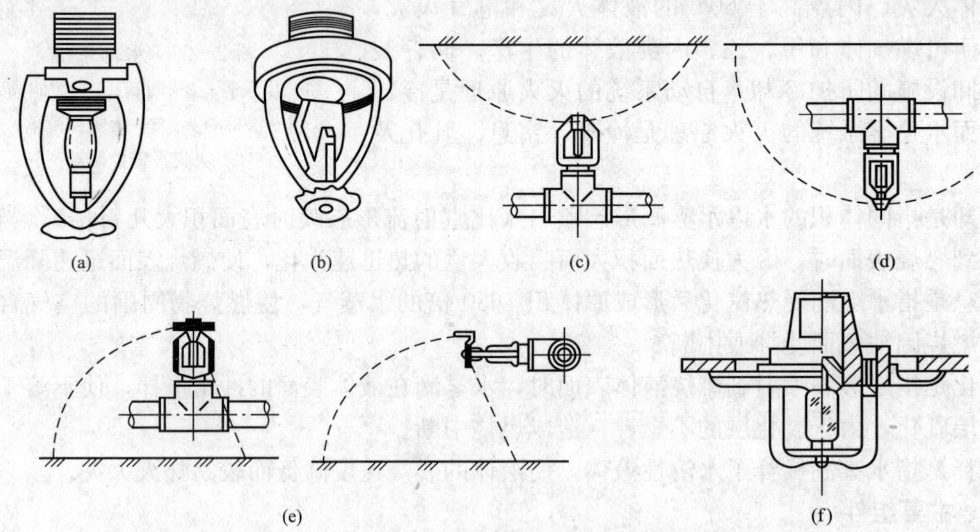

图 2－30　喷头的构造

(a) 玻璃球式喷头；(b) 易熔合金锁片喷头；(c) 直立型；(d) 下垂型；(e) 边墙型；(f) 吊顶型

3）按感温级别分。在不同环境温度场所内设置喷头时，喷头公称动作温度应比环境最高温度高 30℃左右，如玻璃球喷头的公称动作温度有 57、68、79、93、141℃等几个级别。

4）按喷头的热敏性能分。有标准反映喷头和快速反映喷头，前者对火反应有热滞后现象，后者对火反应敏感，开启速度快。

(2) 开式喷头式。这种喷头不是热敏元件的喷头，可分为开式洒水喷头、水幕喷头、水雾喷头等。开式喷头的类型与构造如图 2－31 所示。

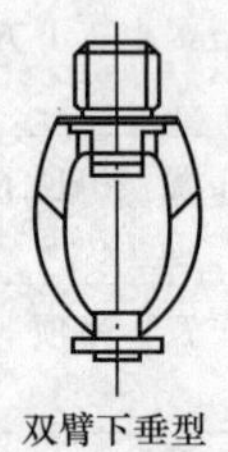
双臂下垂型

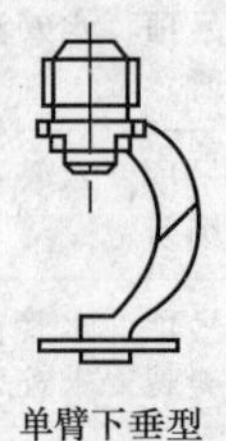
单臂下垂型

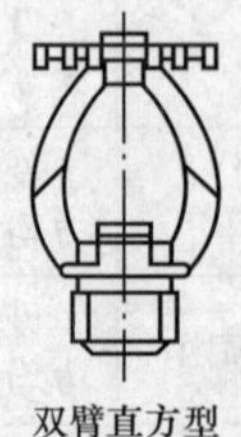
双臂直方型

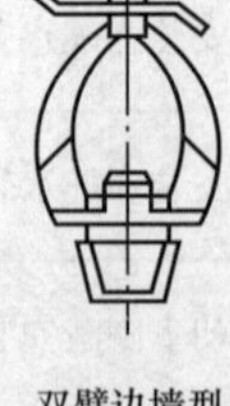
双臂边墙型

窗口式

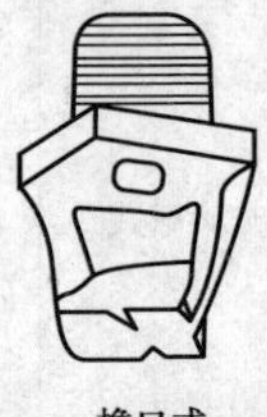
檐口式

图 2－31　开式喷头的类型与构造

2. 报警阀

火灾发生时，随着闭式喷头的开启喷水，报警阀也自动开启发出水流信号报警，其报警装置有水力警铃和电动报警器两种。前者用水力推动打响警铃，后者用水压启动压力开关或水流指示器发出报警信号。

(1) 湿式报警阀。接通或关断报警水流，喷头动作后，报警水流驱动水力警铃和压力开关报警，防止水倒流。该阀适于在湿式自动喷水灭火系统立管上安装。如图 2-32 所示，准工作状态时，阀瓣上下充满水，水压强近似相等；闭式喷头灭火时，阀瓣上面压力下降，下部水压开启阀瓣，供水管路向配水干管和动作喷头供水，同时水流向信号设施，水力警铃报警。

(2) 干式报警阀。接通或关断报警水流，喷头动作后报警水流驱动水力警铃和压力开关报警，防止水倒流。该阀适于在干式自动喷水灭火系统立管上安装。如图 2-33 所示，准工作状态时，阀瓣上面配水管内的总空气压力大于阀瓣下面供水水压，报警阀处于关闭位置；火灾发生，闭式喷头打开，空气泄出，管道内空气压力下降至低于供水压力时，阀瓣打开，下部的水向配水干管和动作喷头供水，同时水流向信号设施，启动压力开关和水力警铃报警。

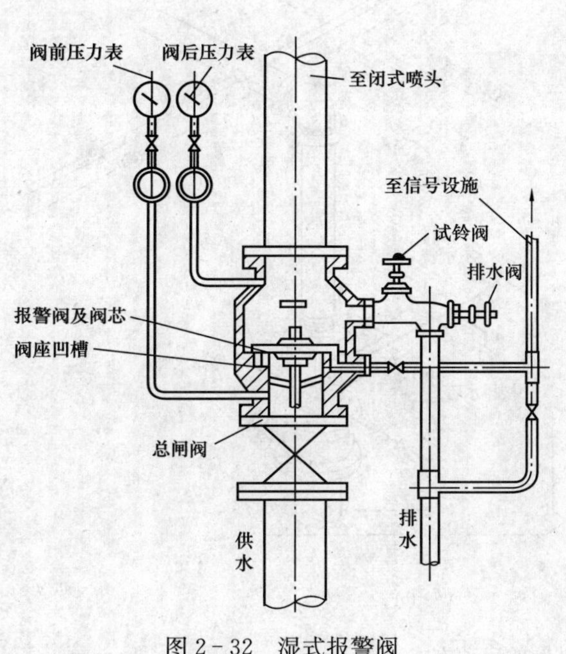

图 2-32 湿式报警阀

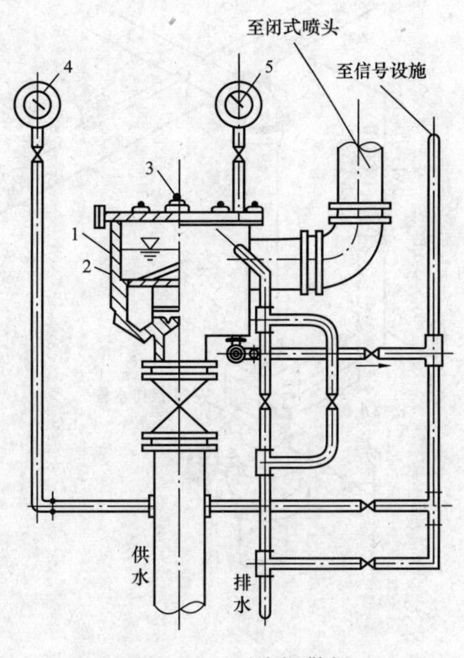

图 2-33 干式报警阀

1—阀体；2—差动双盘阀板；3—充气塞；4—阀前压力表；5—阀后压力表

(3) 雨淋报警阀。也叫雨淋阀，在雨淋、水喷雾、水幕等开式系统中用于接通或关断向配水管道的供水。常见的隔膜式雨淋阀如图 2-34 所示，阀瓣上方为自由空气，阀瓣用锁定机构扣住，锁定机构的动力由供水压力提供。火灾时，启动装置使锁定机构上作用的供水压力迅速降低，从而使阀瓣脱扣、开启，供水进入喷淋管道。雨淋阀的启动方式有充液（水）

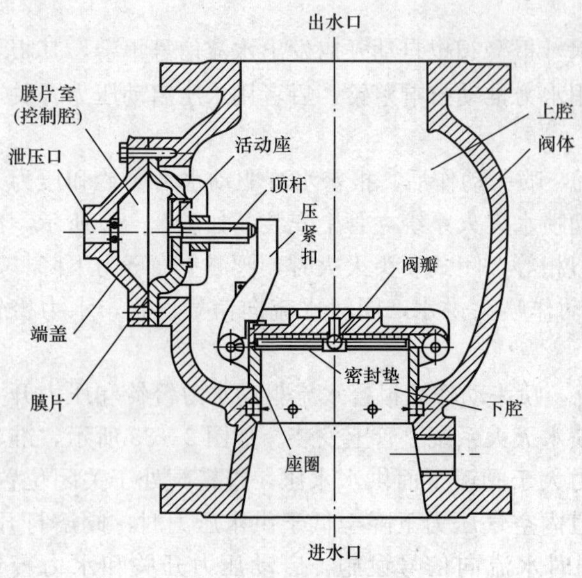

图 2－34　隔膜式雨淋阀

传动管启动（带闭式喷头的传动控制系统，火灾时，室内温度上升，闭式喷头打开放水，传动管网内水压骤降，雨淋阀自动开启，所有开式喷头自动喷水灭火）、电启动（带火灾探测器的电动工作系统）和气压式启动等，如图 2－35 所示。雨淋阀具有手动和自动两种操作方式。

（4）预作用阀。适于在预作用系统立管上安装，一般主要由雨淋阀和湿式报警阀上下串接而成，其工作原理与雨淋阀相似。平时靠供水压力为锁定机构提供动力，把阀瓣扣住。探测器火喷头动作后，锁定结构上作用的供水压力迅速降低，使阀瓣脱扣、开启，供水进入喷淋管道。

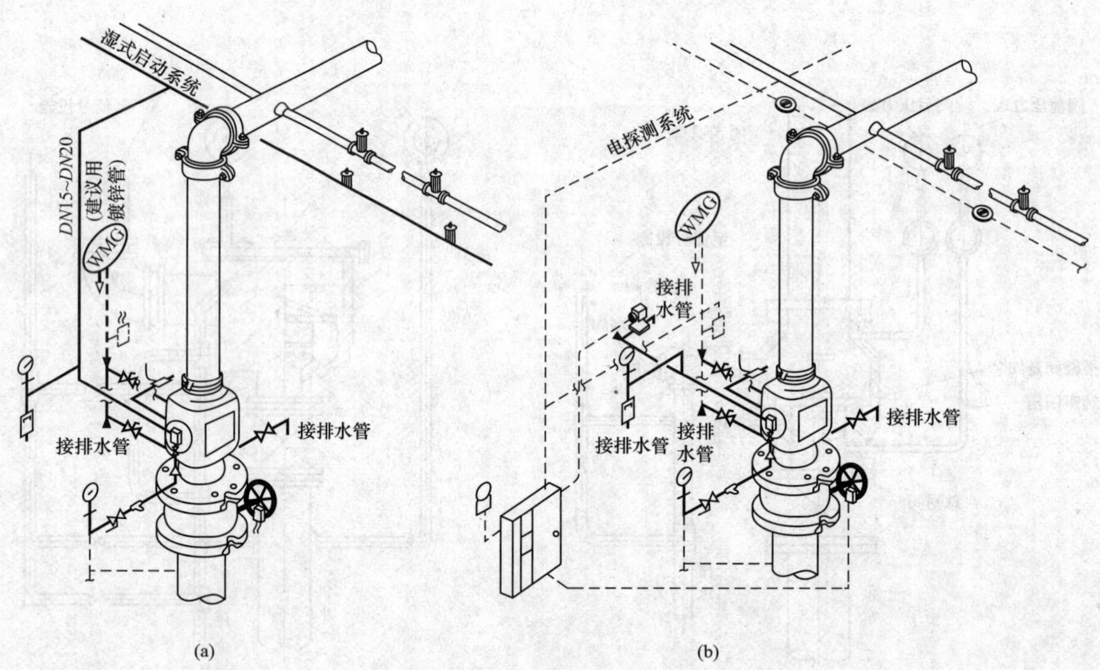

图 2－35　雨淋阀的启动方式
（a）充液（水）传动管启动雨淋阀；（b）电启动雨淋阀

3. 水流指示器

水流指示器一般安装在闭式自动喷水系统中，是将水流信号转换成电信号，准确指示火灾发生部位的装置。

规范规定，除一个报警阀仅控制一个防火分区或一层的喷头外，每个防火分区及每层的喷头均要求设置水流指示器。水流指示器常见的类型有叶片（桨片）式，如图 2－36 所示。

火灾时，喷头喷水，管道内水流动，冲击桨片向水流方向偏移倾斜，动作杆挤压小型开关，电触点闭合，给出电触点信号。当水流停止时，桨片和动作杆复位，小型开关触点断开，电触点信号消除。

4. 压力开关

雨淋系统和水幕系统采用开式喷头，平时报警阀后管路中没有水，系统启动后的管道充水阶段，管内的水流速度较快，容易损坏水流指示器，因此常用压力开关。压力开关在开式自动喷水系统中的作用与水流指示器相同，见图 2-27 和图 2-28。另外，压力开关还能根据最不利喷头的工作压力，调节消防系统中稳压泵的启停压力。

5. 末端试水装置

为了检测系统的可靠性和干式、预作用系统的充水时间，每个报警阀组控制的管网最不利点都要安装末端试水装置。末端试水装置的组成，如图 2-37 所示。末端试水装置的作用是，测试系统能否在开放一只喷头的最不利条件下可靠报警并正常启动。

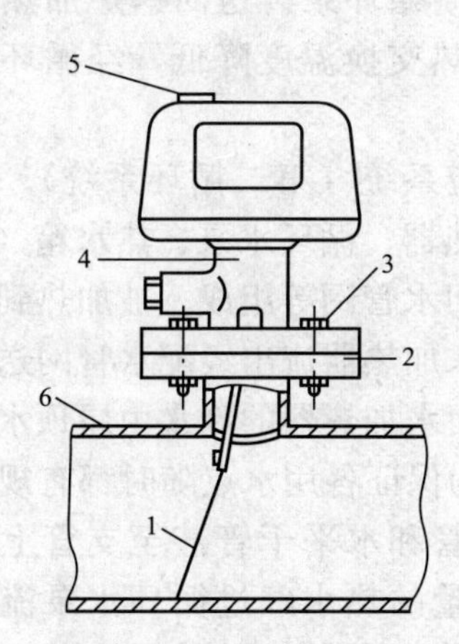

图 2-36 水流指示器

1—桨片；2—法兰底座；3—螺栓；4—本体；5—接线孔；6—喷水管道

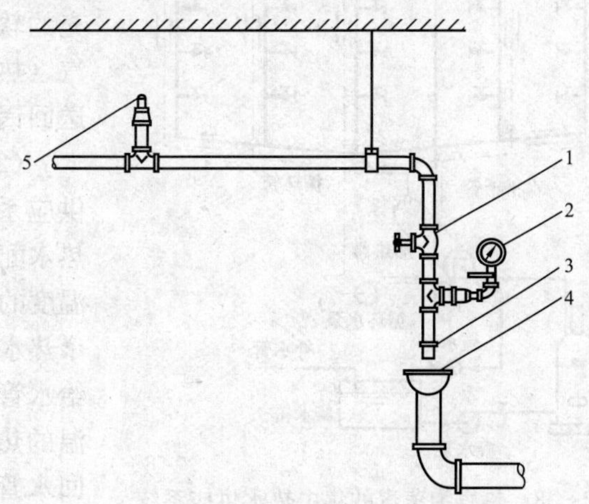

图 2-37 末端试水装置的组成

1—截止阀；2—压力表；3—试水接头；4—排水漏斗；5—最不利处喷头

第七节 热 水 系 统

一、分类与组成

1. 热水供应系统的分类

建筑热水供应系统，按照热水供应范围的大小可分为局部热水供应系统、集中热水供应系统和区域热水供应系统三类。

（1）局部热水供应系统，即采用各种小型加热器，供局部范围内的一个或几个用水点使用的热水系统。系统中常用的加热设备有小型煤气加热器、电加热器、蒸汽加热器、太阳能热水器及小型锅炉等。该系统适用于标准的普通多、高层住宅、办公楼、集体宿舍等。

（2）集中热水供应系统，即在锅炉房、热交换站或加热间将水集中加热，并通过热水管网输送至一幢或多幢建筑各用水点的热水系统。该系统适用于热水用量较大、用水点集中的建筑，如宾馆、医院、商务楼、高级住宅等。

(3) 区域热水供应系统，即水在热电站、区域性的锅炉房或热交换站集中加热，通过城市热力管网送至建筑群的各个建筑中，然后经过室内热水管网送至各用水点的热水系统。该系统适用于严寒地区或寒冷地区。

2. 热水供应系统的组成

建筑热水供应系统中，集中热水供应系统应用较普遍，主要由下列各部分组成，如图 2-38 所示。

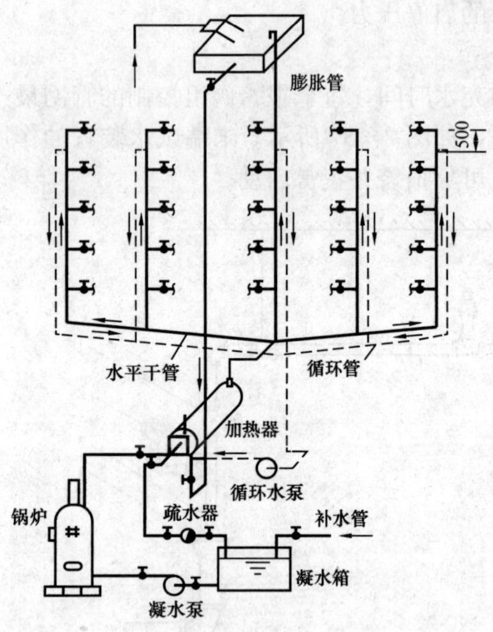

图 2-38 热媒为蒸汽的集中热水供应系统

(1) 热水制备系统（第一循环系统）。热水制备系统由热源、水加热器和热媒管网组成。由锅炉生产的蒸汽或热媒热水通过热媒管网送到水加热器加热冷水，经过热交换，蒸汽变成冷凝水，靠余压送到冷凝水池，冷凝水和新补充的软化水经冷凝循环泵再送回锅炉加热成蒸汽（热媒水经过热交换温度降低，经循环水泵送回锅炉加热）。

(2) 热水供应系统（第二循环系统）。热水供应系统由水加热器、循环水泵、热水箱（罐）、热水配水管网和回水管网等组成。被加热到一定温度的热水，由水加热器流出经配水管网送至各个热水配水点，而水加热器的冷水由屋顶水箱或给水管网补给。为保证各用水点随时都有规定水温的热水，在立管和水平干管甚至支管上设置回水管，使一定量的热水经过循环水泵流回水加热器，以补充管网所散失的热量。考虑管网中的水因温度变化引起的膨胀，需采取措施消除热水体积膨胀引起的超压问题。

(3) 附件。包括蒸汽、热水的控制附件及管道的连接附件，如温度自动调节器、疏水器、减压阀、安全阀、膨胀罐、管道补偿器、自动排气阀等，其余基本与生活给水系统相同。

二、热水加热方式

水的加热方式有直接加热和间接加热两种。

1. 直接加热

直接加热方式有两种：①利用以燃气、燃油、燃煤为燃料的热水锅炉，把冷水直接加热到所需要的温度。②将热媒直接与被加热水混合制备热水，图 2-39 所示为喷射式加热器直接加热，图 2-40 所示为汽水混合加热器直接加热。直接加热方式设备简单、热效率高，但噪声大，并由于热媒水不能回收使水质处理费用提高。蒸汽直接加热方式适用于噪声无严格要求的公共浴室、洗衣房、工矿企业等用户。热水锅炉（或热水机

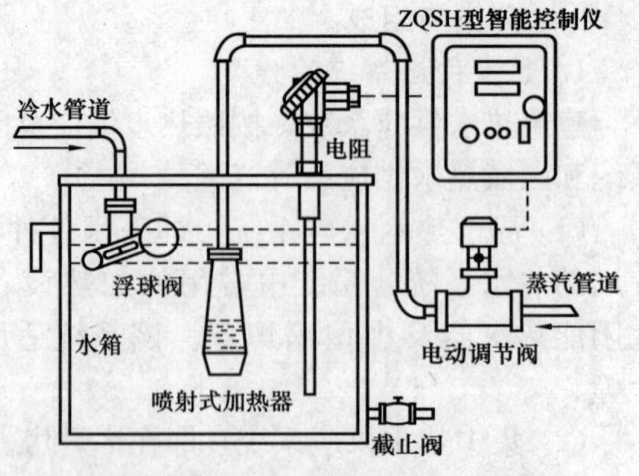

图 2-39 喷射式加热器直接加热

组）直接加热热效率高且节能，但需配置热水箱，如图 2－41 所示。

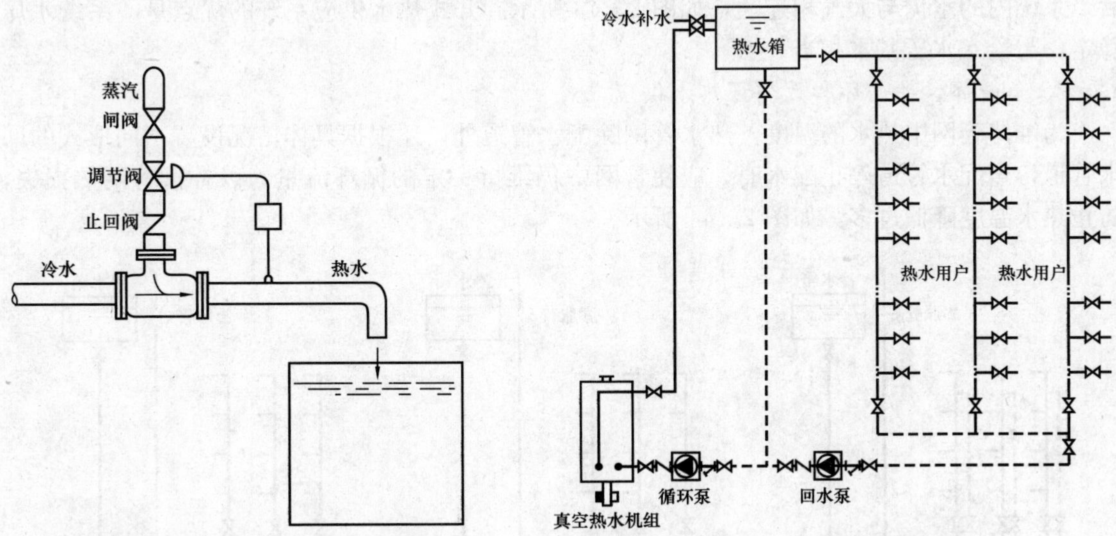

图 2－40　汽水混合加热器直接加热　　图 2－41　热水锅炉直接加热

2. 间接加热

间接加热也称二次换热，即热媒水在加热器中与被加热水不直接接触，通过传热面把冷水加热。蒸汽间接加热的优点是，回收的冷凝水可重复利用，水处理费用低，噪声小，蒸汽不会对热水产生污染，供水安全稳定。热水间接加热的优点是，加热锅炉无需承受热水供应系统的工作压力，运行安全可靠。间接加热方式适用于供水稳定、安全，噪声要求低的宾馆、住宅、医院、写字楼等建筑，其系统图见图 2－38。

三、热水供应方式

热水供应系统按是否敞开，可分为闭式热水供应系统和开式热水供应系统。

1. 闭式和开式热水供应方式

(1) 闭式热水供应系统的热水管网不与大气相通，在所有配水点关闭后，系统与大气隔绝，形成密闭，如图 2－42 所示。闭式热水供应方式的水质不易受外界污染，但为避免水加热膨胀而引起水压超高，需设置隔膜式压力膨胀罐或安全阀。

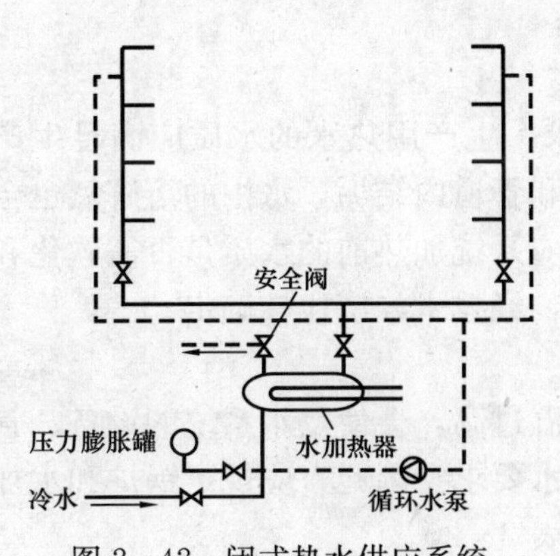

图 2－42　闭式热水供应系统

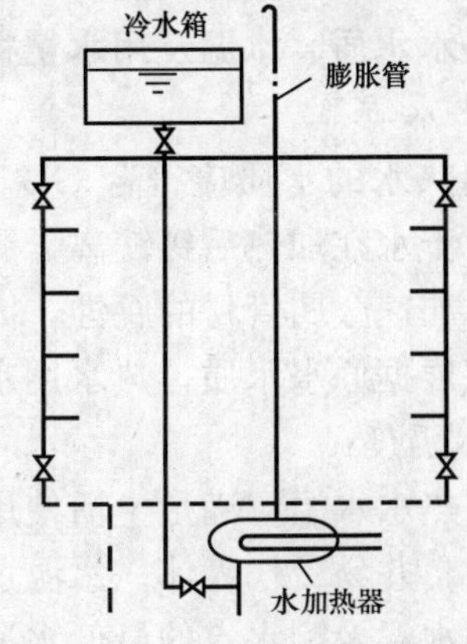

图 2－43　开式热水供应系统

(2) 开式热水供应系统设有高位热水箱（开式膨胀水箱或膨胀管），在所有配水点关闭后，系统内的水仍与大气相连通，如图 2-43 所示。开式热水供应系统的优点是，系统水压稳定，与给水水压基本相当。

2. 全循环、半循环和无循环热水供应方式

为维持管网中热水的温度，热水管网除配水管道外，还根据具体情况设置不同形式的回水管道，当配水管道停止配水时，应使管网中仍维持一定的循环流量，以补偿管网热损失，防止热水温度降低过多，如图 2-44 所示。

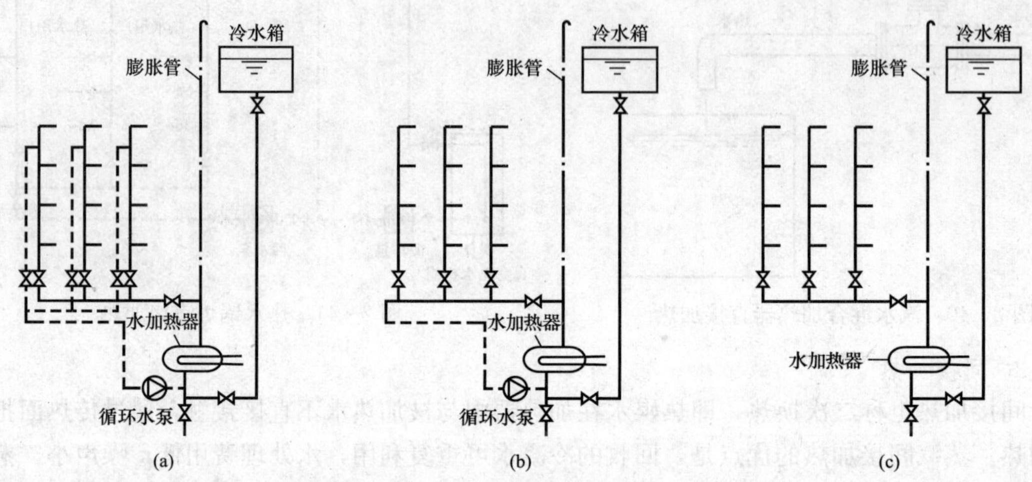

图 2-44　全循环、半循环和无循环热水供应方式

(a) 全循环热水供应方式；(b) 半循环热水供应方式；(c) 无循环热水供应方式

(1) 全循环热水供应方式。热水干管、立管均设置循环回水管道，以保证用水点随时获得设计温度的热水。该方式适用于建筑标准较高的宾馆、医院、疗养院等。

(2) 半循环热水供应方式。在热水干管设置回水管道，以保证干管中热水的设计温度，适用于对水温度不甚严格，支管、分支管较短，用水较集中或一次用水量较大的建筑，如某些工业、企业的生产和生活用水，一般住宅和集体宿舍等。

(3) 无循环热水供应方式。指不设回水管道的热水管网，适用于连续用水的建筑，如公共浴室，某些工业、企业的生产和生活用热水等。

四、热水水质、水温及用水量标准

1. 热水水质

生活用热水的水质应符合 GB 5749—2006 的要求。生产用热水的水质应满足生产工艺的要求。由于水在加热后钙镁离子受热析出，在设备和管道内结垢，水中的溶解氧也会因受热逸出，并加速金属管材的腐蚀，因此对集中热水供应系统加热前的水质是否需软化和进行水质处理应根据原水水质，热水用水量、水温等因素，经技术经济比较确定。

2. 热水温度

生活用热水水温应满足生活使用的各种需要。水温过高，会使热水系统的设备、管道结垢程度加速，并易烫伤人体；水温过低，满足不了用水要求。因此，应规定锅炉和水加热器出口的最高水温及配水点的最低水温，见表 2-19 和表 2-20。

表 2-19 热水锅炉、热水机组和水加热器出口的最高水温及配水点的最低水温

水质处理情况	热水锅炉、热水机组或水加热器出口的最高水温（℃）	配水点的最低水温（℃）
原水水质无需软化处理，原水水质需水质处理，且已进行处理	75	50
原水水质需水质处理，但未进行处理	60	50

3. 热水用水定额

表 2-20 盥洗、沐浴和洗涤用的热水水温

用水对象	热水水温（℃）
盥洗（包括洗脸盆、盥洗槽、洗手盆用水）	30～35
沐浴（包括浴盆、淋浴器用水）	37～40
洗涤（包括洗涤盆、洗涤池用水）	约 50

住宅和公共建筑内，生活热水用水定额应根据水温、卫生设备完善程度、热水供应时间、当地气候条件、生活习惯和水资源情况等确定。集中供应热水时，各类建筑的热水用水定额按表 2-21 确定。卫生器具的一次和小时热水用水定额和水温按表 2-22 确定。生产用热水定额应根据生产工艺参数确定。

表 2-21 热水用水定额

序号	建筑物名称	单位	最高日用水定额（L）			
			50℃	55℃	60℃	65℃
1	住宅					
	有自备热水供应和淋浴设备	每人每日	49～98	44～88	40～80	37～73
	有集中热水供应和淋浴设备	每人每日	73～122	66～110	60～100	55～92
2	别墅	每人每日	86～134	77～121	70～110	64～101
3	单身职工宿舍、学生宿舍、招待所、培训中心、普通旅馆					
	设公用盥洗室	每人每日	31～94	28～44	25～40	23～37
	设公用盥洗室、淋浴室	每人每日	49～73	44～88	40～60	37～55
	设公用盥洗室、淋浴室、洗衣室	每人每日	61～98	55～88	50～80	46～73
	设单独卫生间、公用洗衣室	每人每日	73～122	66～110	60～100	55～92
4	宾馆、客房					
	旅客	每床位每日	147～196	132～176	120～160	110～146
	员工	每人每日	49～61	44～55	40～50	37～56
5	医院住院部					
	设公用盥洗室	每床位每日	55～122	50～110	45～100	41～92
	设公用盥洗室、淋浴室	每床位每日	73～122	66～110	60～100	55～92
	设单独卫生间	每床位每日	134～244	121～220	110～200	101～184
	门诊部、诊疗所	每病人每日	9～16	8～14	7～13	6～12
	疗养院、休养所住房部	每床位每日	122～196	110～176	100～160	92～146
6	养老院	每床位每日	61～86	55～77	50～70	46～64
7	幼儿园、托儿所					
	有住宿	每儿童每日	25～49	22～44	20～40	19～37
	无住宿	每儿童每日	12～19	11～17	10～15	9～14

续表

序号	建 筑 物 名 称	单位	最高日用水定额（L）			
			50℃	55℃	60℃	65℃
8	公共浴室 淋浴 淋浴、浴盆 桑拿浴（淋浴、按摩池）	 每顾客每日 每顾客每日 每顾客每日	 49～73 73～98 85～122	 44～66 66～88 77～110	 40～60 60～80 70～100	 37～55 55～73 64～91
9	理发室、美容院	每顾客每日	12～19	11～17	10～15	9～14
10	洗衣房	每千克干衣	19～37	17～33	15～30	14～28
11	餐饮厅 营业餐厅 快餐店、职工及学生食堂 酒吧、咖啡厅、茶座、卡拉OK房	 每顾客每日 每顾客每日 每顾客每日	 19～25 9～12 4～9	 17～22 8～11 4～9	 15～20 7～10 3～8	 14～19 7～9 3～8
12	办公楼	每人每班	6～12	6～11	5～10	5～9
13	健身中心	每人每次	19～31	17～28	15～25	14～23
14	体育场（馆） 运动员淋浴	 每人每次	 31～43	 28～39	 25～35	 23～34
15	会议厅	每座位每次	2～4	2～4	2～3	2～3

表 2-22　卫生器具的一次和小时热水用水定额和水温

序号	卫生器具名称	一次用水量（L）	小时用水量（L）	使用水温（℃）
1	住宅、旅馆、别墅、宾馆 带有淋浴器的浴盆 无淋浴器的浴盆 淋浴器 洗脸盆、盥洗槽水嘴 洗涤盆（池）	 150 125 70～100 3 —	 300 250 140～200 30 180	 40 40 37～40 30 50
2	集体宿舍、招待所、培训中心、营房 淋浴器：有淋浴小间 无淋浴小间 盥洗槽水嘴	 70～100 — 3～5	 210～300 450 50～80	 37～40 37～40 30
3	餐饮业 洗涤盆（池） 洗脸盆：工作人员用 顾客用 淋浴器	 — 3 — 40	 250 60 120 400	 50 30 30 37～40
4	幼儿园、托儿所 浴盆：幼儿园 托儿所 淋浴器：幼儿园 托儿所 盥洗槽水嘴 洗涤盆（池）	 100 30 30 15 1.5 —	 400 120 180 90 25 180	 35 35 35 35 30 50
5	医院、疗养院、休养所 洗手盆 洗涤盆（池） 浴盆	 — — 125～150	 15～25 300 250～300	 35 50 40

续表

序号	卫生器具名称	一次用水量（L）	小时用水量（L）	使用水温（℃）
6	公共浴室 浴盆 淋浴器：有淋浴小间 无淋浴小间 洗脸盆	 125 100～150 — 5	 250 200～300 450～540 50～80	 40 37～40 37～40 35
7	办公楼　洗手盆	—	50～100	35
8	理发室、美容院　洗脸盆	—	35	35
9	实验室 洗脸盆 洗手盆		 60 15～25	 50 30
10	剧场 淋浴器 演员用洗脸盆	 60 5	 200～400 80	 37～40 35
11	体育场馆　淋浴器	30	300	35
12	工业企业生活间 淋浴器：一般车间 脏车间 洗脸盆或盥洗槽水龙头：一般车间 脏车间	 40 60 3 5	 360～540 180～480 90～120 100～150	 37～40 40 30 35
13	净身器	10～15	120～180	30

五、加热设备

加热设备是指两种不同温度的流体进行热量交换的设备。在热水供应系统中，加热设备制备热水方式有一次换热和二次换热之分。一次换热是热源将冷水通过一次性热交换达到所需温度的热水，其主要加热设备有燃煤、燃油、燃气热水机组和电加热热水机组等。二次换热是热源先生产出热媒（蒸汽或高温热水），然后热媒再通过换热器进行第二次热交换。用于第二次热交换的水加热设备根据构造的不同有容积式水加热器、半容积式水加热器、半即热式水加热器和快速水加热器等。而且根据热媒的不同，又有汽—水热交换器（热媒为蒸汽）和水—水热交换器（热媒为高温水）两种类型。

1. 燃气、燃油热水机组

燃气热水机组外形如图 2-45 所示，该机组可直接使用城市低压管网燃气、天然气、城市煤气、液化气。该类机组具有构造简单、体积小、热效率高、正常工作温度低、使用安全可靠、排污总量少的优点，符合国家对环境的要求，应用较广。

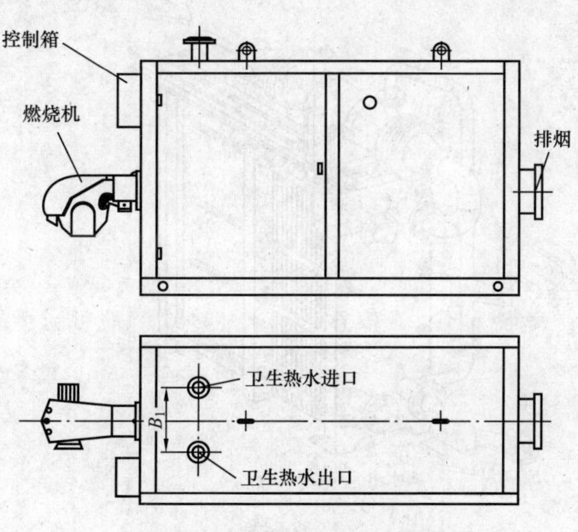

图 2-45　燃气热水机组外形

在热水供应系统中，直接加热热水机组的独立供水方式较难调节系统的冷热水量和控制压力平衡，一般采用热水机组加储热水箱的方式，如图 2-41 所示。

2. 水加热器

（1）容积式水加热器。容积式水加热器是一种间接加热设备，主要由壳体和并联在一起的U形弯管管束组成，蒸汽或高温热媒自管内流过，被加热水在管外，壳体的大小根据储水容量确定，其特点是被加热水流通截面大、水流速度低，除了换热外还有储存热水的作用。该类设备外形有立式和卧式之分。图 2-46 所示为卧式容积式水加热器。容积式水加热器的特点是，具有较大的储存和调节能力，被加热水通过时压力损失较小，出水水温较为稳定，但体积庞大，需设在设备用房宽裕的场所。该设备适用于用水量大，要求供水可靠，供水水温、水压稳定，需储存一定调节水量的热水系统。

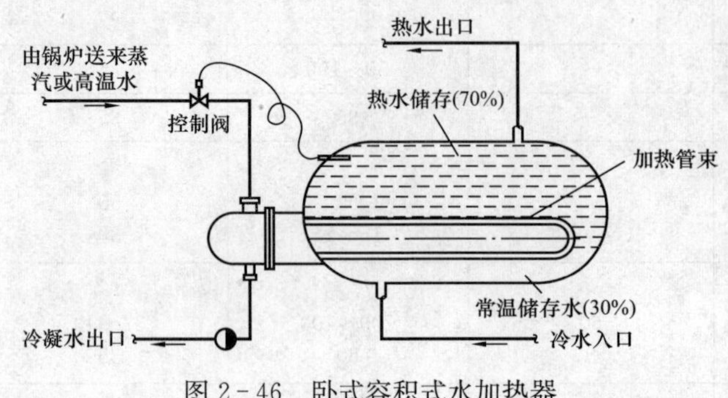

图 2-46 卧式容积式水加热器

（2）快速水加热器。快速水加热器通过增加热媒和被加热水流动中的湍流脉动运动，减薄传热边界层，提高传热系数，强化传热的效果。快速水加热器体积小，加热速度快，但水量的调节能力差，适用于用水均匀的水系统（如供暖和空调系统，否则应配置储热水器）；冷水的总硬度低，系统设有储热设备，且设备用房面积较小的场所。

图 2-47 所示为板式快速水加热器，主要由传热板片、固定盖板、活动盖板、定位螺栓及压紧螺栓组成，板片之间用垫片进行密封。该设备的工作原理是，不同温度的流体交错在多层紧密排列的薄壁金属板间流动换热。由于板片表面的特殊结构，能使流体在低流速下发生强烈湍动，从而强化了传热过程。板式换热器结构紧凑，拆洗方便，传热系数高，适应性大，节省材料，但板片间流通截面狭窄，易形成水垢和沉积物，造成堵塞，密封垫片耐热性差时易渗漏。

图 2-48 所示为螺旋板式水加热器，是由两张平行金属板卷制两个螺旋通道组成的表

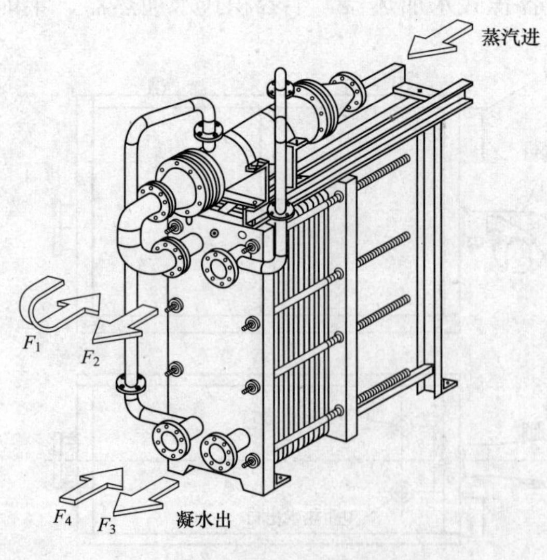

图 2-47 板式快速水加热器

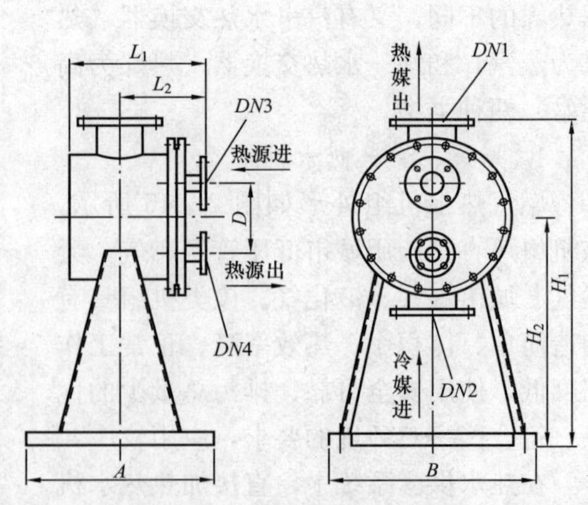

图 2-48 螺旋板式水加热器

面式换热器，两种流体分别在螺旋板两侧流动换热。螺旋板式换热器结构紧凑，传热系数一般高于管壳式换热器，与板式换热器相比，流通截面较宽，不易堵塞，但其不能拆卸清洗。

(3) 其他水加热器。

1) 半容积式水加热器。半容积式水加热器是热水储罐和快速换热器的组合，被加热水首先进入快速换热器被迅速加热，然后由下降管强制送至储热水罐的底部，再向上流动，以保持整个储罐内的热水同温。该加热器适用于热源供应能满足小时用水耗热量要求，供水水温、水压要求较平稳，且设备用房面积较小的机械循环热水系统。

2) 半即热式水加热器。半即热式水加热器是带有超前控制，具有少量储存容积的快速式水加热器，适用于热源供应能满足设计秒流量要求，设备用房面积较小，且用水比较均匀的场所。

3. 加热设备的布置要求

(1) 燃油、燃气热水机组的布置要求。

1) 机组不宜露天布置，机组设备间宜与其他建筑物分开独立设置。当机组设备间设在高层和裙房内时，则不能直接设置在人员密集的场所内或在其上、下和邻贴；当机组设备间设在高层和多层建筑内时，应布置在靠外部位，并设置对外的安全出口。

2) 机组前方宜留出不少于机组长度 2/3 的检修空间，后方宜留出 0.8～1.5m 的空间，两侧通道宽度宜为机组宽度，且不得小于 1.00m，机组最上部部件（烟窗可拆部分除外）至安装房间最低净距不得小于 0.80m。机组安装位置宜有高出地面 50～100mm 的安装基座。

(2) 水加热器的布置要求。

1) 加热器间宜靠近用热水的负荷中心；加热器间可与锅炉房合建在一个建筑物内，但宜与锅炉间分隔开；加热器间设在地下室时，应设置安装检修用的运输孔和通道。加热器间的高度应满足设备、管道的安装和运行要求，并保证检修时能起吊搬运设备。辅助设备（如水泵、分水器、水软化设备等）可单设用房与水加热器间贴邻或设在加热器间内。加热器间应有排除地面积水和设备及管道泄水的措施。

2) 容积式、半容积式水加热器在平面布置时其前端应有满足检修时抽出加热盘管所需的空地或条件。加热器侧面离墙、柱的净距及加热器之间的净距一般不小于 0.7m，后端离墙、柱的净距不小于 0.5m。

六、热水管道的布置和敷设

热水管道的布置和敷设要求与冷水管道基本相同。但需要考虑热水系统的温度控制和由于水温高带来的体积膨胀、管道伸缩补偿、排气、保温等特殊问题。

1. 管道的敷设

(1) 热水管道可根据建筑、工艺要求暗设或明设。暗设管道布置在管道竖井、预留沟槽、吊顶、找平层、垫层内，一般不得直接敷设在建筑物结构层内。热水管明设要求与冷水管基本相同。

(2) 室外热水管道一般在管沟内敷设，当不可能时，也可采用预制直埋式保温管敷设。

(3) 热水管道穿过建筑物的楼板、墙壁和基础时应加套管，以防管道胀缩时损坏建筑结构和管道设备。

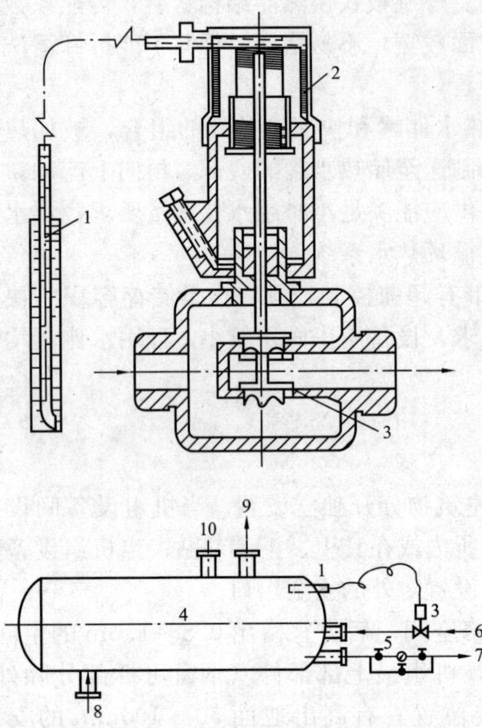

图 2-49 自动温度调节器

1—温包；2—感温元件；3—自动调节阀；
4—加热设备；5—疏水器；6—蒸汽；7—凝水；
8—冷水；9—热水；10—装设安全阀

2. 热水系统的排气

在热水的加热过程中，水中含气容易分离，且容易聚集在系统的上部。对于下行上给管网，气体可通过最高配水龙头排出，若系统为上行下给管网，应在系统最高点设自动排气装置。为保证排气和泄水，热水横管宜设大于等于 0.003 的与水流方向的相反坡度，并在管网的最低处设泄水阀门，以便检修时泄空。

3. 热水系统的温度控制

热水系统一般采用自动温度调节器来控制热水的供水温度。自动温度调节器一般由阀门和温包构成，使用时温包安装在水加热器的上部（容积式），或热水管道上（快速水加热器）；阀门安装在热媒管道上，温包感受热水温度后，自动调节阀门开启度来控制热媒的流量，如图 2-49 所示。

4. 热水管道的补偿器

在热水系统中，随着输送热水温度的升高，管道出现热伸长，如果这个热伸长量不予补偿，则会使管道承受巨大应力，管路产生挠曲，接头破裂漏水。因此，在较长的直线热水管路上，每隔一定距离应设置补偿器。对热水管道温度伸缩所用的补偿方式有如下两种：

(1) 自然补偿。利用管道敷设的自然弯曲、转折等吸收管道的伸缩变形，对于较短的管道，可不设伸缩器，如图 2-50 所示。

(2) 伸缩器补偿。在较长的直线热水管道上，不能采用自然补偿，则采用设置伸缩器（套筒伸缩器、方形伸缩器、波纹管伸缩器、多球橡胶软接头）补偿管道的伸缩变形，图 2-51 为波纹管伸缩器。

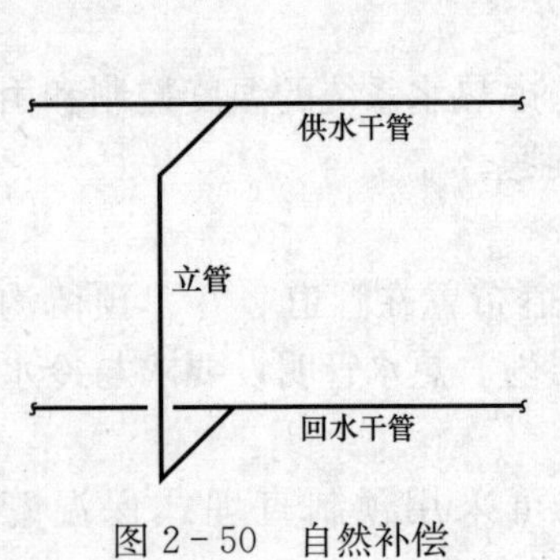

图 2-50 自然补偿

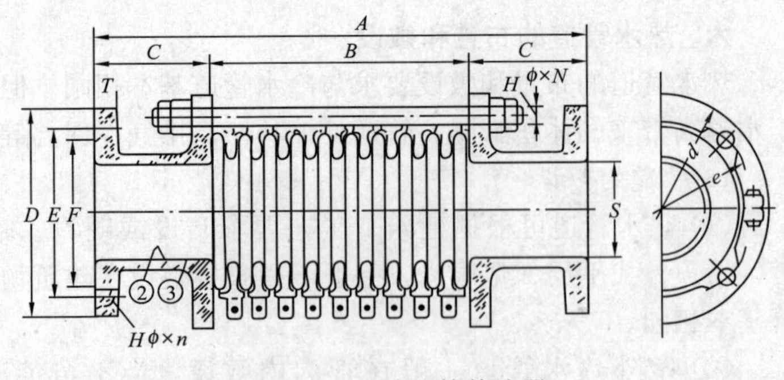

图 2-51 波纹管伸缩器

5. 热水体积膨胀补偿

冷水被加热后，水温的升高导致了水的体积膨胀，若此时卫生设备不用水，膨胀水量必然会增加系统压力，使管道、设备超压运转。工程中常用的解决措施是，设释压阀、膨胀管疏导膨胀的水体积，或采用膨胀水罐、膨胀水箱容纳膨胀的水体积。

(1) 膨胀管。用于高位冷水箱向水加热器供应冷水的开式系统，如图 2-52 所示。在加热器上引出膨胀管连至建筑物高位冷水箱上，膨胀后的热水排至高位冷水箱。

(2) 释压阀。设置在闭式系统的水加热器上，当热水系统压力超过释压阀设定的压力时，释压阀开启，排出部分热水，使系统压力下降。

(3) 膨胀水罐。膨胀水罐用于闭式热水系统，一般设置在热水供水总管上或水加热器冷水进水管上，吸收热水系统内水升温时的体积膨胀量，如图 2-53 所示。

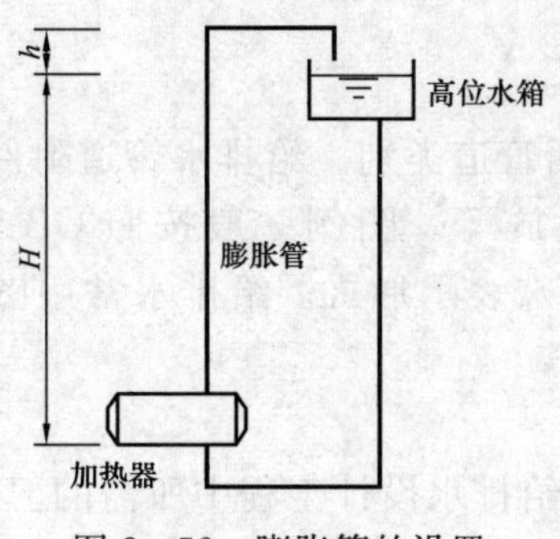

图 2-52 膨胀管的设置

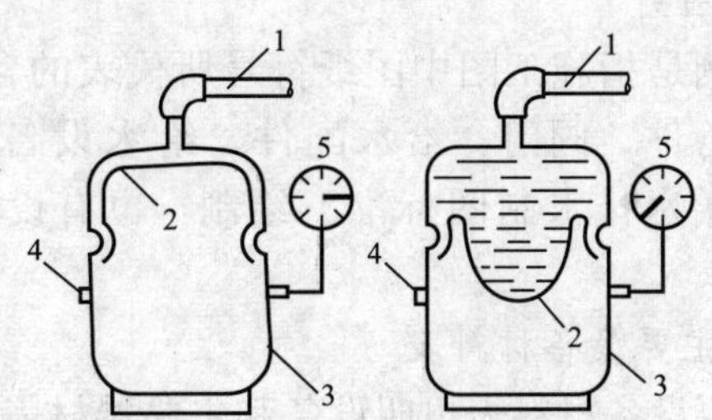

图 2-53 闭式隔膜膨胀水罐

1—系统接口；2—隔膜；3—壳体；4—气压调整口；5—压力表

(4) 膨胀水箱。膨胀水箱设于开式热水系统中，在机械循环的热水系统中，膨胀水箱设置在系统的最高点，水箱上的膨胀管连接在循环水泵的吸入口侧。

6. 管道和设备的保温

热水供应系统中为减少介质在输送过程中的热散失及避免由于管道或设备外表面温度过高而导致的烫伤，提高系统运行的经济性和安全性，需对管道和设备进行保温处理。热水供应系统中的水加热设备，储热水器，热水箱，热水供水干、立管，机械循环的回水干、立管均应保温。

第八节 给水施工图识读

施工图是工程语言、施工依据和编制施工图预算的基础。因此，给排水施工图必须以统一的图形符号和文字说明，准确表达设计意图，并用于指导工程施工。

一、给排水施工图内容

在给排水施工图中，图纸内容应包括图纸目录、设计施工说明、图例、主要设备材料表、平面图、系统轴测图、展开系统原理图、详图与大样图等。

1. 图纸目录

图纸目录是以表格形式出现的，表头标明建设单位、工程名称、分部工程名称、设计日期等。表中将全部施工图编号（如水施—X），按图名顺序填入，作用是便于核对图纸数量和查找图纸。

2. 设计施工说明

设计人员在图样上无法表明而又必须要建设和施工单位知道的技术和质量要求，均以文字的形式加以说明，内容包括设计说明和施工说明。

(1) 设计说明。一般包括工程设计依据的文件、规范简述，给排水系统概况，主要技术指标，如生活给水最高日用水量、最大时用水量、最高日排水量、最大时热水用水量、冷却水量、耗热量、各消防系统的设计参数及消防用水量、系统控制方法、工艺运转操作说明等。

(2) 施工说明。一般包括工程选用的管材、阀门类型，管道敷设要求，设备的基础，管道设备的防腐保温做法，管道容器的冲洗和试压要求等。

3. 图例

图例是指施工图中图纸符号所代表的含义。它包括管道类别、给排水管道附件、管道连接、管件、阀门、给水配件、给水设备、给排水设施等。图例一般按照 GB 50106—2001《给水排水制图标准》绘制，也有设计人员的特殊表示形式。给排水常用图例见附录1。

4. 主要设备材料表

主要设备材料表也叫设备和主要器材表，表中列出给排水设计工程中所需的卫生器具、设备、器材和特殊阀门（报警阀、温控阀、减压阀、止回阀、安全阀、泄压阀等）的详细规格、型号、技术参数、数量等内容。

5. 平面图

平面图主要确定设备及管道的平面位置、平面定位，常用比例有 1∶100、1∶200、1∶50 等。图中常见的内容有建筑主要轴线编号、房间名称、卫生器具、用水点、设备的平面布置，给排水管道的平面布置，给排水立管的位置及编号，管线的坡度和坡向、管径等。底层平面图中有引入管、排出管、水泵接合器等与建筑物的定位尺寸、穿建筑物外墙的管道标高、防水套管的形式等。图 2-54 (a) 所示为某公共建筑标准层卫生间给水平面图，图 2-55 (a) 所示为某住宅标准层 A 户型给水平面图。

6. 系统轴测图

给排水系统轴测图是一种立体图（常见的有 45°或 60°方向轴测）。它按比例（1∶100 或 1∶50）分别表明生活冷水、热水、生产给水、消火栓、自喷、污废水、雨水等系统轴测图的管道的走向，管径、仪表和阀门的类型，控制点标高和管道坡度，各系统编号，各楼层卫生器具和工艺用水设备的连接点位置。系统图上如每层（或几层）卫生器具及用水点的连接情况完全相同时，往往绘制一个代表楼层的接管图，其他各层注明同该层。图 2-54 (b) 所示为某公共建筑标准层卫生间给水系统图，图 2-55 (b) 所示为某住宅标准层 A 户型给水系统图。

7. 展开系统原理图

展开系统原理图比系统轴测图简单，图纸一般可以不按比例绘制，主要用于反映各种管道系统的整体概念，管道的来龙去脉，设备的安装楼层和技术参数，以方便与平面图对照识读。展开系统原理图中标明立管和横管的管径，立管的编号，楼层的标高、层数，仪表及阀门、各系统编号，各楼层卫生间和工艺用水设备的连接，排水立管检查口、通风帽等距该层地面的高度。展开系统原理图上如每层（或几层）卫生器具及用水点的连接情况完全相同

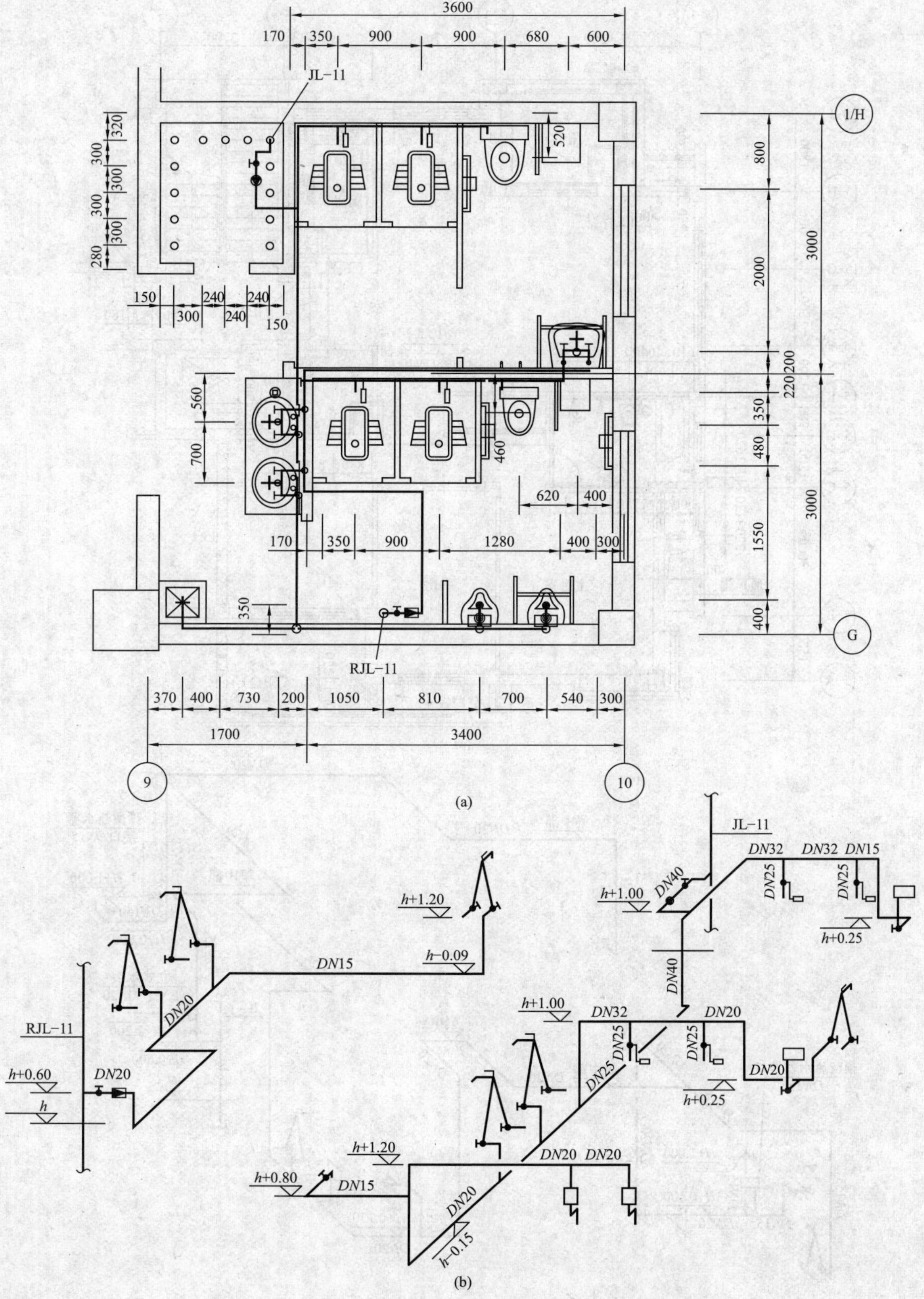

图 2-54　某公共建筑标准层卫生间给水平面图及系统图

(a) 给水平面图；(b) 给水系统图

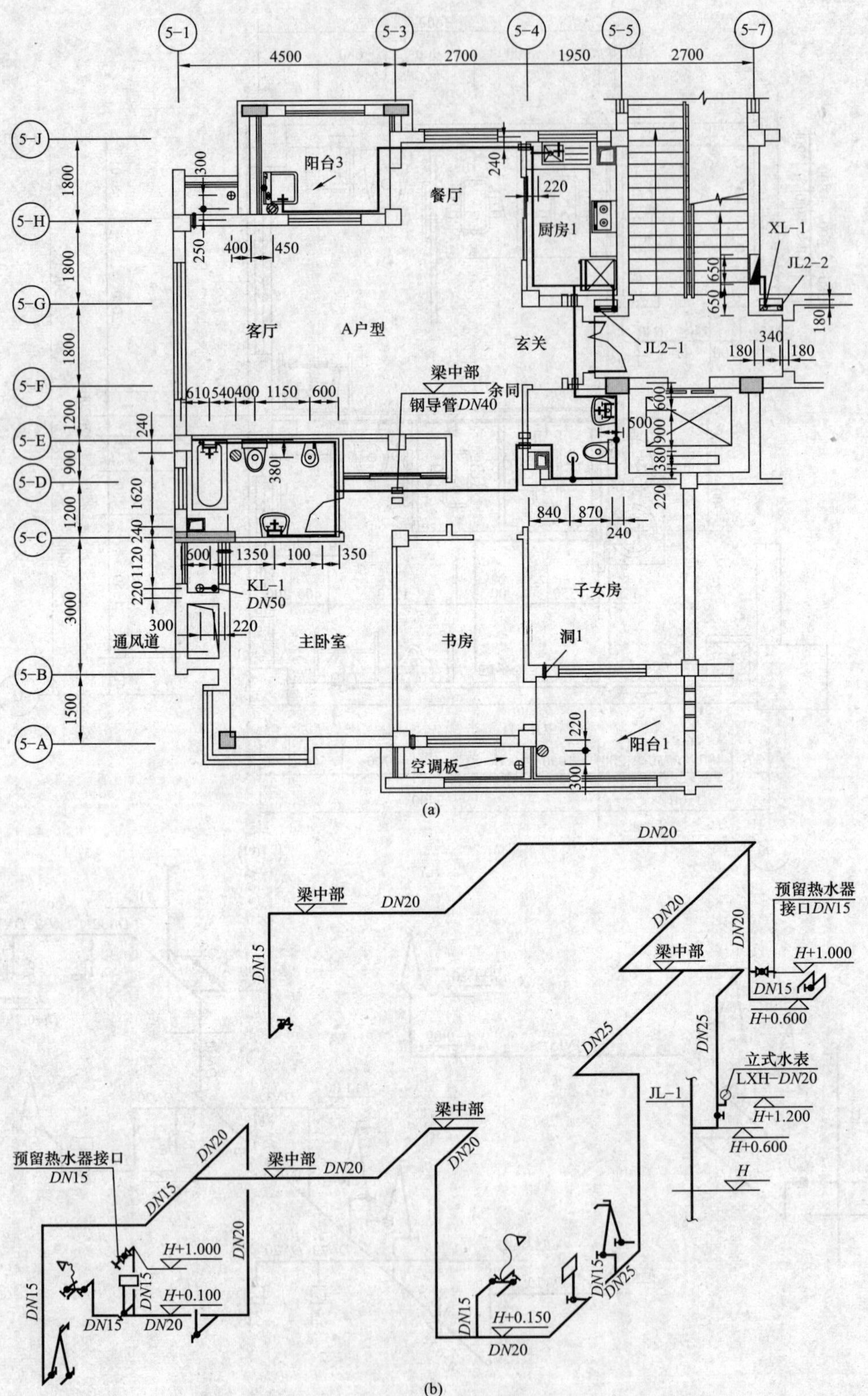

图 2-55　某住宅标准层 A 户型给水平面图及系统图

（a）给水平面图；（b）给水系统图

时，往往绘制一个代表楼层的接管图，其他各层注明同该层。当给排水施工图使用展开系统原理图表示系统的整体概念时，应在平面图上标注管道的管径、标高。图 2-56 所示为某住宅 A 户型给水展开系统原理图。

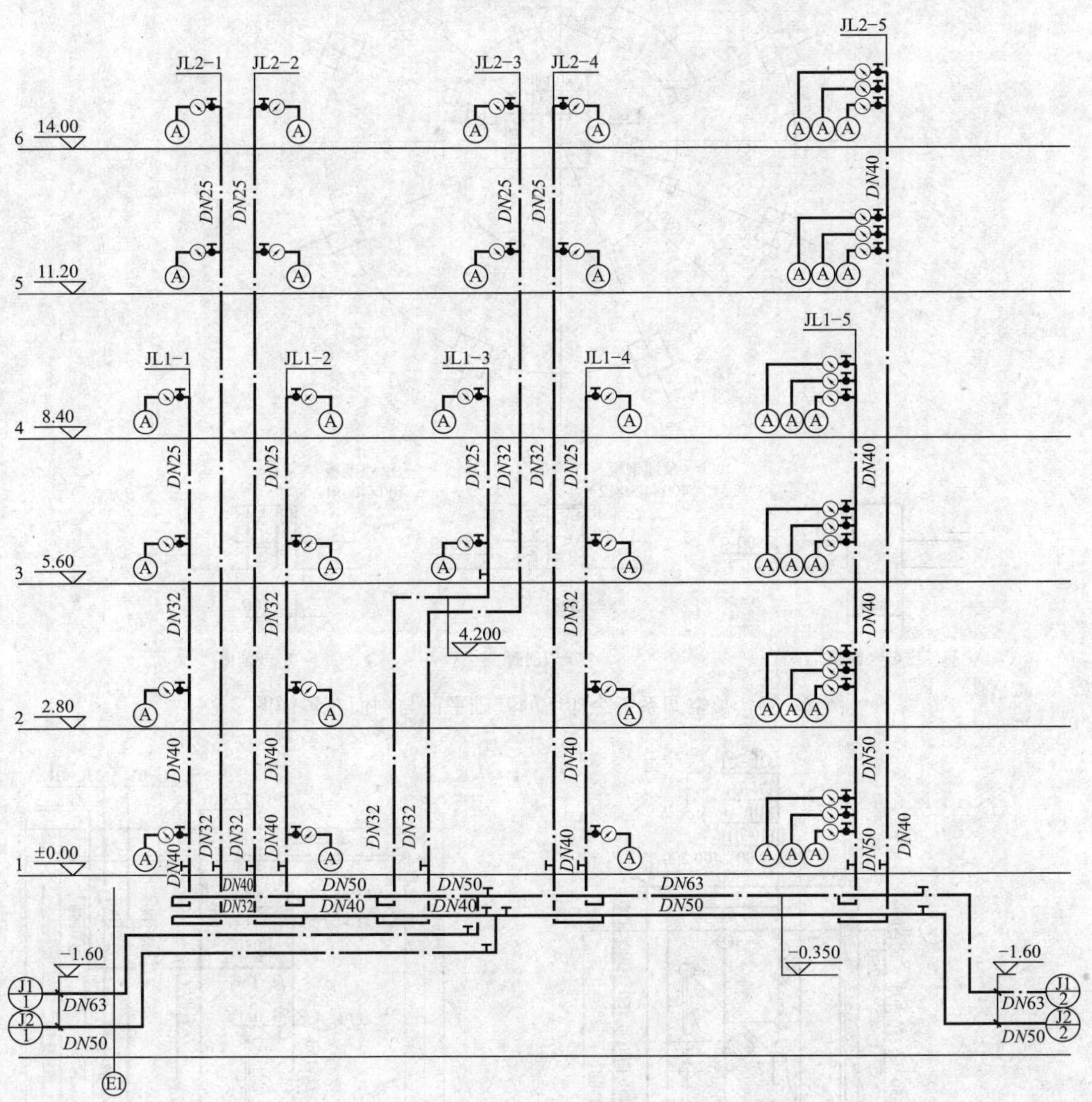

图 2-56　某住宅 A 户型给水展开系统原理图

8. 详图与大样图

(1) 详图也叫放大图。当给排水工程中某一关键部位或连接构造比较复杂，在比例较小的平面图、系统图中无法表达清楚时，应在给排水施工图中以详图的形式表达。如管道较多的管井、设备较多的水泵房、水池、水箱间、热交换站、卫生间、水处理间等，其比例一般为 1∶50。它包括局部放大平面图、剖面图和轴测图等，如图 2-57～图 2-59 所示。

局部的放大图若为节点详图，则将反映组合体各部位的详细构造与尺寸。

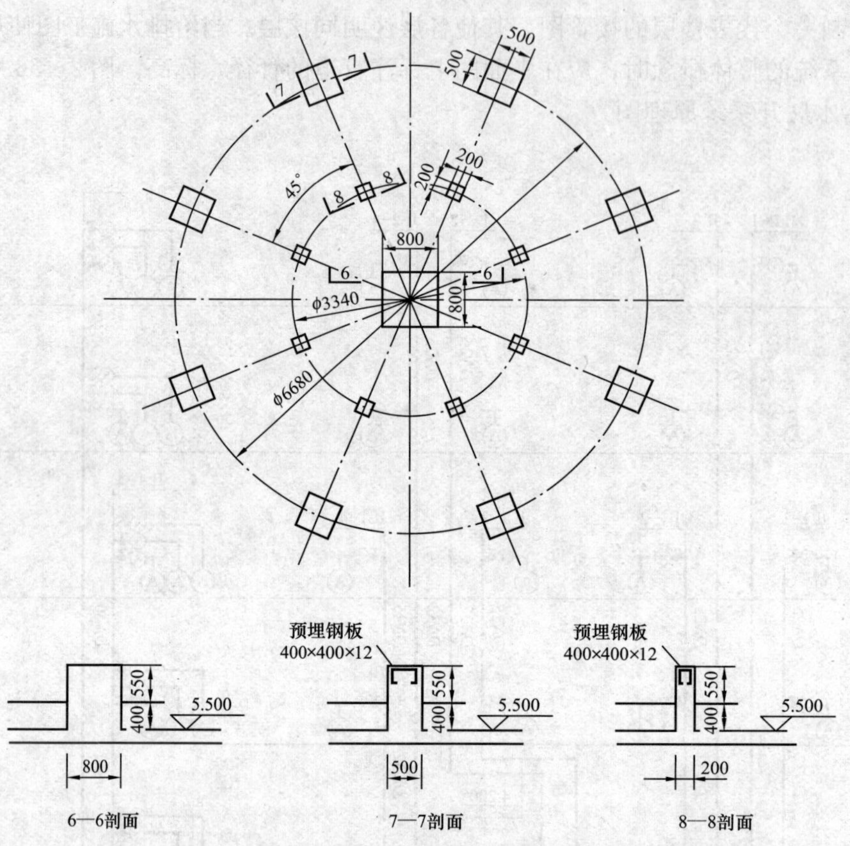

图 2-57 某空调系统冷却塔的基础平面与剖面布置详图

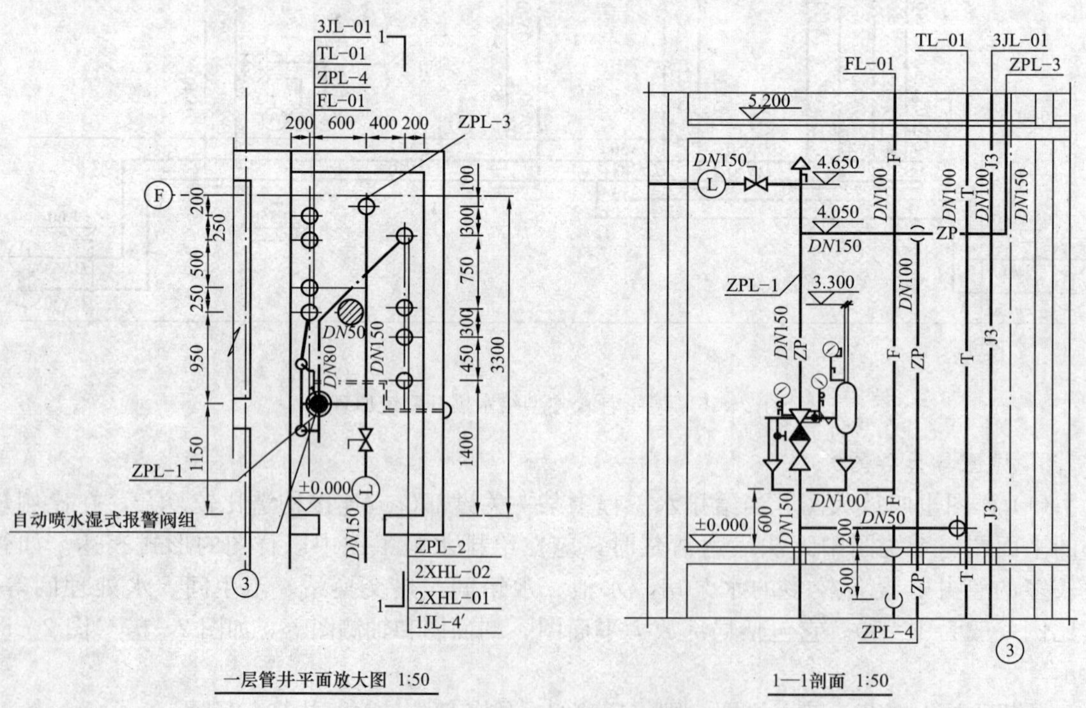

图 2-58 某给排水管井的管道平面布置详图

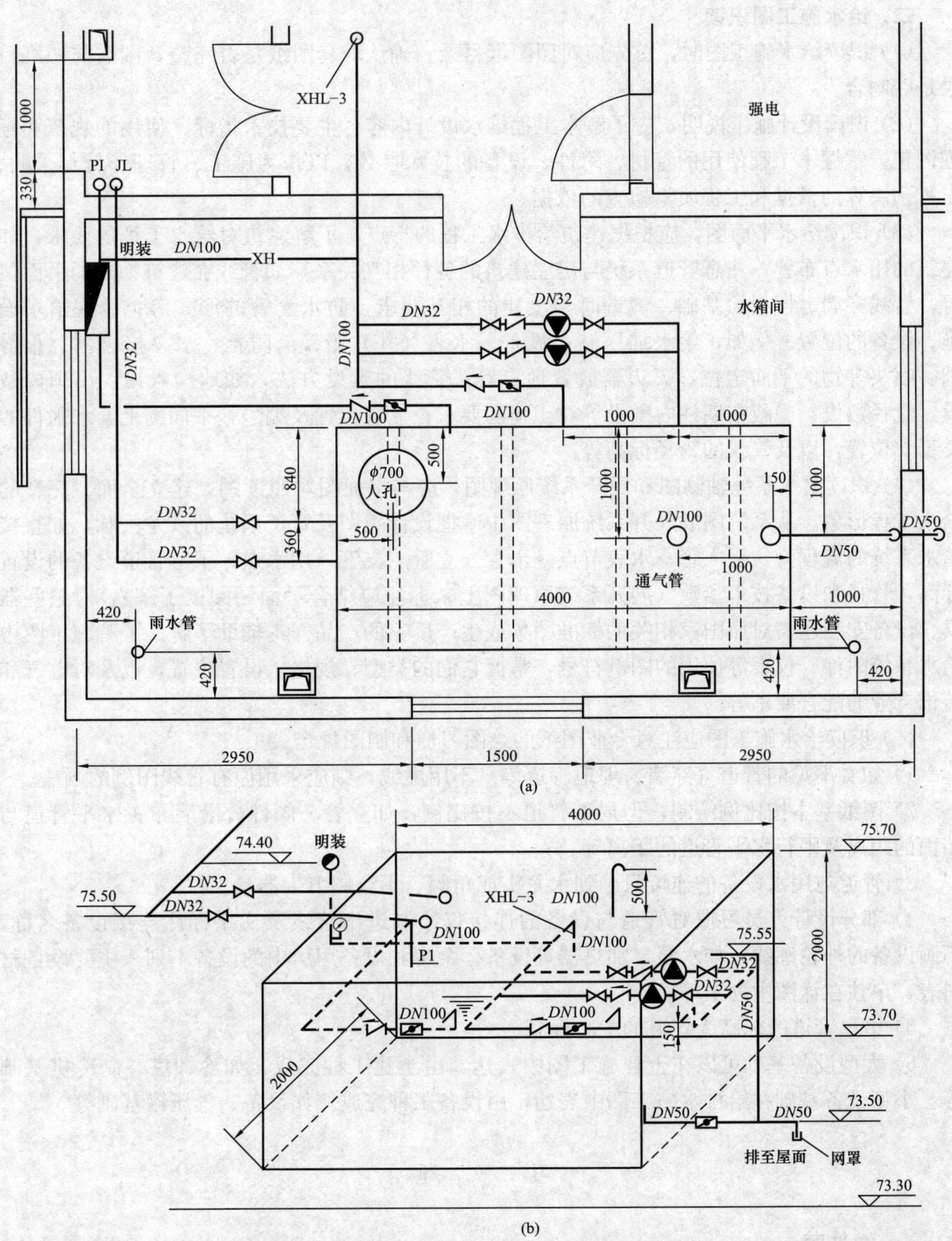

图 2-59 某水箱间水箱与管道布置平面和系统详图
(a) 某屋顶水箱间平面详图；(b) 某屋顶水箱间系统详图

(2) 大样图。给排水施工图中为非标准化的加工件如管件、零部件、非标准设备等绘制的加工大样。大样图的比例较大，如 1∶10、1∶5 等。

二、给水施工图识读

（1）识读给水施工图时，首先应对照图纸目录，确认成套图纸是否完整，图名与图纸目录是否吻合。

（2）识读设计施工说明，应了解本工程给水设计内容、主要技术指标、使用的规范和标准图集。掌握本工程使用的管材、附件、设备的技术参数，以作为施工、管理、材料采购、工程预决算的依据和工程质量检查的依据。

（3）识读给水平面图，应根据建筑给排水工程的特点，了解建筑对给水工程的要求，如建筑的用水点布置；注意管道系统与房屋建筑的各种相互关系，如管线在建筑物内的平面位置，管线穿墙、楼板、基础、池壁时与土建的相互要求，防水套管的形式等；掌握给水设施、设备的位置。例如，给水加压储水设备、水表（井）箱、消防箱、水泵接合器、报警阀、喷头等物的平面定位，灭火器放置地点等；管线的敷设方法，如地沟敷设、吊顶内敷设、管径敷设、隐蔽在墙柱内敷设等对土建的要求；立管位置及编号，平面图上给水附件的类型、位置，以及管线的管径标高等。

（4）识读给水系统轴测图和展开系统原理图，应与平面图对照读图，建立全面、完整的给水工程形象。从系统图或展开系统原理图中掌握设计意图及管道系统的来龙去脉，如直接给水系统的流程为：引入管→水表节点→干管→立管→支管→用水点；了解管道设备的设置标高，管径和设备技术参数（展开系统原理图上未标注应结合平面图阅读了解），对某些器具、设备安装还需对照国家相关的标准图集或生产厂家的产品样本辅助了解。了解施工图中给水系统附件、仪表等使用的图例符号，掌握它们的类型、规格、设置位置，以及对电气和装饰专业的配合要求等。

（5）识读给水施工图应注意专业图纸的绘图习惯和制图规定。

1）如看不见的管道（穿墙、埋地管道等）不用虚线，则应采用原有管线图例的画法。

2）图纸基本按比例绘制，但局部管道不按比例，如立管、阀件，沿墙布置水平管道与墙面的距离及平行水平管道的距离等。

3）管道与用水设备的连接只画到水龙头或角阀，不绘制卫生器具。

4）部分设计人员习惯对管道与设备的连接仅绘制进出管线及文字标注连接设备名称，不画设备的外轮廓线，如水泵、加热器等设备；泵房和设备用房中的设备不列入主要设备材料表，单独在详图中列出等。

5）给水管道的标高为管道的中心标高。

6）大型设备基础可以在土建施工图中表达，由土建工种完成，如冷却塔、制冷机基础等。小型设备基础在给排水施工图中表达，由设备工种完成，如设备、气压罐基础等。

习　题

一、单选题

1. 室外给水管网水压周期性满足室内管网的水量、水压要求时，采用______给水方式。

   A. 直接给水　　B. 设高位水箱

   C. 设储水池、水泵、水箱联合工作　　D. 设气压给水装置

2. 竖向分区的高层建筑生活给水系统中，最低卫生器具配水点处的静水压力不宜大

于______MPa。

A. 0.45　B. 0.5　C. 0.55　D. 0.6

3. 若室外给水管网供水压力为300kPa，水量能满足建筑用水需求，建筑所需水压400kPa，且考虑水质不宜受污染，则应采取______供水方式。

A. 直接给水　B. 设高位水箱

C. 设储水池、水泵、水箱联合工作　D. 无负压给水装置

4. 引入管穿越承重墙，应预留洞口，管顶上部净空不得小于建筑物最大沉陷量，一般不得小于______m。

A. 0.15　B. 0.1　C. 0.2　D. 0.3

5. 引入管和其他管道要保持一定距离，与排水管的垂直净距不得小于______m。

A. 0.5　B. 0.15　C. 1.0　D. 0.3

6. 高层建筑是指______层及______层以上的住宅建筑或建筑高度超过24m的其他民用建筑等。

A. 6　B. 8　C. 10　D. 11

7. 室内消火栓栓口距地面的高度为______m。

A. 0.8　B. 1.0　C. 1.1　D. 1.2

8. 仅用于防止火灾蔓延的消防系统是______。

A. 消火栓灭火系统　B. 闭式自喷灭火系统

C. 开式自喷灭火系统　D. 水幕灭火系统

9. 湿式自动喷洒灭火系统用于室内常年温度不低于______的建筑物内。

A. 0℃　B. 4℃　C. 10℃　D. −5℃

10. 消防水箱与生活水箱合用，水箱应储存______min消防用水量。

A. 7　B. 8　C. 9　D. 10

11. 室内消防系统设置______的作用是使消防车能将室外消火栓的水能接入室内。

A. 消防水箱　B. 消防水泵　C. 水泵接合器　D. 消火栓箱

12. 室内消火栓系统的用水量是______。

A. 保证着火时建筑内部所有消火栓均能出水

B. 保证2支水枪同时出水的水量

C. 保证同时使用水枪数和每支水枪用水量的乘积

D. 保证上下三层消火栓用水量

13. 下面______属于闭式自动喷水灭火系统。

A. 雨淋喷水灭火系统　B. 水幕灭火系统

C. 水喷雾灭火系统　D. 湿式自动喷水灭火系统

14. 热水管道为便于排气，横管应有与水流相反的坡度，坡度一般不小于______。

A. 0.001　B. 0.002　C. 0.003　D. 0.004

15. 为了保证热水供水系统的供水水温，补偿管路的热量损失，热水系统应设置______。

A. 供水干管　B. 回水管　C. 配水管　D. 热媒管

二、多选题

1. 建筑给水系统按用途可分________及共用给水系统等几类。

A. 生活给水系统　B. 生产给水系统　C. 消防给水系统
D. 中水给水系统　E. 凝结水系统

2. 当室外给水管网的水压、水量不足，或为了保证建筑物内部供水的稳定性、安全性，应根据要求而选择设置________等增压、储水设备。

A. 水泵　B. 气压给水设备　C. 水箱　D. 膨胀水箱
E. 水池

3. 在自动喷水系统中属于开式系统的有________。

A. 湿式自动喷水灭火系统　B. 水幕系统
C. 雨淋系统　D. 水喷雾系统
E. 干式自动喷水灭火系统

4. 建筑给排水工程中常用的管支架有________。

A. 管卡　B. 角钢　C. 托架　D. 槽钢
E. 吊环

5. 室内热水管道受热伸缩补偿的措施有________。

A. 自然补偿　B. 管道弯曲补偿　C. 伸缩器补偿
D. 膨胀管补偿　E. 膨胀水罐补偿

6. 热水系统按照管网有无循环管道可分为________。

A. 全循环方式　B. 机械循环　C. 半循环方式　D. 自然循环
E. 不循环方式

7. 室内常用的消防水带规格有________。

A. *DN*40　B. *DN*50　C. *DN*65　D. *DN*70
E. *DN*80

8. 应设置闭式自动喷水灭火设备的部位________。

A. 国家文物保护单位　B. 旅馆
C. 建筑面积为 3000m^2 的展览馆　D. 2000 个座位的会堂
E. 藏书 30 万册的图书馆

三、问答题

1. 室内给水的方式有哪些，各有什么特点？
2. 说明生活热水系统的组成。
3. 室内消火栓系统的组成有哪些？各组成部分的功能是什么？
4. 闭式自动喷水灭火系统的类型有哪些？各用于什么场合？

第三章 建筑排水系统

第一节 建筑排水系统的分类和组成

一、排水系统的分类

建筑排水系统的任务，是将建筑物内部用水设备产生的污（废）水及屋面的雨雪水加以收集后，通过排水管道及时畅通地排至室外排水管网中去。

建筑内部的排水系统根据接纳的污、废水的性质，可以分为以下三类。

1. 生活排水系统

该系统用以排放人们日常生活中所产生的生活污水（粪便污水）和生活废水（盥洗、沐浴、洗涤及空调凝结水等）。

2. 生产污（废）水排水系统

该系统用以排放工业生产过程中产生的污水和废水。其中，生产废水是指未受污染或轻微污染及水温稍有升高的水（如循环冷却水）。生产污水是指生产过程被污染的水。生产污（废）水成分复杂，一般应按排水的水质分别设置管道排出，以便处理、回收和利用。

3. 雨雪水排水系统

该系统用以排放建筑物屋面上的雨水和雪水。

二、排水体制

将污水、废水和雨水分别设置管道系统排出建筑物外的称为分流制，将污水和废水合用一管道系统排出的，则称为合流制。合流制的优点是工程总造价比分流制少，而分流制的优点是有利于污水和废水的分别处理和再利用。室内排水系统选择分流制还是合流制，应综合考虑污（废）水性质、污染程度、室外排水体制、处理和再利用要求等因素后确定，但需遵守以下规定：

（1）新建居住小区应采用生活污水与雨水分流排水系统。指当城市有污水处理厂，市政设有较完善的污水、雨水管道系统时，将生活小区内的建筑排水分成生活排水与雨水两个排水系统，与市政排水管网直接衔接。但是，当城市无污水处理厂、市政没有污水管道时，居住小区的污水应自行处理（化粪池处理或其他水处理设备）后排入城市雨水管道。

（2）在下列情况下，宜采用生活污水与生活废水分流的排水系统。

1）建筑物使用性质对卫生标准要求较高，为防止臭气串味时。

2）城市无污水处理厂，生活污水需经化粪池处理后才能排入市政排水管道时。

3）生活废水需回收利用，如设有中水系统时。

（3）下列建筑排水应单独排至水处理或回收构筑物。

1）公共饮食业厨房含有大量油脂的洗涤废水，防止食用油脂在管道内凝结，堵塞管道。

2）洗车台冲洗水，以免管道内产生易燃、易爆气体。

3）含有大量致病菌，放射性元素超过排放标准的医院污水。

4）水温超过 40℃的锅炉、水加热器等加热设备的排水，以免加速管材的老化和引起管接头的破坏。

5）用作中水水源的生活排水，因为粪便污水一般不作中水水源。

(4) 建筑物的雨水管道应单独设置，在缺水或严重缺水地区，宜设置雨水储存池。

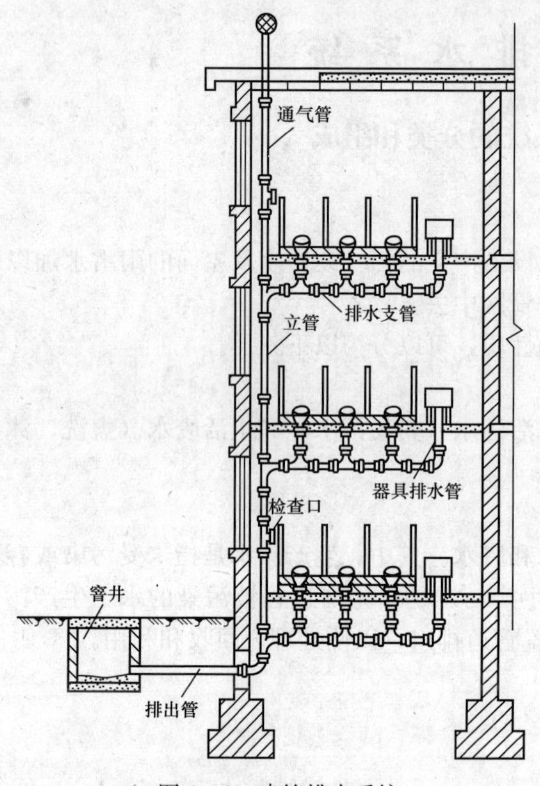

图 3-1 建筑排水系统

三、排水系统的组成

一般建筑物内部排水系统由下列各部分组成，如图 3-1 所示。

1. 污（废）水受水器

污（废）水受水器指各种卫生器具、收集工业生产污（废）水的设备及雨水斗等。

2. 排水管道

排水管道包括卫生器具排水管、排水横支管、排水立管、排水横干管与排出管等。

(1) 卫生器具排水管。连接 1 个卫生器具的排水管段，除自带水封的坐式大便器和部分地漏、蹲式大便器外，其上均应设水封装置（存水弯），以防止排水管道中的有害气体及蚊蝇昆虫进入室内。

(2) 排水横支管。连接卫生器具排水管至排水立管的水平排水管段。

(3) 排水立管。接受各层横支管的污水并排至横干管或排出管的垂直排水管段。

(4) 排水横干管。连接若干根排水立管至排出管的水平排水管段。

(5) 排出管。建筑物内至室外检查井（窨井）的排水横管管段。

3. 通气管

通气管又称透气管，有伸顶通气管、专用通气立管、环形通气管等几种类型。通气管是与大气相同的管道，作用是使排水系统内空气流通，排出管道中的有害气体，平衡管内压力，防止水封破坏，保证水流畅通。

4. 清通设备

清通设备是在排水管道系统中用于疏通管道的配件或构筑物，常见的有检查口、清扫口、检查井等，室内管道常用检查口和清扫口，较长的室内埋地敷设管道常用室内检查口井。

5. 污水提升设备

污水提升设备是指污、废水集水池（井、坑）及设置在内的污水抽升设备，用于民用建筑的地下室、人防建筑、设备层等污（废）水不能自流排至室外的场所。

第二节 建筑排水管道的布置与敷设

一、排水管道的布置原则

室外排水管道的埋设深度，应考虑管顶承受荷载的情况，车行道下管线的管顶覆土深度不宜小于 0.7m；生活污水排出管的埋设深度不得高于土壤冰冻线 0.15m，且管顶覆土深度不宜小于 0.3m。

室内排水管道布置应力求以最佳水力条件排至室外管网；不影响、妨碍房屋的使用和室内各种设备的正常运行；便于管道系统安装和维护管理，满足经济和美观的要求。此外，还应遵守以下规定：

(1) 卫生器具至排出管的距离应最短、转弯最少。

(2) 排水立管宜设在靠近排水量最大的排水点。

(3) 架空管道不得敷设在对生产工艺或卫生有特殊要求的生产厂房内，以及食品、贵重商品仓库、通风小室和变配电间和电梯机房内。

(4) 排水管道不得穿过沉降缝、伸缩缝、变形缝、烟道和风道。

(5) 排水埋地管道不得布置在可能受重物压坏处或穿越生产设备基础。

(6) 排水立管不得穿越卧室、病房等对卫生、安静有较高要求的房间，并不宜靠近与卧室相邻的内墙。

(7) 排水管道不宜穿越橱窗、壁柜。

(8) 塑料排水立管应避免布置在易受机械撞击处，如不能避免时，应采取保护措施。

(9) 塑料排水管应避免布置在热源附近，如不能避免，并导致管道表面受热，温度大于60℃时，应采取隔热措施。塑料排水立管与家用灶具边净距不得小于0.4m。

(10) 排水管外表面如有可能结露，应根据建筑物的性质和使用要求，采取防结露措施。

(11) 排水管道不得布置在遇水会引起燃烧、爆炸的原料、产品和设备的上面；不得穿越生活饮用水池的上方。

(12) 排水横管不得布置在食堂、饮食业厨房的主副食操作烹调备餐的上方。当受条件限制不能避免时，应采取防护措施。

二、排水管道的敷设

根据建筑物的性质及对卫生、美观等方面要求的不同，建筑排水管道的敷设方法与给水管道系统基本相同，有明设和暗设两种方法。

1. 排水管道敷设要求

排水管道一般宜地下埋设或在地面上、楼板下明设，如建筑有特殊要求时，可在管槽、管道井、管窿、管沟或吊顶内暗设，但应便于安装和维修。在室外气温较高、全年不结冻的地区，可沿建筑物外墙敷设。

2. 排水管道安装

(1) 为改善排水管道内水力条件，避免管道在转弯和接口处堵塞，排水系统各管道之间连接处的水流转角不得小于90°，并应遵守以下规定：

排水立管与排出管的连接，宜采用两个45°弯头或弯曲半径不小于4倍管径的90°弯头。排水管应避免轴线偏置，当受条件限制时，宜用乙字管或两个45°弯头连接。卫生器具排水管与排水横管垂直连接，应采用90°斜三通。排水横管与立管连接，宜采用45°斜三通、45°斜四通和顺水三通或顺水四通。图3-2所示为塑料

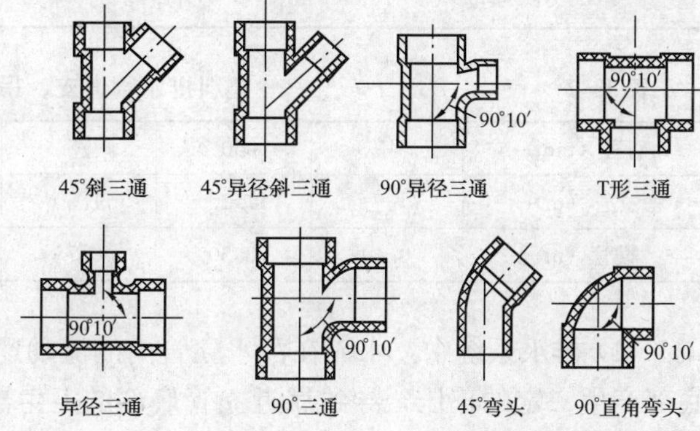

图3-2　塑料（PVC-U）排水管常用三通、弯头管件

(PVC－U）排水管常用三通、弯头管件。

(2）常用的塑料排水管材，因为线膨胀系数较大，应根据环境温度变化、管道布置位置及管道接口形式等考虑设置伸缩节，以消除管道的热胀冷缩应力。硬聚氯乙烯（PVC－U）管伸缩节的类型和常见的设置位置如图 3－3 和图 3－4 所示。

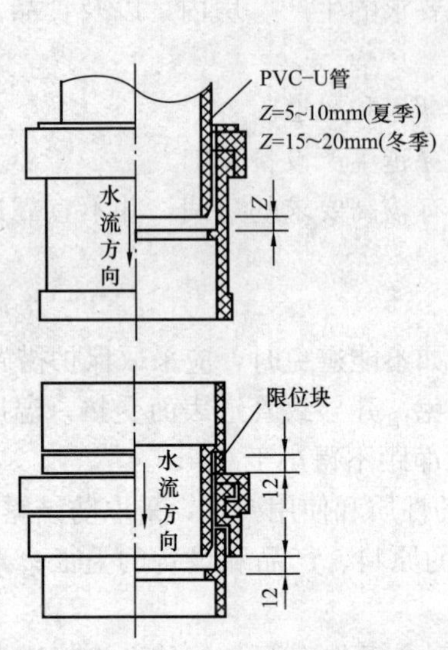

图 3－3　PVC－U 排水管伸缩节大样

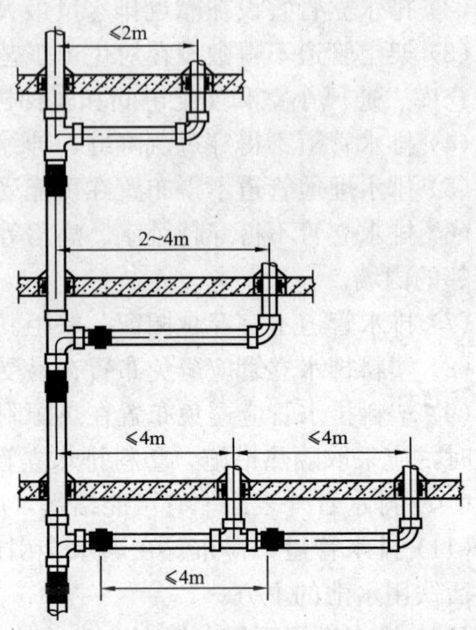

图 3－4　PVC－U 排水管伸缩节设置位置

(3）排水排出管穿承重墙或基础处应预孔洞，且管顶上部净空高度不得小于建筑物的沉降量，一般不小于 0.15m。排水穿过地下室外墙或地下构筑物的墙壁处，应预留孔洞或预埋防水套管，预留孔洞和防水套管的尺寸、类型见表 3－1 和表 3－2，措施与给水系统基本相同。

表 3－1　　连接处至立管管底的距离

立管连接卫生器具的层数	h_1（m）	立管连接卫生器具的层数	h_1（m）
≤4	0.45	13～19	3.0
5～6	0.75	≥20	6.0
7～12	1.2		

表 3－2　　塑料排水管道支、吊架最大间距

管径（mm）	40	50	75	90	110	125	160
立管（m）	—	1.20	1.50	2.00	2.00	2.00	2.00
横管（m）	0.40	0.50	0.75	0.90	1.10	1.25	1.60

(4）排水系统中，水流在污水立管内的流动速度大于在排出管内的流动速度，使立管的底部产生一定的正压，导致靠近立管底部的卫生器具水封破坏，器具内产生冒水泡、污水满溢现象，严重影响使用。为此，应遵守以下规定：

1）连接在排水立管上的最低横支管与立管底部要有一定的距离，如图 3－5 所示的 h_1，h_1 应符合表 3－1 的要求。排水支管连接在排出管或排水横干管上时，如图 3－6 所示，要求 $L \geqslant 3.0\text{m}$。否则，排水支管应单独排至室外检查井或采取有效的防反压措施。

2）竖支管接入横干管竖直转向管段时，如图 3－6 所示，要求垂直距离 $h_2 \geqslant 0.6\text{m}$。

（5）排水管道的支承有固定支承和滑动支承两种，固定支承用于控制管道的膨胀方向、横管及分层立管的自重。滑动支承用于辅助消除排水管道的线膨胀应力。图 3－7所示为 PVC－U 排水管道的固定、滑动两用管卡。塑料排水管道的最大支承间距见表 3－2。

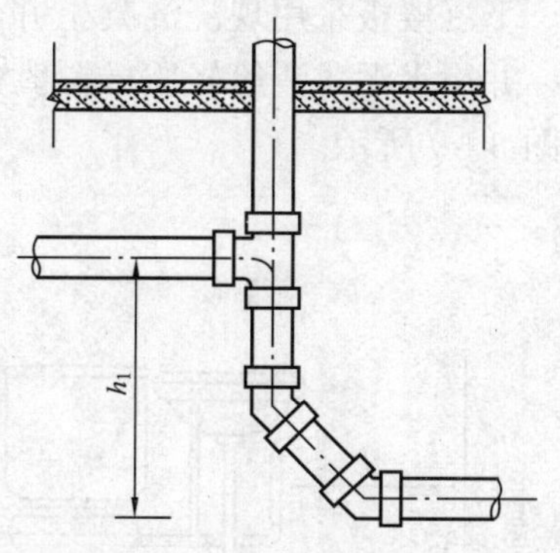

图 3－5 最低横支管与立管的连接

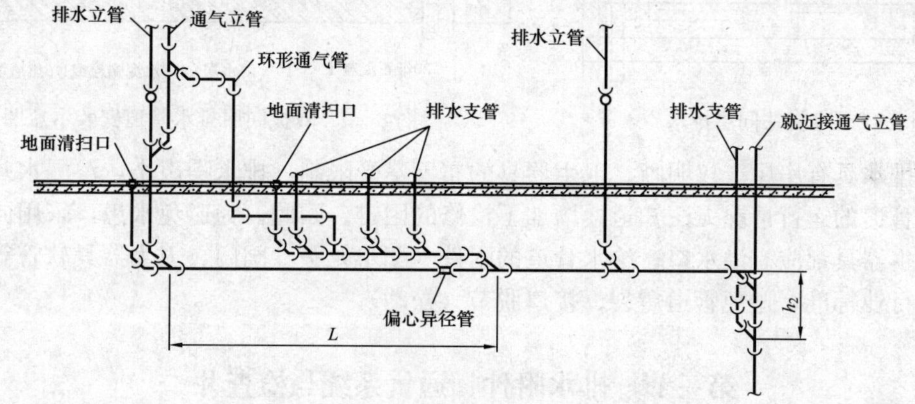

图 3－6 排水支管、排水立管与横干管连接

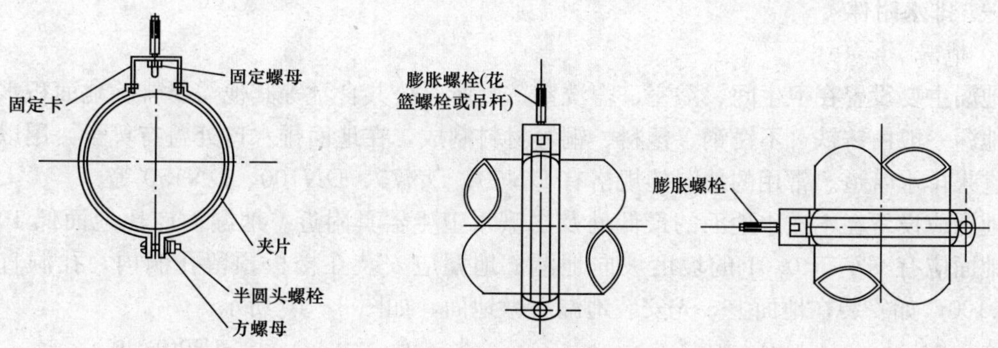

图 3－7 PVC－U 塑料排水管道的固定、滑动两用管卡

三、同层排水

同层排水是指本层所有卫生器具排水管不穿越楼板进入下层空间，均敷设在本层楼面上的布置方法，一般用于住宅厨房和卫生间排水。

同层排水管道布置的方法有：

（1）卫生间和厨房不设地漏，大便器采用后出水型。这是因为考虑住宅的卫生间、厨房一般不经常从地面排水，防止地漏水封得不到补充而导致水封功能丧失，有害气体通过地漏串入室内。但这种方法在给水管道或附件损坏时，容易出现水患。

（2）厨房不设地漏，将卫生间楼板下降300mm左右作为管道敷设空间，如图3-8所示。下沉楼板采用现浇混凝土并做好防水层，按设计标高和坡度沿下沉楼板面敷设排水管道，并用水泥焦渣等轻质材料填实作为垫层，垫层上用水泥砂浆找平后再做防水层和面层，如图3-9所示。

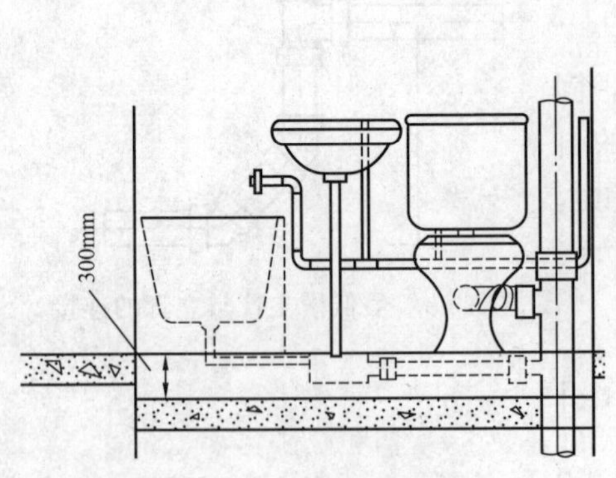

图3-8 降板法同层排水

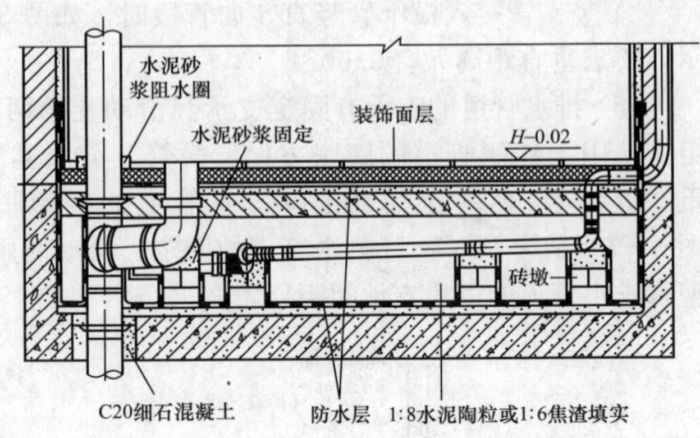

图3-9 降板同层排水管道安装示意图

同层排水具有房屋产权明晰，卫生器具的布置不受限制，排水噪声小，渗漏水几率小等优点。但管道的运行情况无法知道，增加了检修的困难。因此，为避免水患，采用同层排水时要求卫生器具都应有溢水口；给水管道的附件（配水龙头、阀门、卫生器具软管等）均应符合现行行业标准，避免管道爆裂、接口脱节（松动）。

第三节 排水附件、通气系统与检查井

一、排水附件

1. 地漏

地漏主要设置在卫生间、浴室、盥洗室、厕所、公共食堂等其他需要排除地面积水的房间。地漏一般由铸铁、不锈钢、塑料、铜等材料制成，在地面排水口处盖有箅子，用以阻挡杂物进入排水管道。常用的地漏的规格有DN50、DN75、DN100、DN150等。

地漏应设置在不透水地面的最低处及易溅水卫生器具附近。地漏面应比地面低10mm，周围地面应有不小于0.01的坡度坡向地漏。地漏应安装在楼板预留孔洞内，孔洞直径为DN+100，如安装在地面上，先安装地漏后做地面，如图3-10所示。

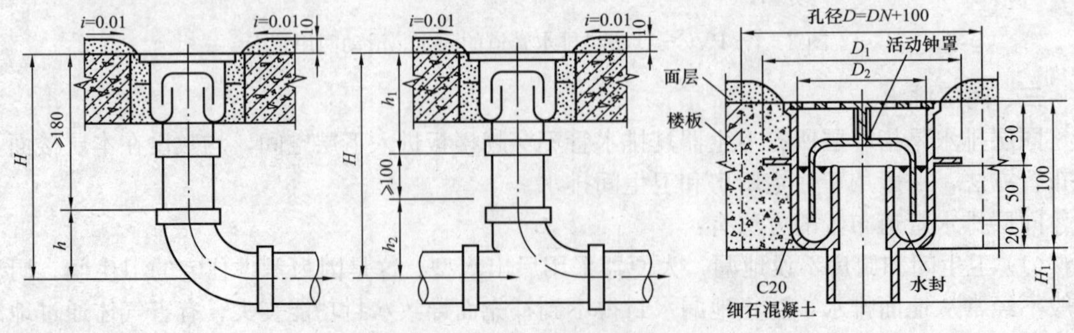

图3-10 带水封地漏的安装

地漏有不带水封（直通式）和带水封两种，前者需加设存水弯，后者水封深度大于等于50mm。常见的带水封地漏有：专门排除地面积水的钟罩式、防溢式、侧墙式、网格式地漏等；排除地面积水和洗衣机废水的带洗衣机排水插口的地漏；排除地面积水、洗衣机废水、洗脸盆和浴盆废水的多通道地漏；用于同层排水的直埋式地漏（将排水管和地漏预埋在填层内）；以及用于人防地下室洗消间的防爆地漏等。图 3－11 和图 3－12 所示为一些常见地漏。

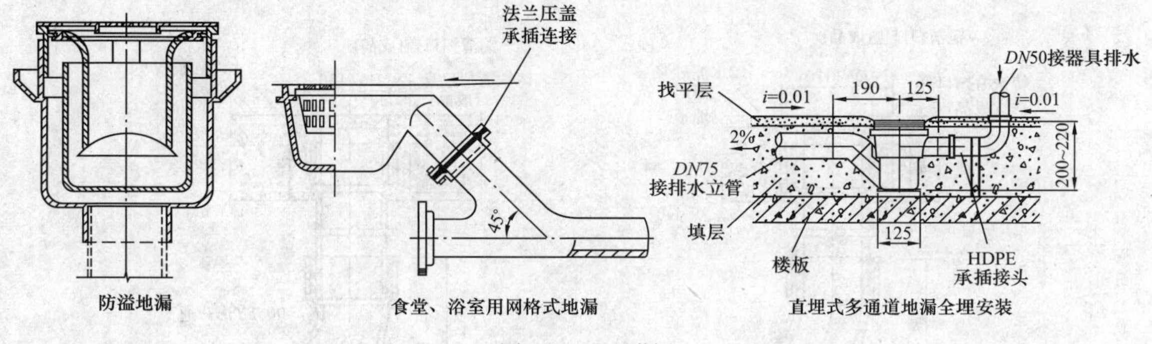

图 3－11　地漏

2. 水封装置

水封装置也叫存水弯，是在卫生器具内部或器具排水管上设置的一种内有水封的排水附件。

水封是指存水装置中有一定高度的水柱，如图 3－13 所示。按规范要求，在存水弯内一般存有 50～100mm 深的水，图中 h 为存水高度，其原理是利用一定高度的静水压力来抵抗排水管内的气压变化，隔绝和防止排水管内有害气体和小虫等通过卫生器具进入室内而污染环境。

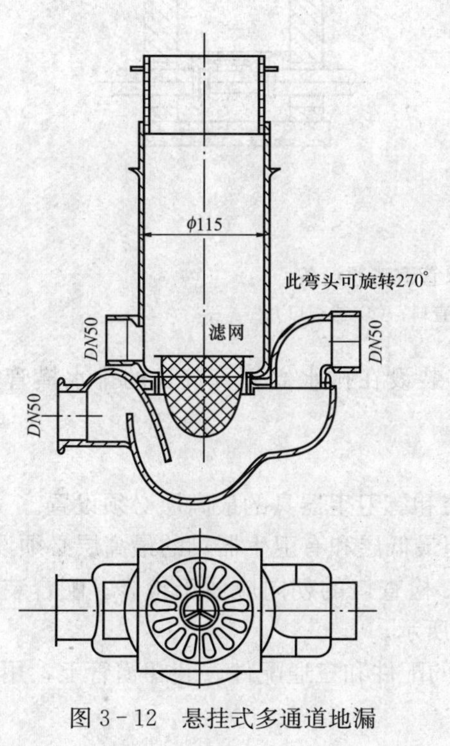

图 3－12　悬挂式多通道地漏

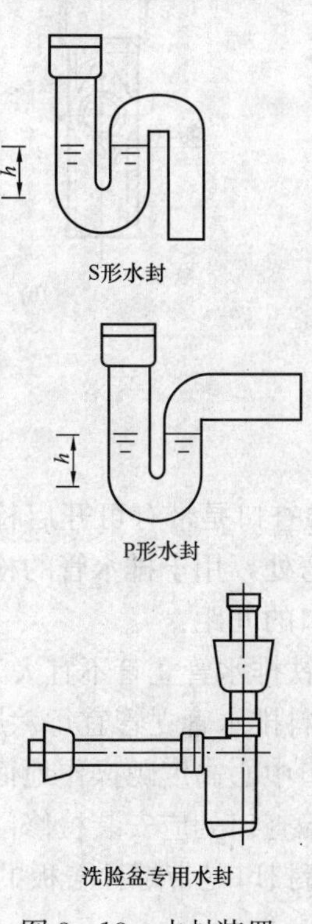

图 3－13　水封装置

存水弯有带清通丝堵和不带清通丝堵两种，按照外形的不同，还可分为P形和S形卫生器具专用水封等。

3. 清通设备

清通设备一般指检查口、清扫口、检查井以及自带清通门的弯头、三通、存水弯等设备，用以疏通排水管道，如图 3-14 所示。

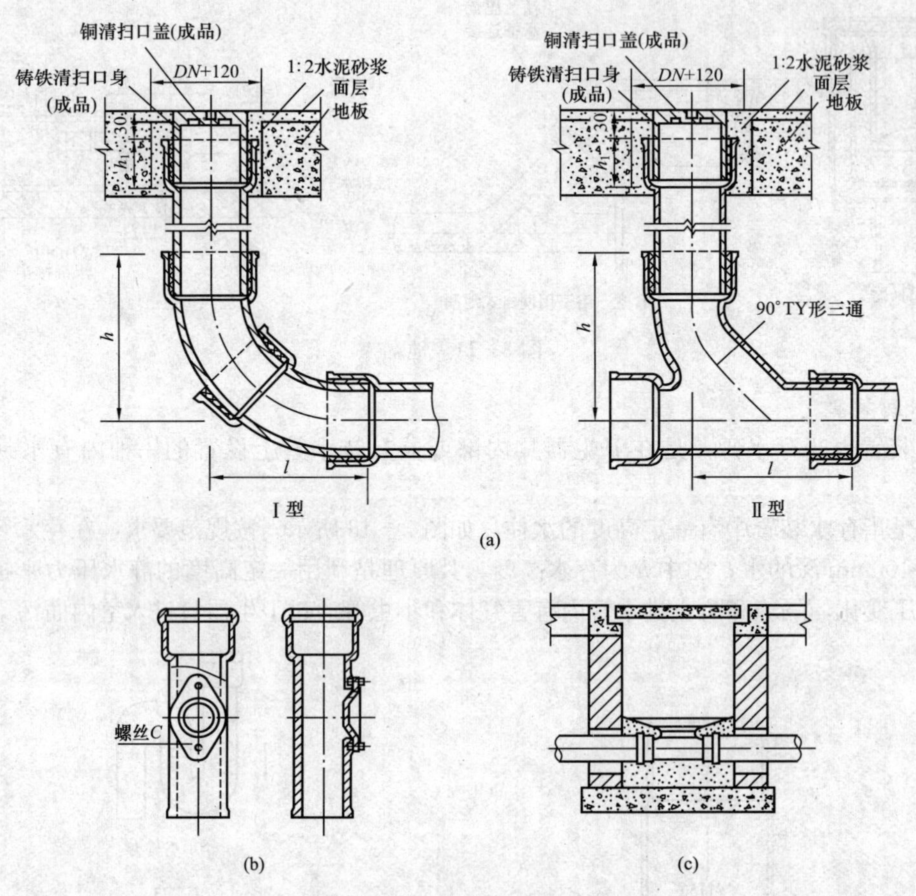

图 3-14　排水管道清通设备

(a) 清扫口；(b) 检查口；(c) 检查口井

(1) 检查口是带有可开启检查盖的配件。装设在排水立管、较长的排水横管中间及弯头、存水弯处，用于排水管的检查和清通。

检查口的间距：

1) 铸铁排水管立管不宜大于 10m，最低层和有卫生器具的最高层必须设置。

2) 塑料排水管立管宜每六层设置一个，但最低层和有卫生器具的最高层必须设置。

检查口中心高度距操作地面一般为 1.0m，检查口的朝向应便于检修。配合装修暗装的立管，在检查口处应安装检修门，如图 3-15 所示。

(2) 清扫口是带螺栓盖板的弯头或带堵头的配件和三通配件。装在横管上，用于排水横管的清扫。

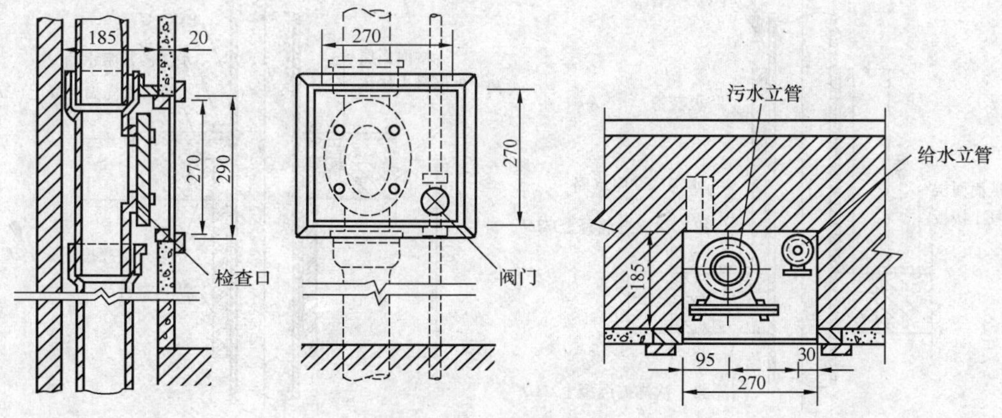

图 3-15 管道检修门

清扫口的设置位置：

1）连接 2 个或 2 个以上大便器、3 个或 3 个以上其他卫生器具的铸铁排水横管上。

2）连接 4 个及 4 个以上的大便器的塑料排水横管上。

3）水流偏转角大于 45°的排水横管上。

设置在横管端部的清扫口与管道相垂直的墙面距离不得小于 150mm，若在横管的始端设置堵头代替清扫口时，其与墙面距离不得小于 400mm，也可利用带清扫口的弯头配件代替清扫口。若横管较长时，每隔一定距离也应设置地面清扫口，清扫口开口应与地面相平，如图 3-14 所示。

（3）室内检查口井是砖砌的井。用于埋地横管上设置检查口时，保证排水管检查口正常使用的构筑物。生活排水管道不宜在室内设检查井，当必须设置时，应采取密闭措施，如图 3-15 所示。

4. 阻火装置

在高层建筑中，为防止塑料排水管材受高温熔化后引起的火灾贯穿蔓延，对 $De \geqslant 110$mm 的排水塑料在穿越楼面、防火墙时，要求设置阻火装置。阻火装置有阻火圈和防火套管两种类型。

阻火圈的构造如图 3-16 所示，当火灾致使塑料管局部破坏后，阻火膨胀材料受热急剧膨胀封闭管洞。

防火套管的构造如图 3-17 所示，火灾发生时，塑料管融化，在套管长度内融化的塑料管塌落堵塞管洞。

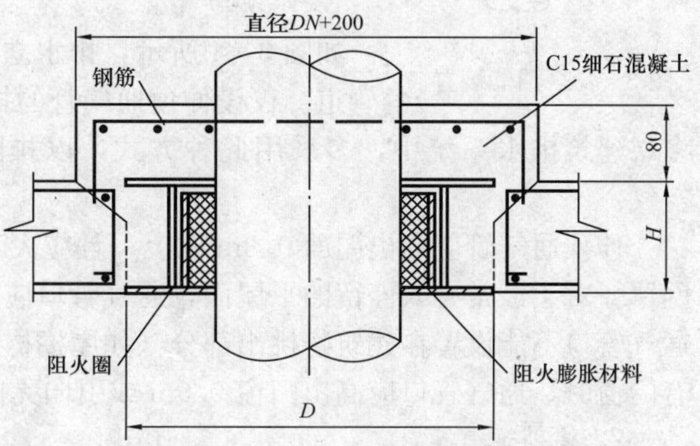

图 3-16 阻火圈的构造

5. 消能装置

在高层建筑中，排水立管高度大，水流落差大，水的流动速度大。由此造成的水流和立管底部的正压值也相应增大（塑料管由于自重小，噪声弊端尤其明显）。为减少这部分能量，

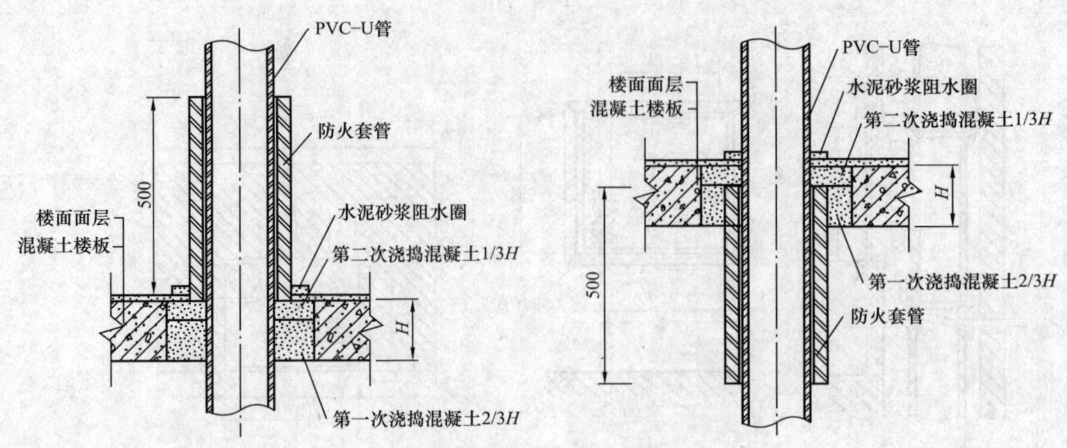

图 3-17 防火套管的构造

在立管中每隔6层左右设置一个消能装置。图3-18所示为PVC-U排水立管上的简易消能装置。

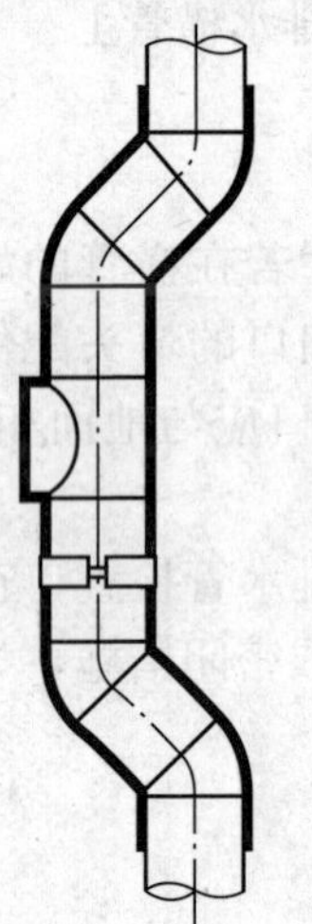

图 3-18 消能装置

二、通气系统

卫生器具排水时，立管内的空气由于受到水流的抽吸或压缩，造成管内气流压力变化，这个压力变化幅度如果超过了存水弯水封的静水压力，就会破坏水封，导致有害气体通过卫生器具侵入室内。因此，为了平衡排水系统中的压力，就必须设置通气管与大气相通，以泄放管内正压或通过补给空气来减小负压，使排水管内气流压力接近大气压力，保护卫生器具水封，从而使排水管内水流畅通，排除管道中的有害气体，减轻废气对管道的锈蚀（高层建筑中的排水管道采用柔性接口的机制排水铸铁管）。

目前，国内建筑中经常采用的通气系统有下列几种形式。

1. 伸顶通气管

如图3-1所示，排水立管与最上层排水横管连接处向上延伸出屋面的管道。仅设伸顶通气管的排水系统也称为单立管排水系统。在低层和多层建筑排水系统中，多采用此种方式，以排除污浊气体，同时向排水立管内补充新鲜空气。

伸顶通气管应高出屋面0.3m以上，且应大于最大的积雪厚度，通气管端应设置风帽或网罩。对于经常有人停留的平屋面，通气管口应高出屋面2m。当受条件限制需侧向接出时，通气管口不能设置在建筑物挑出部分（如屋檐檐口、阳台和雨篷等）的下面。周围4m以内有门窗时，通气管口应高出门窗0.6m或引向无门窗的一侧。

2. 辅助通气管

随着建筑高度的增加，高层建筑内呈现排水立管长、水量大、流速快、建筑标准高等特点，排水管道内气压波动剧烈，单靠单立管排水系统已不能克服高层建筑排水立管中出现的诸如水封被破坏等弊病，需在原有排水系统中增加辅助通气管系统。目前，常用辅助通气管系统包括专用通气立管、主通气立管、副通气立管、环形通气管、器具通气管、结合通气管等形式，如图3-19所示。

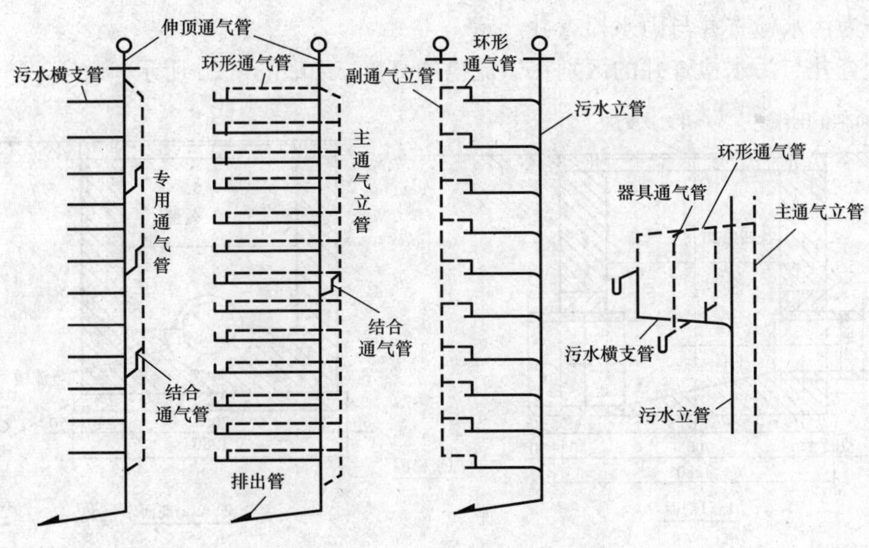

图 3-19　排水管道的通气系统

(1) 专用通气立管。仅与排水立管连接，为排水立管内的空气流通而设置的垂直通气管，适用于 10 层及 10 层以上每层接入的卫生器具数量不超过 3 个的高层建筑或建筑卫生标准较高的建筑。

通常，把一根生活排水立管和一根专用通气立管组成的排水系统，叫作双立管排水系统。把一根生活污水立管，一根生活废水立管共用一根专用通气立管的排水系统，叫作三立管排水系统。前者适用于污废水合流的各类高层建筑，后者适用于生活污水和生活废水需要分别排出的各类高层建筑。专用通气立管应每隔两层设置结合通气管与排水立管连接。

(2) 器具通气管。卫生器具出口端接至主通气立管或环形通气管的管段。每个卫生器具都设置通气管的通气方式通气效果最佳，尤其能防止器具自吸破坏水封作用。但造价最高，建筑上管道隐蔽处理较困难，适用于卫生标准较高的高层建筑。

(3) 环形通气管。在多个卫生器具的排水横管上，从最始端卫生器具的下游端接至主通气立管或副通气立管的通气管段，适用于排水横管上卫生器具的数量超过允许负荷，或卫生标准较高的建筑。例如，连接 4 个及 4 个以上卫生器具，且横支管的长度大于 12m 的排水横管；连接 6 个及 6 个以上大便器的污水横支管；设有器具通气管的排水系统。

(4) 主通气立管。连接环形通气管和排水立管，为使排水支管和排水立管内的空气流通而设置的垂直通气管，适用于每层设置了环形通气管的高层建筑。主通气立管应每隔 8～10 层设结合通气管与排水立管连接。

(5) 副通气立管。仅与环形通气管连接，为使排水支管内的空气流通而设置的垂直通气管，适用于排水立管不高，但每层设置了环形通气管的建筑。

(6) 汇合通气管。连接数根通气立管或排水立管的顶端部分，并延伸至室外接通大气的通气管段。适用于受建筑平面功能布置的影响，伸顶通气管不允许或不可能单独延伸出屋面的建筑。

三、检查井

排水检查井是室内排出管与室外排水管道连接的排水构筑物，主要用于清通室外埋地排水管道。检查井由井基、井身、井盖座、井盖及井内流槽组成，按井身材料的不同可分为砖砌检查井和混凝土检查井；按井身形状的不同可分为圆形检查井与矩形检查井；按排水对象的不同可分为污水检查井与雨水检查井。

雨水检查井与污水检查井的区别在于流槽的高度，如图 3-20 所示。

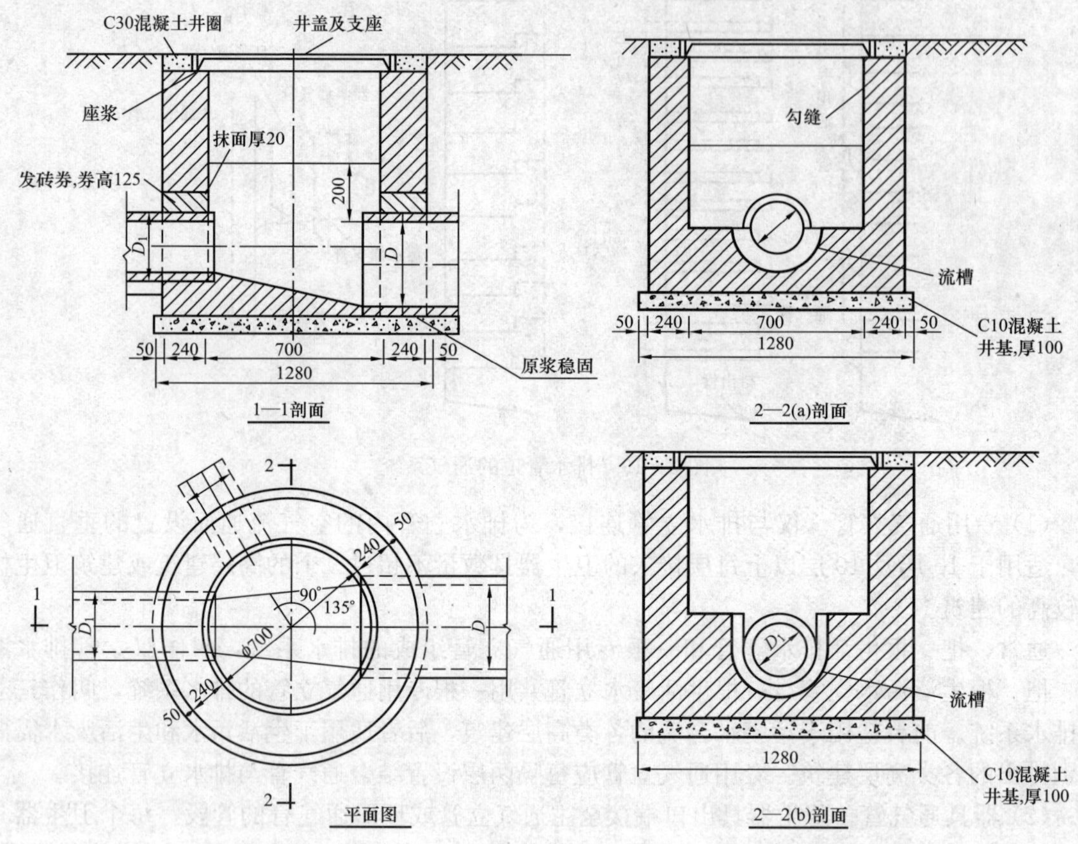

图 3-20 砖砌检查井［2-2（a）为污水检查井、2-2（b）为雨水检查井］

污水检查井流槽的高度与管顶平，检查井内上、下游管道的衔接应采用水面平接或管顶平接两种方式。水面平接是指上游管段末端与下游管段起端的水面标高相同；管顶平接是指上游管段末端与下游管段起端的管顶标高相同。排水工程中，检查井上、下游管道管径相同时一般采用水面平接；检查井上、下游管道管径不同时，采用管顶平接。

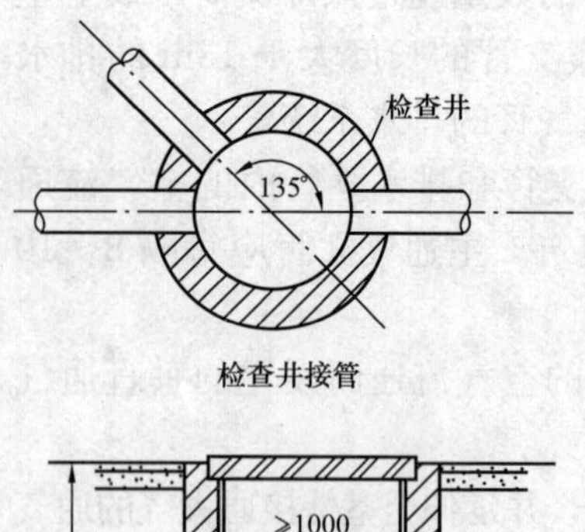

检查井接管

室外排水检查井的设置位置：室内排出管连接处，排水管道转弯处和汇合处，管径或坡度改变处和跌水处，直线管道每隔一定距离处。直线管道处检查井的最大间距：*DN*150 管道，间距小于等于 20m；*DN*200～300 管道，间距小于等于 30m。

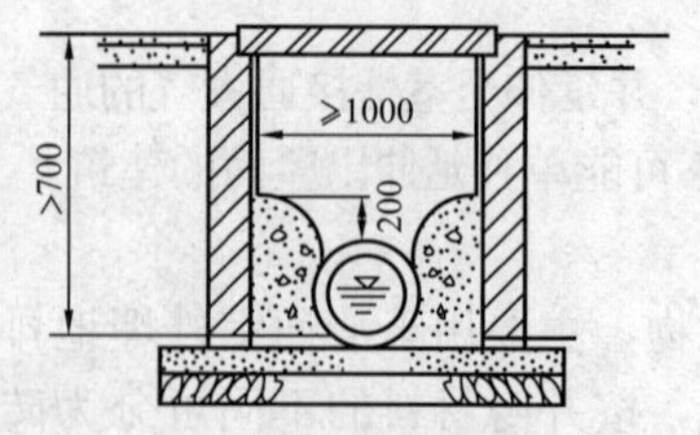

图 3-21 雨水检查井流槽高度

雨水检查井，相同直径的管道连接时，流槽顶与管中心平；不同直径的管道连接时，流槽顶与小管中心平。室内雨水敞开式系统的检查井，应做高流槽，槽顶应高出管顶 200mm，如图 3-21 所示。

第四节　排　水　量

一、排水量定额

生活污水排水定额与生活给水用水定额基本相同。居住小区生活排水小时变化系数与相应的生活给水系统小时变化系数相同，生活污水平均时流量和最高时流量的计算方法与生活给水也相同。同样，公共建筑生活排水定额和小时变化系数与公共建筑生活给水定额和小时变化系数也相同。

生产污水的排水定额、最大时排水量应按生产工艺设计要求计算确定。

卫生器具排水的流量、排水管管径，按表 3－3 确定。这里为了计算方便，同建筑给水一样，采用当量折算的方法，既把一个污水盆的排水流量 0.33L/s 作为一个排水当量，而其他卫生器具的排水当量以此为基准进行折算。

表 3－3　卫生器具排水的流量、当量、排水管管径

序号	卫生器具名称	排水量（L/s）	当量	排水管管径（mm）
1	洗涤盆、污水盆（池）	0.33	1.0	50
2	餐厅、厨房洗菜盆（池）			
	单格洗涤盆（池）	0.67	2.0	50
	双格洗涤盆（池）	1.00	3.0	50
3	盥洗槽（每个水嘴）	0.33	1.00	50～75
4	洗手盘	0.10	0.3	32～50
5	洗脸盆	0.25	0.75	32～50
6	浴盆	1.00	3.00	50
7	淋浴器	0.15	0.45	50
8	大便器			
	高水箱	1.50	4.50	100
	低水箱			
	冲落式	1.50	4.50	100
	虹吸式、喷射虹吸式	2.00	6.00	100
	自闭式冲洗阀	1.50	4.50	100
9	医用倒便器	1.50	4.50	100
10	大便槽　≤4 个蹲位	2.50	7.50	100
	＞4 个蹲位	3.00	9.00	150
11	小便器 自闭式冲洗阀	0.10	0.30	40～50
	感应式冲洗阀	0.10	0.30	40～50
12	小便槽（每米长）			
	自动冲洗水箱	0.17	0.50	
13	化验盆（无塞）	0.20	0.60	40～50
14	净身器	0.10	0.30	40～50
15	饮水器	0.05	0.15	25～50
16	家用洗衣机	0.50	1.50	50

注　家用洗衣机排水软管直径为 30mm，有上排水的家用洗衣机排水软管内径为 19mm。

二、排水管道的充满度、速度和坡度

为使排水管道在良好的水力条件下工作，排水管道系统必须满足充满度、水流速度和坡度这三个水力要素的规定。

1. 管道充满度 h/D

管道充满度是指排水管道内水深 h 与管径 D 的比值。排水管道内的污水是在非满管流动的情况下自流排出室外的，管道顶部未充满水，目的在于排出管道内的臭气和有害气体，容纳超过设计的高峰流量，以及减少管道内气压波动，因此，规定了排水管道的最大设计充满度。建筑内部塑料管排水横干管的最小坡度和最大充满度见表 3-4。铸铁管的最小坡度和最大充满度见表 3-5。

表 3-4　排水干管最小坡度和最大充满度

外径（mm）	最小坡度	最大充满度
110	0.004	0.5
125	0.0035	0.5
160	0.003	0.6
200	0.003	0.6

表 3-5　排水铸铁管道的最小坡度和最大充满度

<table>
<tr><th>管径（mm）</th><th>标准坡度</th><th>最小坡度</th><th>最大设计充满度</th></tr>
<tr><td>50</td><td>0.035</td><td>0.025</td><td rowspan="4">0.5</td></tr>
<tr><td>75</td><td>0.025</td><td>0.015</td></tr>
<tr><td>100</td><td>0.020</td><td>0.012</td></tr>
<tr><td>125</td><td>0.015</td><td>0.010</td></tr>
<tr><td>150</td><td>0.010</td><td>0.007</td><td rowspan="2">0.6</td></tr>
<tr><td>200</td><td>0.008</td><td>0.005</td></tr>
</table>

2. 水流速度

污、废水在排水管道内的水流速度对管道的正常工作有很大的影响。为使悬浮在污水中的杂质不致沉落在管底，需有一个最小保证流速（或称自清流速）。因此，在工程中盲目的放大排水管径用于防止管道堵塞的做法是不可取的。另外，为了防止管壁因受污水中坚硬杂质长期高速流动的摩擦而损坏和防止过大的水流冲击，也有一个最大允许流速。

3. 管道坡度

排水管道的坡度应满足流速和充满度的要求，一般情况下应采用标准坡度。建筑排水塑料管排水横支管的标准坡度为 0.026。

三、排水管道的管径估算

单个卫生器具排水管的管径按表 3-3 确定。排放多个卫生器具污水的排水横管和排水立管的管径，根据建筑物的性质、通气系统的设置条件、排水管道负荷的当量总数，可按表 3-6 估算。

表 3-6　排水管道允许负荷的卫生器具当量值

<table>
<tr><th rowspan="2">建筑物性质</th><th rowspan="2" colspan="2">排水管道名称</th><th colspan="4">允许负荷的当量总数</th></tr>
<tr><th>50mm</th><th>75mm</th><th>100mm</th><th>150mm</th></tr>
<tr><td rowspan="6">住宅、公共居住建筑的小卫生间</td><td rowspan="3">横支管</td><td>无器具通气管</td><td>4</td><td>8</td><td>25</td><td></td></tr>
<tr><td>有器具通气管</td><td>8</td><td>14</td><td>100</td><td></td></tr>
<tr><td>底层单独排出</td><td>3</td><td>6</td><td>12</td><td></td></tr>
<tr><td colspan="2">横干管</td><td></td><td>14</td><td>100</td><td>1200</td></tr>
<tr><td rowspan="2">立管</td><td>仅设伸顶通气管</td><td>5</td><td>25</td><td>70</td><td></td></tr>
<tr><td>有通气立管</td><td></td><td></td><td>900</td><td>1000</td></tr>
</table>

续表

建筑物性质	排水管道名称		允许负荷的当量总数			
			50mm	75mm	100mm	150mm
集体宿舍、旅馆、医院、办公楼、学校等公共建筑的盥洗室、厕所	横支管	无环形通气管	4.5	12	36	
		有环形通气管			120	
		底层单独排出	4	8	36	
	横干管			18	120	2000
	立管	仅设伸顶通气管	6	70	100	2500
		有通气立管			1500	
工业企业生活间、公共浴室、洗衣房、实验室、影剧院、体育场	横支管	无环形通气管	2	6	27	
		有环形通气管			100	
		底层单独排出	2	4	27	
	横干管			12	80	1000
	立管	仅设伸顶通气管	3	35	60	800

第五节 污水局部处理与提升

一、污废水的局部处理

建筑内部污水水质未达到CJ 3082—1999《污水排入城市下水道水质标准》时，未经处理不允许直接排入市政排水管网或水体，应设置局部处理构筑物予以处理，如化粪池、隔油池、降温池、沉砂池等。

1. 化粪池

建筑内部的粪便污水含有大量的杂质、纸屑等悬浮物和病原体，易使管道堵塞、细菌繁殖而影响环境。

化粪池是较简单的利用沉淀和厌氧发酵原理去除生活污水中悬浮性有机物的最低级处理构筑物。污水在化粪池中停留12～24h后，池中的悬浮物去除率达60%左右；沉于池底的悬浮物在池中贮存90d以上，通过自然发酵、脱水、熟化后，使污水中的污泥浓缩，污水中的细菌机病毒去除率达25%～75%。因此，化粪池目前仍是我国广泛采用的一种分散、过渡性的污水处理设施。但是化粪池去除有机物的能力差，出水呈酸性，有恶臭，仍不符合卫生排放要求。

化粪池一般用砖或钢筋混凝土砌筑，外形有圆形和矩形两种，对于矩形化粪池，按其构造有双格和三格之分。双格化粪池第一格的容量为总容量的75%，三格化粪池第一格的容量为总容量的60%，其余两格的容量各为总容量的20%。图3-22所示为6～10号三格矩形砖砌化粪池的构造。污废分流系统清掏周期为180d时，1～8号化粪池的使用人数选用见表3-7。

化粪池应设在室外，外壁距建筑物外墙不宜小于5m，并不得影响建筑物基础；化粪池外壁距地下水取水构筑物外壁宜有不小于30m的距离。当受条件限制化粪池不得不设置在室内时，必须采取通气、防臭、防爆等措施。化粪池宜设置在接户管的下游端，便于机动车清掏的位置。

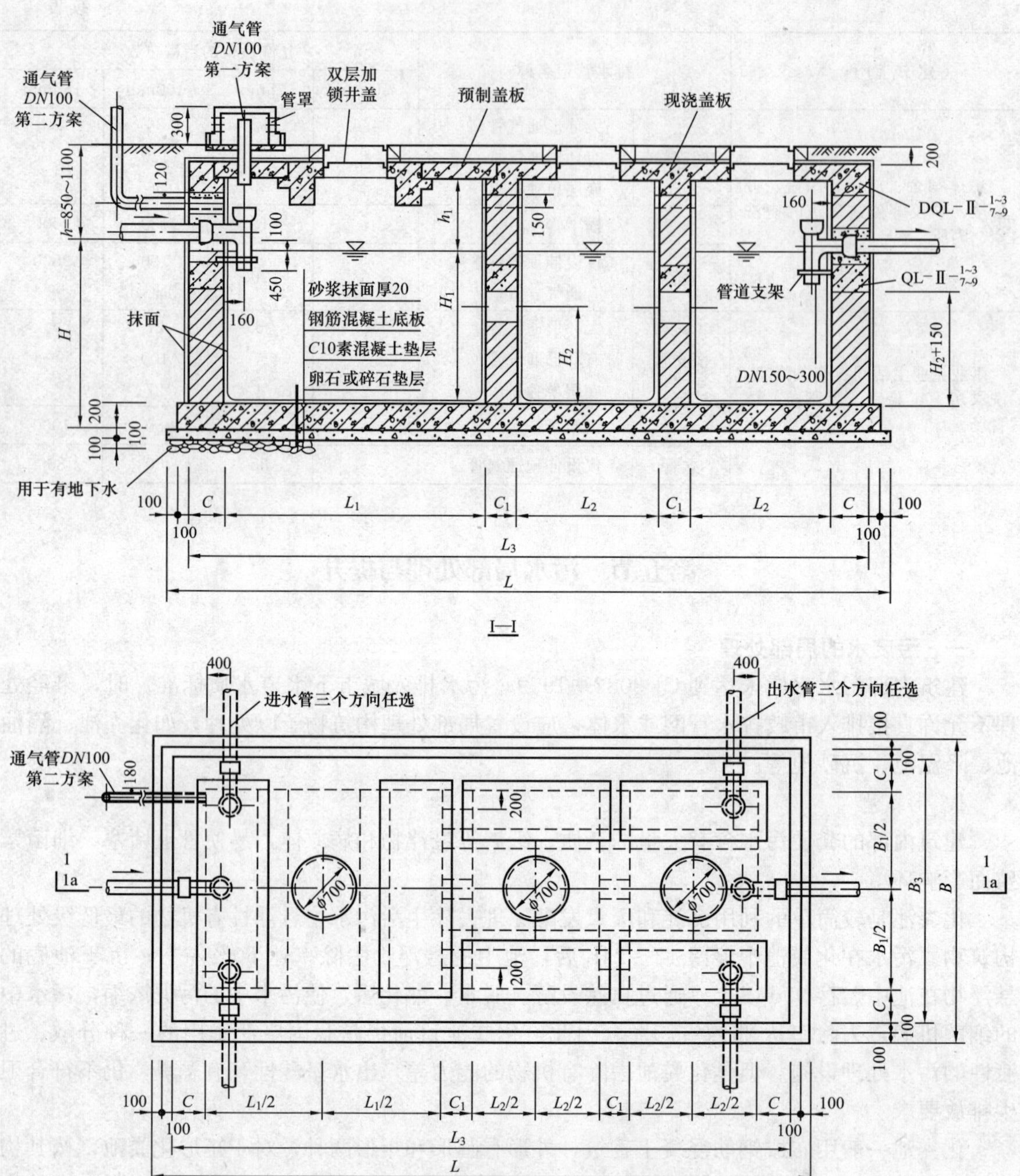

图 3－22 三格矩形砖砌化粪池的构造

表 3－7 粪便污水单独排入化粪池设计总人数

型 号	有效容积 (m^2)	污水停留时间 (h)	住宅、旅馆、饭店 清掏周期 180d		学校、办公楼 清掏周期 180d	
			20L/(人·d)	30L/(人·d)	20L/(人·d)	30L/(人·d)
1	2	12	58	57	100	100
		24	53	44	91	77

续表

型　号	有效容积 (m^2)	污水停留时间 (h)	住宅、旅馆、饭店 清掏周期 180d		学校、办公楼 清掏周期 180d	
			20L/(人·d)	30L/(人·d)	20L/(人·d)	30L/(人·d)
2	4	12	117	114	200	200
		24	105	89	182	154
3	6	12	175	171	300	300
		24	158	133	273	231
4	9	12	263	257	450	450
		24	237	200	409	346
5	12	12	350	343	600	600
		24	316	267	546	462
6	16	12	467	457	800	800
		24	421	356	727	615
7	20	12	583	571	1000	1000
		24	526	444	909	769
8	25	12	729	714	1250	1250
		24	658	566	1136	962

2. 隔油池

隔油池是含油污水的除油装置，用于防止含有植物油和动物油脂的公共食堂和饮食业污水凝固附着在排水管道壁面上，致使管道过水断面减小或堵塞；防止含有少量汽油、柴油等轻质油的汽车修理、清洗行业的污水进入排水管道后，产生挥发性气体，危害人身安全。除油装置还可以回收废油脂，变废为宝。隔油池一般用砖或钢筋混凝土砌筑，图 3-23 所示为饮食行业常用的砖砌隔油池。汽车修理、清洗行业污水系统使用的为隔油沉淀池。

为了使积流下来的油脂有重复利用的条件，粪便污水和其他污水不得排入隔油池内。隔油池的清掏周期不宜大于 6d，以免污水总的有机物因发酵产生臭味而影响环境卫生。

为了便于清通，隔油池应设置活动盖板，进水管应考虑有清通的可能。

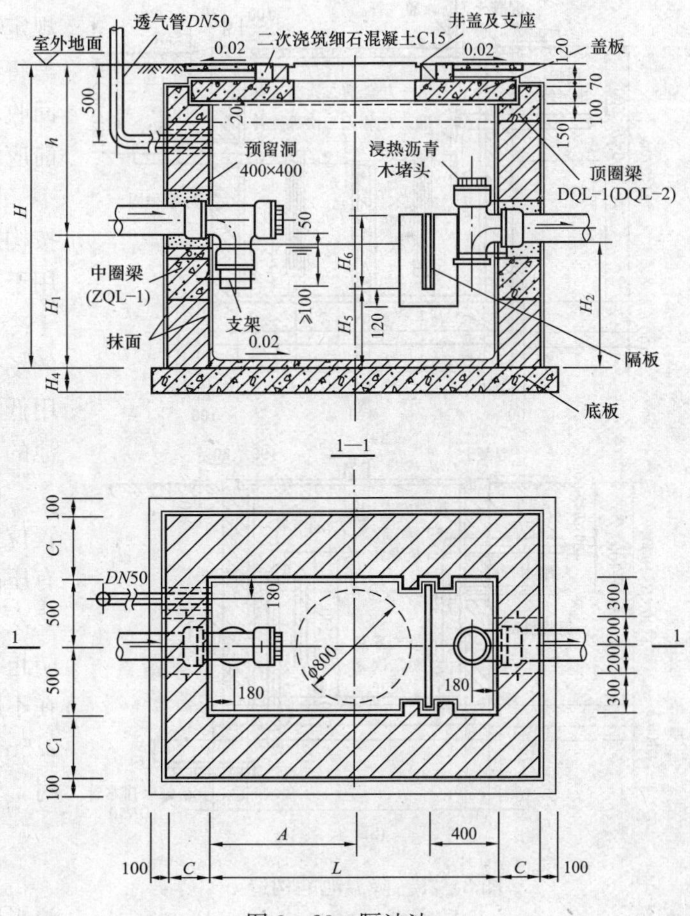

图 3-23　隔油池

对于含油污水量较小的场所，采用小型隔油器设置在污水收集器下部，除油效果也同样较好。按构造的不同，小型隔油具有带网筐、带滤芯、带自动刮油装置和滤芯之分，按安装位置有地上式和悬挂式之分。图 3-24 所示为地上式带网筐的隔油具及安装。

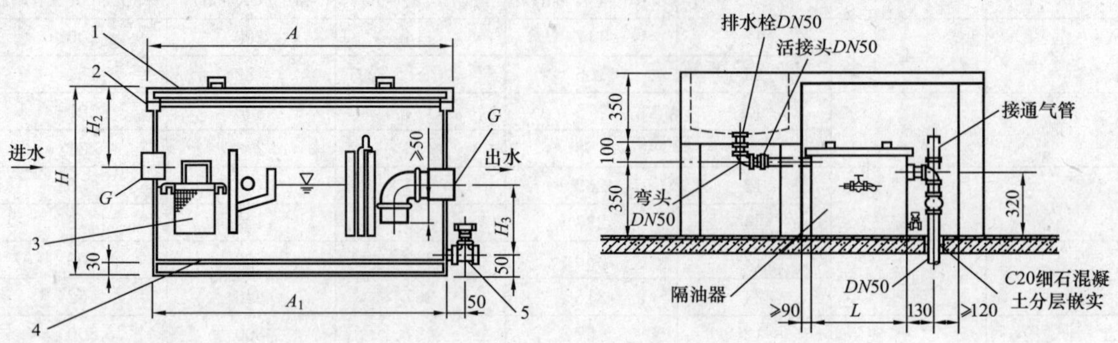

图 3-24 地上式带网筐的隔油具及安装

1—盖板；2—垫片；3—网筐；4—箱体；5—闸阀

3. 降温池

当排水水温高于 40℃时，会产生大量的气体，给排水管道的维护管理和管道的接口、密封及使用寿命带来影响。因此，规范规定：温度高于 40℃的废水，应首先考虑将所含的热量回收利用，如不可能或回收不合理时，在排入城市排水管道之前应设降温池。降温池应设置在室外。

降温池一般用砖或钢筋混凝土砌筑，按构造可分为隔板式和虹吸式，隔板式适用于有冷却废水降温的场合，虹吸式适用于冷却废水较少主要依靠自来水冷却降温的场合。为了节约用水，冷却水应尽量利用低温废水。砖砌隔板式、虹吸式降温池的构造如图 3-25 所示。

降温池应设通气管，通气管排出口设置位置应符合安全、环保的要求，降温池有压高温污水进水管易装设消声设施，有二次蒸发时，管口应露出水面向上并应有防止人烫伤的措施（如将二次蒸发筒设置在不影响交通和安全的地方，高于地面 2.5m，且用铁丝固定绑扎）；无二次蒸发时，管口宜浸入水面 200mm 以下。

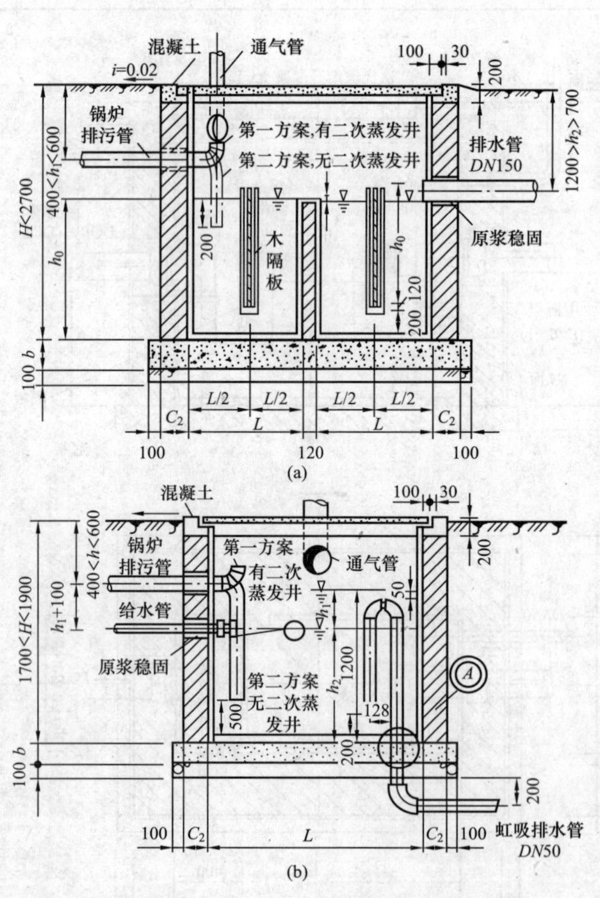

图 3-25 降温池的构造

(a) 隔板式；(b) 虹吸式

4. 沉砂池

沉砂池是依靠重力作用将水中的悬浮颗粒分离的构筑物，其目的是去除污水中大密度、大颗粒的无机杂质，如砂粒、煤渣等，阻止污水中杂质排入城市排水管道。小型沉砂池的构造如图 3－26 所示，图中沙坑深度 $d \geqslant 150$mm，水封深度 $s \geqslant 100$mm。

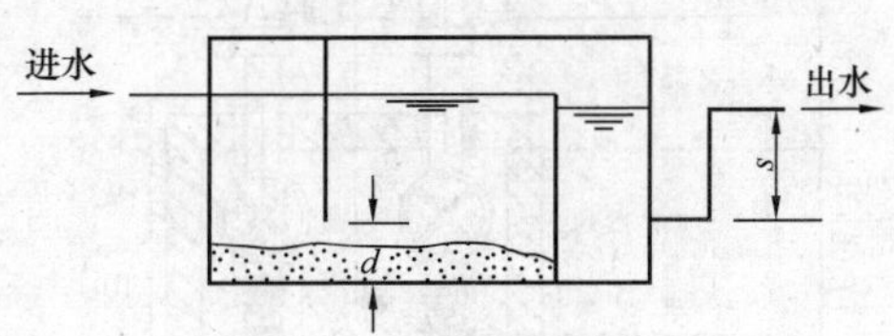

图 3－26　小型沉砂池的构造

5. 毛发聚集器

理发室、公共浴室的排水管上及游泳池循环水泵的吸水口端，应设置毛发聚集器（井），毛发聚集器应设置在便于清掏的位置。如图 3－27 所示为毛发聚集器与地漏结合的构造。

二、污、废水提升装置

居住小区污水、建筑物地下室生活排水、地下室地坪排水等不能以重力自流排入市政污水管道时，应设置污、废水提升装置。地下室地坪排水的提升一般设置集水坑与污水泵，如图 3－28 所示；小区污水、地下室生活排水的提升一般设置污水集水池与污水泵，如图 3－29 所示。

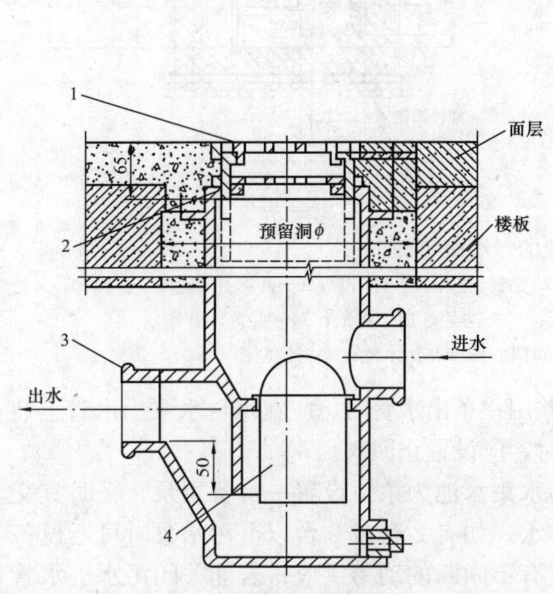

图 3－27　毛发聚集器与地漏结合的构造

1—地漏箅子；2—调节体；3—壳体；4—网管

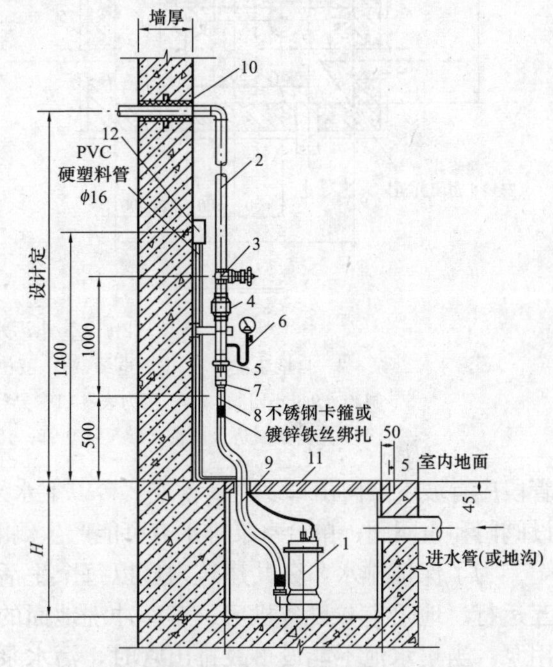

图 3－28　地下室地坪废水提升装置

1—潜水泵；2—排出管；3—闸阀；4—止回阀；5—活接头；6—压力表；7—异径接头；8—短管；9—橡胶软管；10—防水套管；11—钢盖板；12—控制开关

1. 污水泵

污水泵应具备耐腐蚀、大流通量、不宜堵塞的特点，常采用的污水泵有潜水排污泵、液下排水泵、立式污水泵和卧式污水泵等。因为建筑内部需提升的污水较少，为少占用建筑面积，应优先选用潜水排污泵和液下排水泵。

污水泵不得设在对卫生环境有特殊要求的生产厂房和公共建筑内，且不得设在有安静和防振要求的房间内。

污水泵的排出管为压力排水，宜单独排至室外，不要与自流排水合用排出管，排出管的横

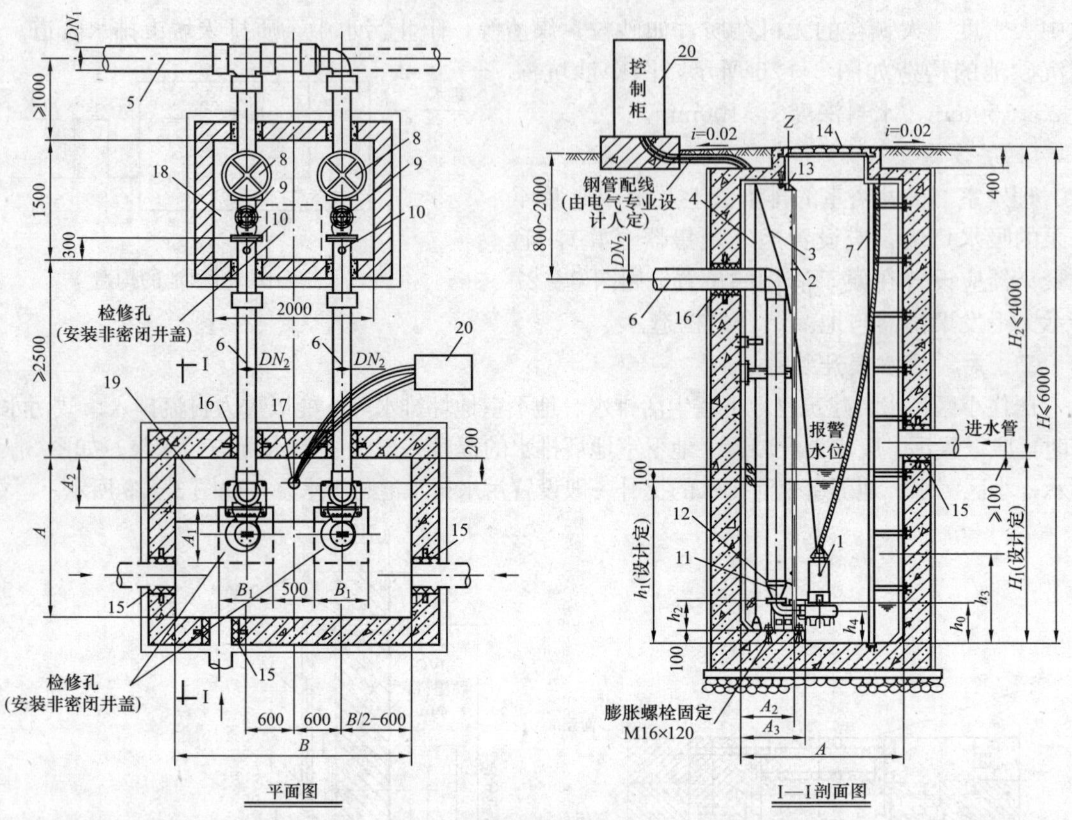

图 3-29　室外污水池的污水提升装置

1—潜水排污泵；2—自耦装置；3—电源电缆；4—液位自动控制装置；5—排出管；6—单泵出水管；7—爬梯；8—闸阀；9—止回阀；10—压力表；11—异径管；12—法兰；13—角钢；14—井盖、井座；15、16—防水套管；17—钢套管；18—阀门井；19—污水池；20—控制柜

管段应有坡度坡向出口。当2台或2台以上水泵共用一条出水管时，应在每台水泵出水管上装设阀门和止回阀；单台水泵排水有可能产生倒灌时，应设置止回阀。

为了保证排水，公共建筑内应以每个生活污水集水池为单位设置一台备用泵，平时宜交互运行。地下室、设备机房、车库冲洗地面的排水，如有2台或2台以上污水泵时可不设备用泵。当集水池不能设事故排出管时，污水泵应有不间断的动力供应；若能关闭污水进水管时，可不设不间断动力供应，但应设置报警装置。

2. 集水池（坑）

集水池宜设在地下室或最低层卫生间、淋浴间的地板下面或临近位置；地下厨房集水坑宜设置在厨房邻近处，但不宜设置在细加工和烹炒间内；消防电梯井集水池应设在电梯邻近处，但不能直接设在电梯井内，池底宜低于电梯井底0.7m以上；车库地面排水集水池应设在使排水管、沟尽量简洁的地方；收集地下车库坡道处的雨水集水井应尽量靠近坡道尽头处。

集水池的构造：因生活污水中有机物易分解成酸性物质，腐蚀性大，所以生活污水集水池内壁应采取防腐、防渗漏措施。集水池底应有不小于0.05的坡度坡向泵位，并在池底设置自冲管。集水坑的深度及其平面尺寸，应按水泵类型确定。集水池应设置水位指示装置，必要时应设置超警戒水位报警装置，将信号引至物业管理中心。集水池如设置在室内地下室时，池盖应密封，并设通气管系；室内有敞开的集水池时，应设强制通风装置。

第六节 屋面雨水排水系统

降落在屋面的雨水和融化的雪水，必须妥善地予以迅速排除，否则会造成屋面集水四处溢流、屋面漏水等水患。

屋面雨水系统按雨水管道的设置位置可分为外排水系统、内排水系统和内、外混合排水系统；按设计流态可划分为压力流雨水系统、重力流雨水系统。屋面雨水系统的选择应根据建筑结构形式、气候条件及生产使用要求，在技术经济合理的条件下，尽量采用外排水。

一、雨水系统分类

1. 外排水系统

(1) 檐沟外排水系统。由檐构、雨水斗、雨水立管（水落管）等组成，如图 3-30 所示。檐沟外排水系统是目前使用最广泛的屋面雨水排除系统，适用于一般多层居住建筑、屋面面积较小、体形不复杂的多层公共建筑和单跨的工业建筑。水落管目前常采用 UPVC 排水塑料管，水落管的布置间距应按汇水面积计算，一般，*DN*100 的塑料水落管汇水面积不超过 $250m^2$。因考虑风力作用下的侧墙兜水，计算屋面雨水汇水面积时，宜将高层建筑高出群房屋面、窗井及地下车库出入口等处侧墙面积的 1/2 计入下方屋面（地面）雨水汇水面积内。

(2) 天沟外排水系统。由天沟、雨水斗、雨水立管等组成，如图 3-31 所示。天沟外排水由天沟汇集雨水，雨水斗置于天沟内，屋面雨水经天沟、雨水斗和排水立管排至地面或雨水管。天沟布置以伸缩缝、沉降缝、变形缝为分水线，单斗的天沟长度不宜超过 50m，坡度不小于 0.003，天沟一般伸出山墙 0.4m，天沟的最小净宽度 *DN*100 的雨水斗为 300mm、*DN*150 的雨水斗为 350mm。天沟外排水适合工业厂房、多跨度厂房、库房等汇水面积大的建筑屋面的雨水排除。

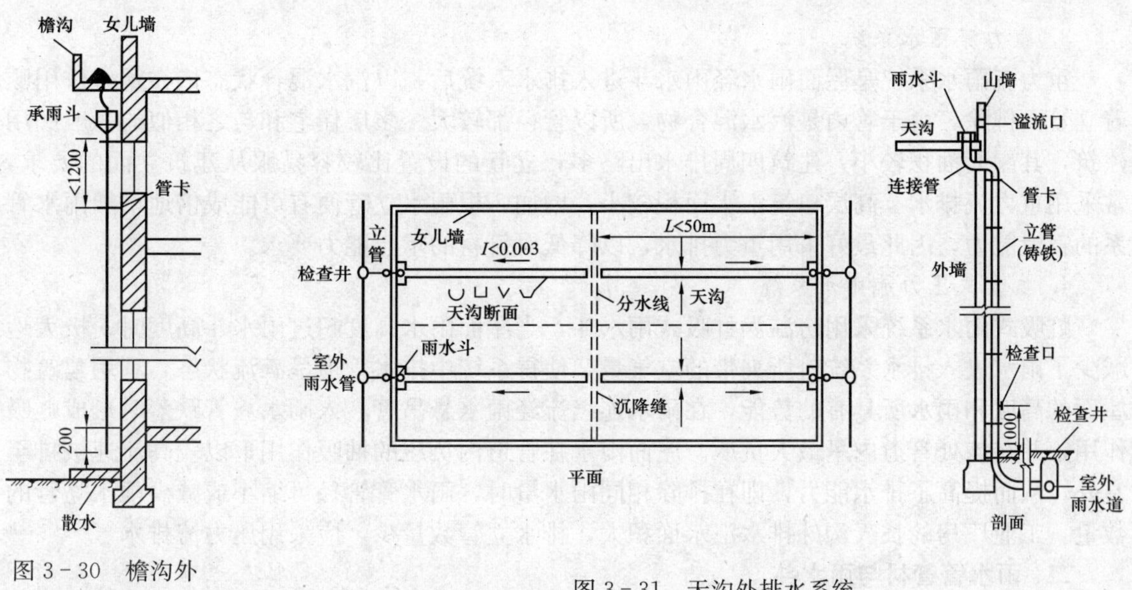

图 3-30 檐沟外排水系统

图 3-31 天沟外排水系统

2. 内排水系统

将雨水管道系统设置在建筑物内部的称为屋面雨水内排水系统，如图 3-32 所示，其由雨水斗、连接管、悬吊管、立管、排出管、检查井等组成。屋面雨水内排水系统用于不宜在室外设置雨水立管的多层、高层民用建筑，大屋面民用和公共建筑，大跨度、多跨工业建筑，按每根雨水立管连接雨水斗的个数，可以分为单斗和多斗雨水排水系统。

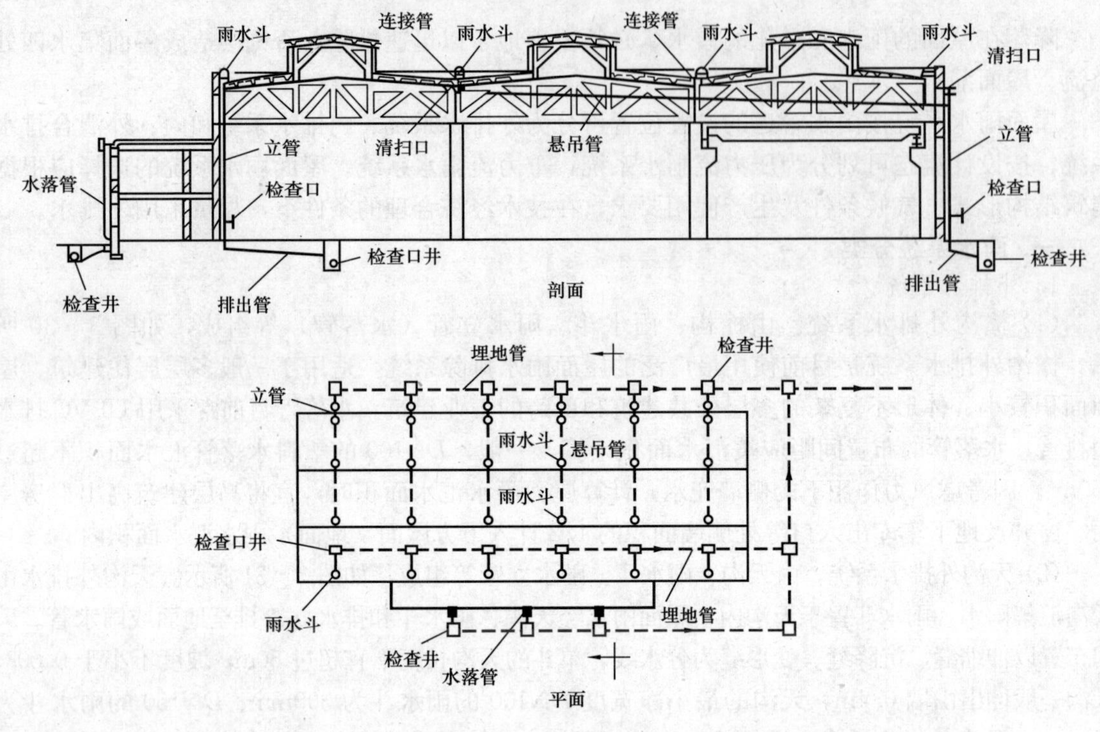

图 3-32　内排水系统

3. 重力流雨水系统

重力流雨水系统是屋面雨水经雨水斗进入排水系统后，以汽水混合状态依靠重力作用顺着立管面排除，由于管内是汽水混合物，所以管径都较大。多层住宅和与之相似的一般民用建筑，其屋面面积较小，建筑四周排水出路多，立管的设置比较容易服从建筑立面的要求，常采用重力流排水。高层建筑汇水面积较小，增加一根雨水立管便有可能成倍地增加雨水管系的宣泄能力，因此最好采用重力排水，以降低对管材的承压能力要求。

4. 虹吸式压力流雨水系统

虹吸式雨水系统采用防漩涡虹吸式雨水斗，当屋面雨水高度超过雨水斗高度时，极大地减少了雨水进入排水系统时所夹带的空气量，使得系统中排水管道呈满流状态，利用建筑物屋面的高度和雨水所具有的势能，在雨水连续流经雨水悬吊管转入雨水立管跌落时形成虹吸作用，并在该处管道内呈最大负压。屋面雨水在管道内负压的抽吸作用下以较高流速被排至室外，从而提高了排水能力，即在排除相同雨水量时，雨水管管径可缩小或减少雨水立管的数量。工业厂房的长天沟外排水汇水面积大，排水立管数量少，应采用压力流排水。

二、雨水管管材与雨水斗

1. 雨水管管材

重力流排水系统的多层建筑宜采用建筑排水塑料管，高层建筑宜采用承压塑料管、金属管，不得采用污、废水系统的排水管材。对于压力流排水系统宜采用内壁较光滑的带内衬的承压排水铸铁管、承压塑料管和钢塑复合管等，管材工作压力应大于建筑物净高度产生的静水压。

2. 雨水斗

雨水斗的作用是迅速地排除屋面雨雪水，减少空气的掺入，并能将粗大杂物拦阻下来。目前，常用的雨水斗为65型、87型雨水斗及平箅式雨水斗和虹吸式雨水斗等。重力流雨水系统采用65型、87型雨水斗及平箅式雨水斗等，压力流雨水系统采用虹吸式雨水斗。雨水斗受日照强烈，材质宜为金属，如图3－33所示。

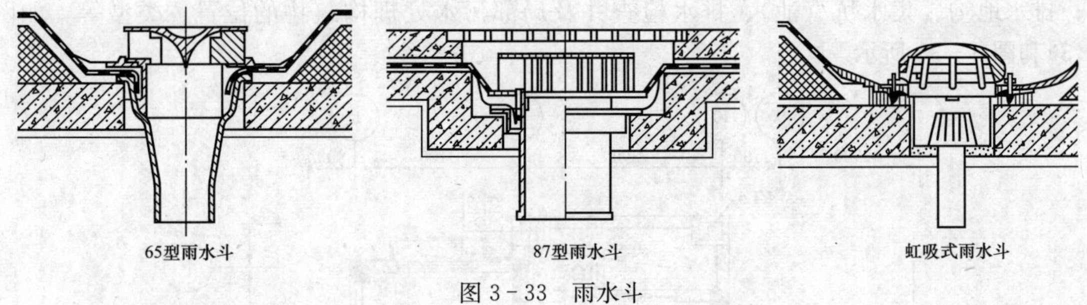

图3－33 雨水斗

三、雨水管道布置要求

(1) 建筑屋面各汇水范围内，雨水排水立管不宜少于两根。

(2) 高层建筑裙房屋面的雨水应单独排放；阳台排水系统应单独设置，不得接入屋面重力流雨水系统或虹吸式雨水系统；阳台雨水立管底部应间接排水。

(3) 屋面排水系统应设置雨水斗。不同设计排水流态、排水特征的屋面雨水排水系统应选用相应的雨水斗；对于屋面雨水管道如按压力流设计时，同一系统的雨水斗宜在同一水平面上。

(4) 屋面雨水排水管的转向处宜做顺水连接，并应根据管道直线长度、工作环境、选用管材等情况设置必要的伸缩装置。

(5) 重力流雨水排水系统中长度大于15m的雨水悬吊管，应设检查口，其间距不宜大于20m，且应布置在便于维修操作处；有埋地排出管的屋面雨水排出管系，立管底部应设清扫口。

(6) 寒冷地区应尽量采用内排水系统；雨水管应牢固地固定在建筑物的承重结构上。

(7) 雨水口及汇水面低于室外雨水检查井地面标高（如汽车坡道上的雨水口）时，收集的雨水应排入室内雨水集水坑（池），采用污水泵压力流系统排出；不得以重力流直接排入室外雨水检查井。雨水检查井的最大间距可按表3－8确定。

表3－8　　雨水检查井的最大间距

管径（mm）	最大间距（m）	管径（mm）	最大间距（m）
150（160）	20	400（400）	40
200～300（200～315）	30	≥500	50

第七节 排水施工图的识读

一、排水管道施工图的构成

在排水施工图中，主要涉及排水系统设计施工内容如下：

1. 排水工程设计、施工说明

排水工程设计、施工说明主要内容包括排水量、排水方式；排水采用的管材及连接方式，排水系统的防腐做法，灌水、通水、通球试验要求；卫生器具安装时标准图集的采用及图纸上未表示的其他施工要求等。

2. 排水平面图

排水平面图主要内容包括建筑轴线、建筑平面的功能；卫生器具的平面位置、类型；排水立管和排水系统的编号；排出管的平面位置、标高；排水横干管、横支管的平面走向、位置；排水地沟、集水坑（池）、排水检查井及局部污水处理构筑物的位置、类型等。如图3－34和图3－35所示。

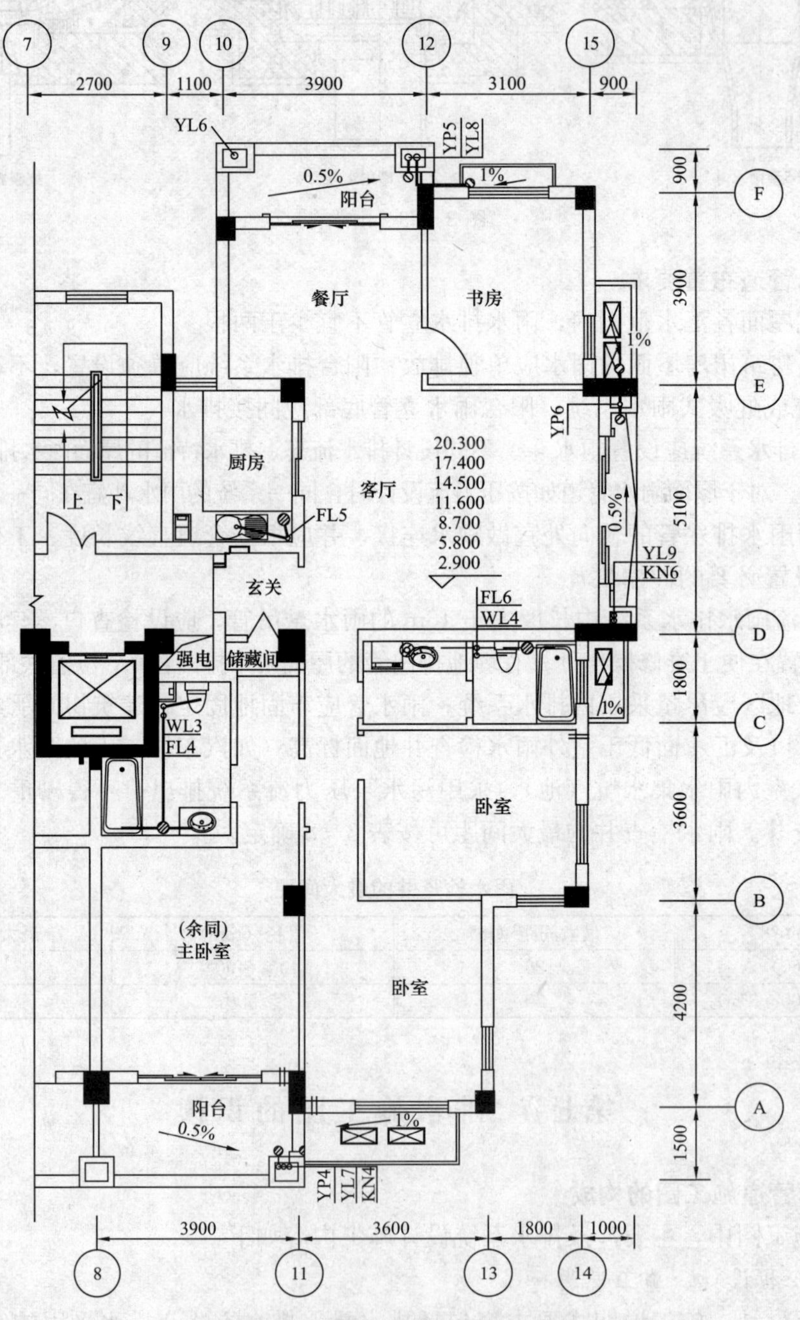

图3－34 某住宅标准层排水平面

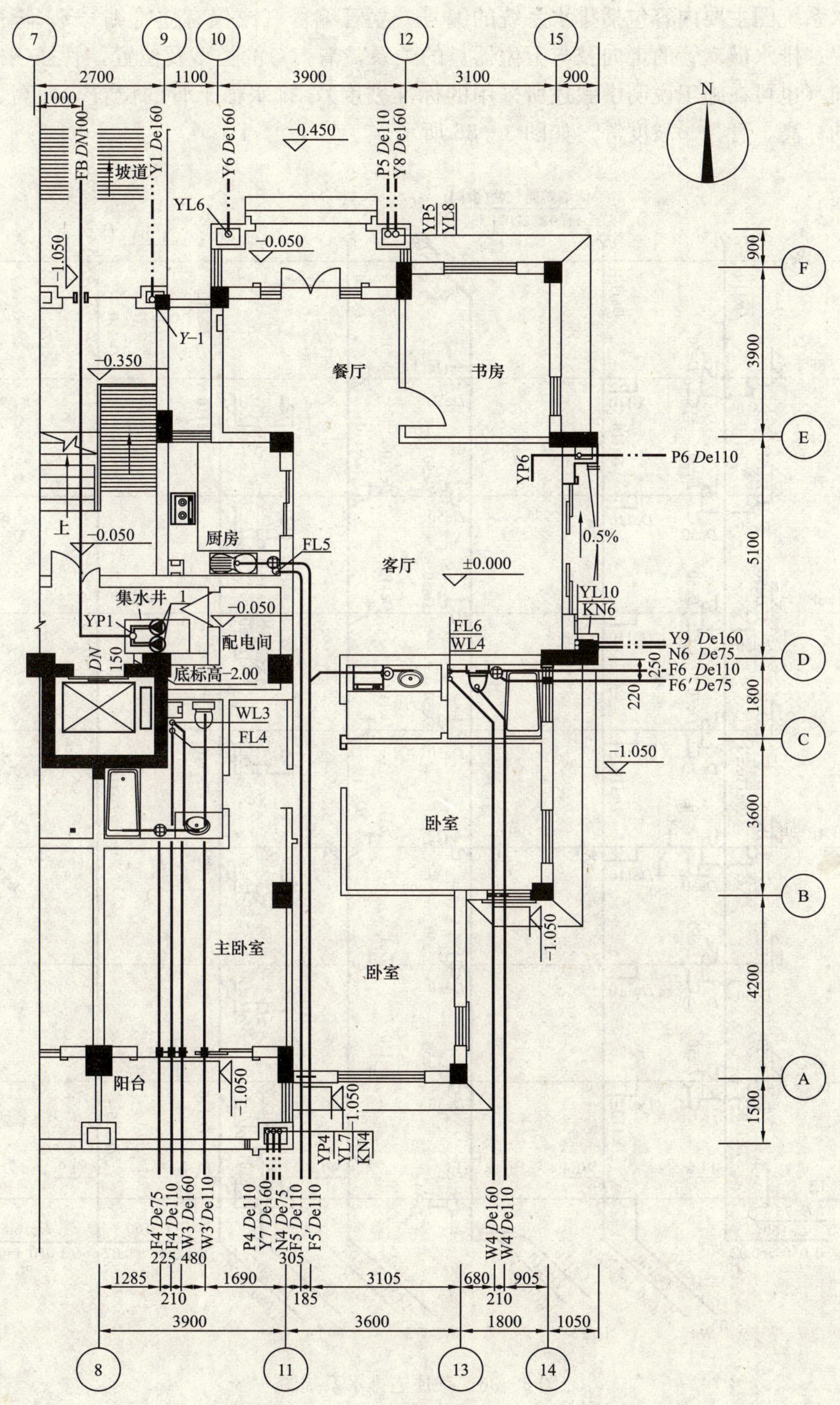

图 3-35 某住宅底层排水平面

3. 排水系统图

排水系统图主要内容包括排水系统的编号、立管编号（或仅有立管编号）、管径和核查口的位置；排水横支管的走向及与卫生器具的关系，清扫口的类型及位置，管径、标高以及坡度坡向（也可在施工说明中叙述所采用的标准坡度）；排水横干管的位置、标高、坡向及排出管的标高、管径、坡度等。如图 3－36 所示。

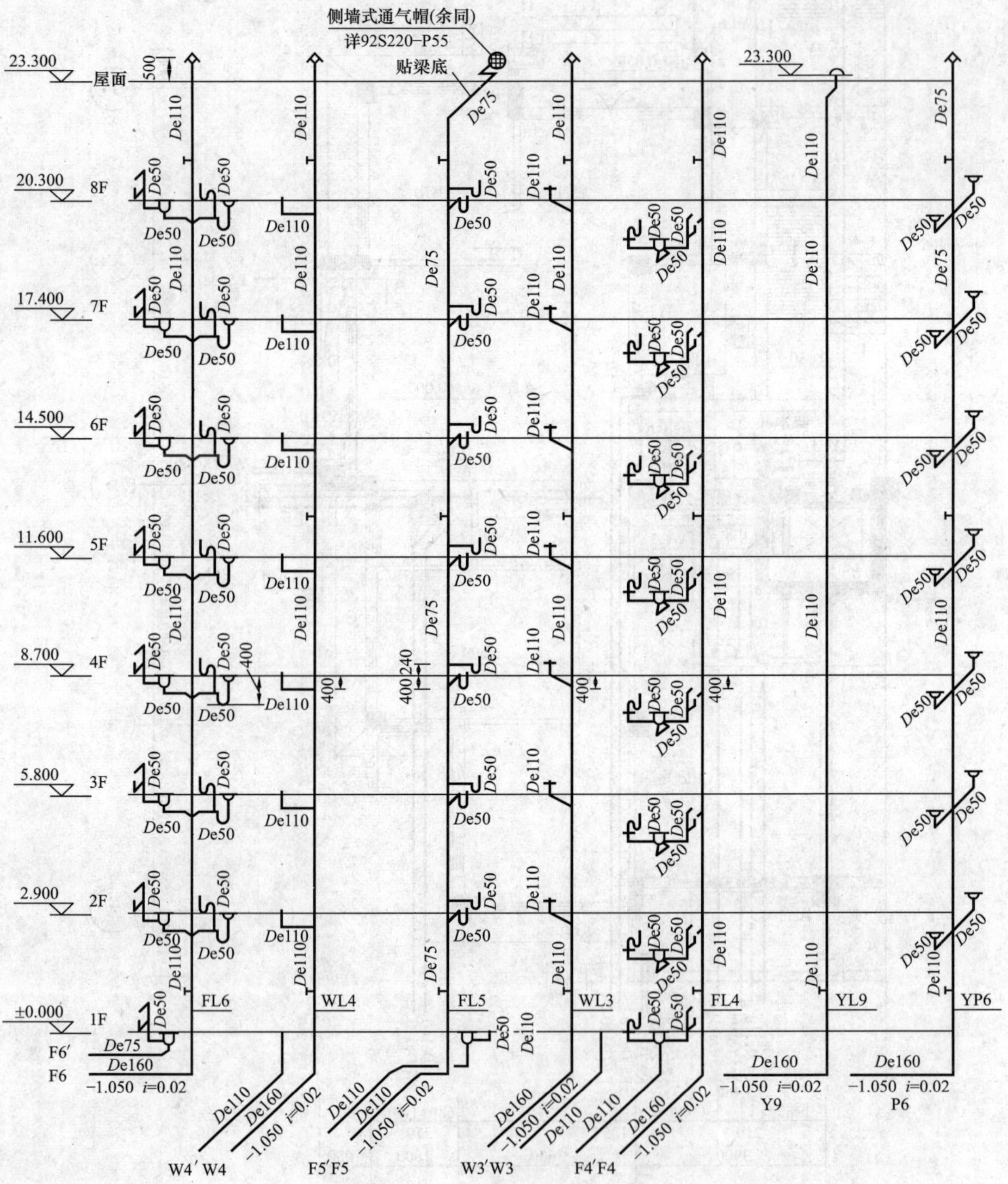

图 3－36 某住宅排水系统图

4. 室内排水详图与大样图

对于排水工程中设备多、管线较复杂、不标准的局部排水处理构筑物及污水提升设施等的关键部位，当采用比例较小的平面图、系统图无法表达清楚时，则在排水施工图中以详图或大样图的形式表达。图 3-37 所示为某公共卫生间排水详图，图 3-38 和图 3-39 所示为某污水提升设施的大样平面图和剖面图。住宅标准的卫生间管线的布置安装、标准的局部排水构筑物、地漏、雨水斗布置安装一般可采用国家或地区的标准图集。

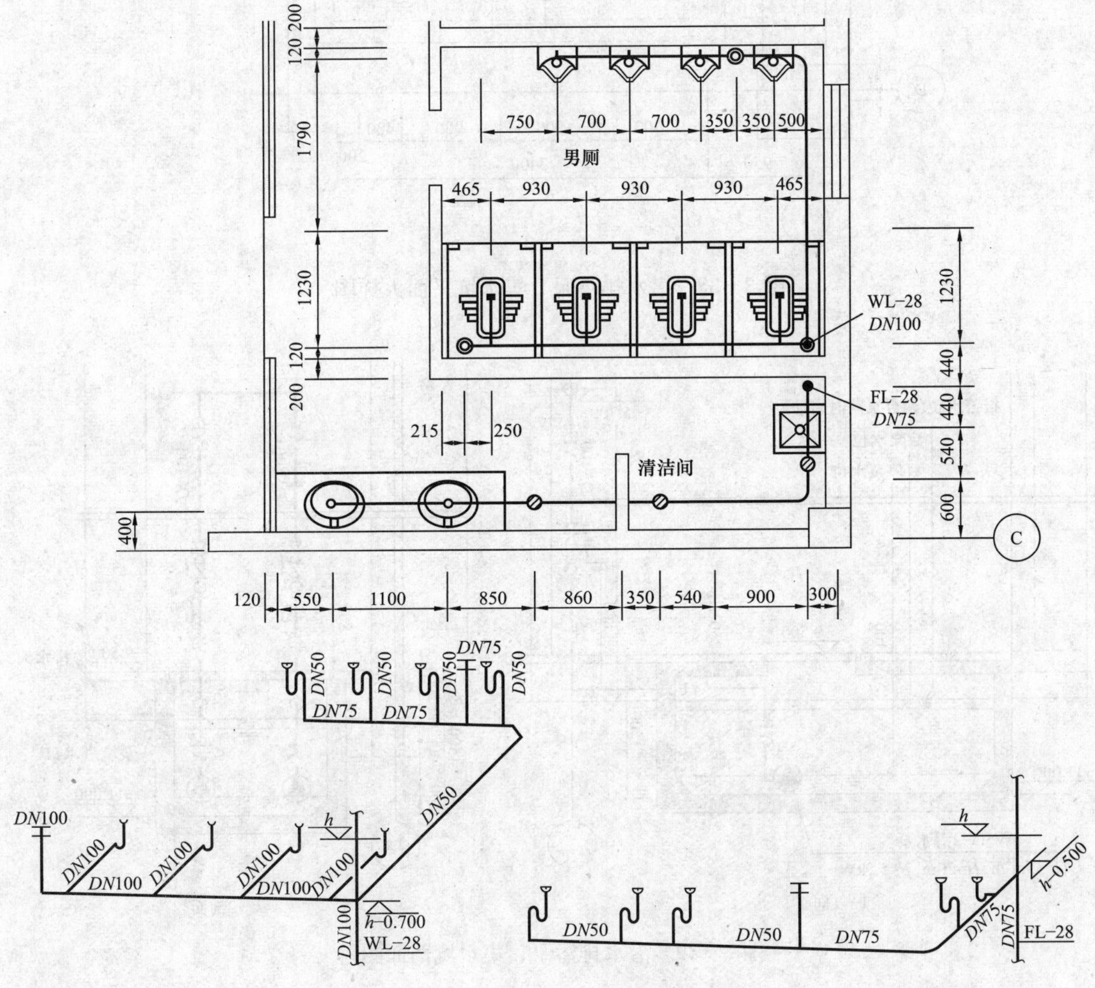

图 3-37 某公共卫生间排水详图

5. 排水展开系统原理图

排水展开系统原理图一般可以不按比例绘制，主要用于反映排水管道系统的整体概念及管道的来龙去脉、设备的安装楼层，以方便与平面图对照识读。展开系统原理图中标明立管和横管的管径，立管的编号，楼层的标高、层数，各系统编号，原理图上如每层（或几层）卫生器具及排水点的连接情况完全相同时，往往绘制一个代表楼层的接管图，其他各层注明同该层。当排水施工图使用展开系统原理图表示系统的整体概念时，在系统详图中应标注管

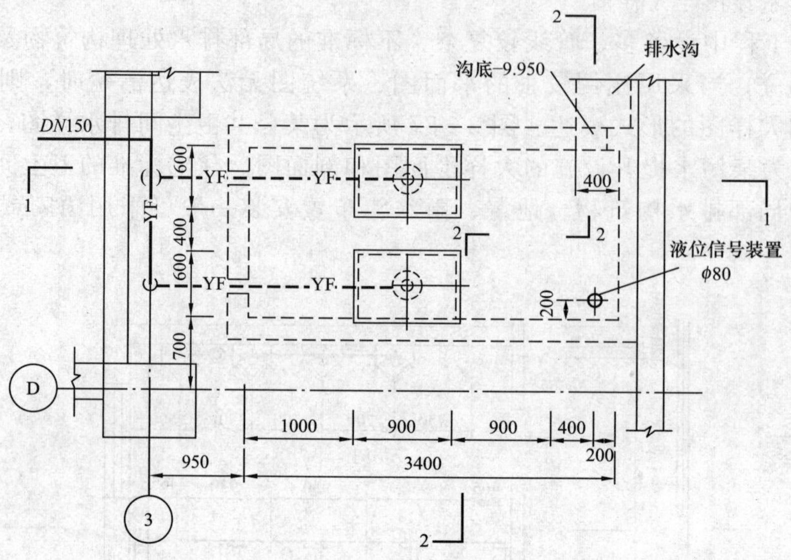

图 3－38　潜水排污泵、集水坑平面大样图

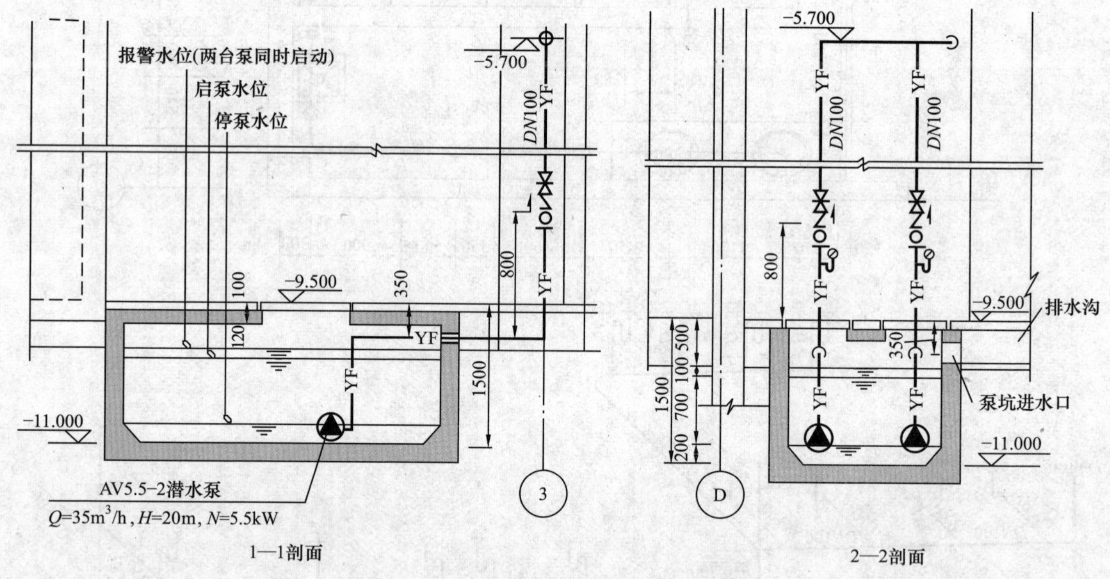

图 3－39　潜水排污泵、集水坑剖面图

道的管径、标高。图 3－40 和图 3－41 所示为某住宅卫生间、厨房污水排水展开系统原理图。

二、排水施工图识读

（1）识读排水施工图时，首先应对照图纸目录，确认成套图纸是否完整，图名与图纸目录是否吻合。

（2）识读设计施工说明，应了解本工程排水设计内容，施工使用的规范和标准图集；掌握本工程使用的排水管材、附件、卫生器具、设备的类型和技术参数，作为施工、管理、材料采购、工程预决算的依据和工程质量检查的依据。

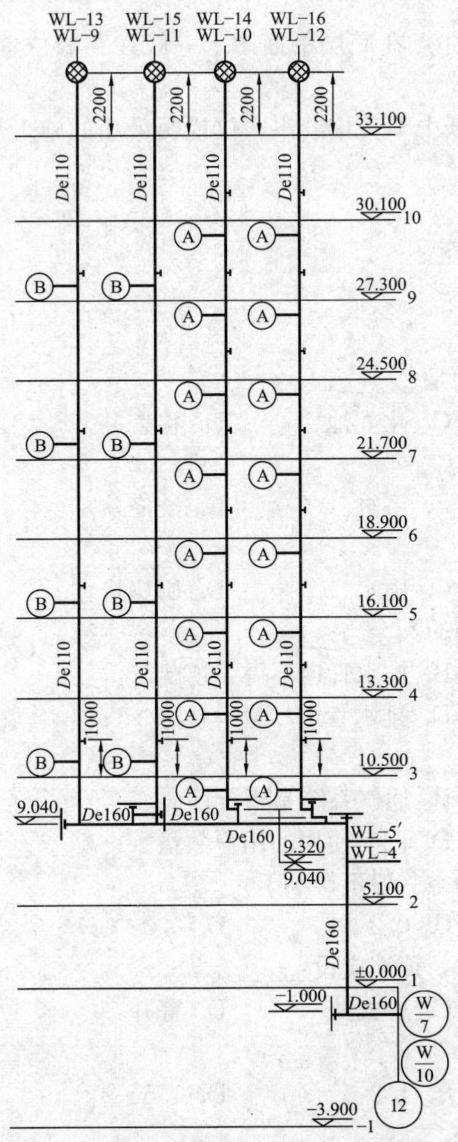

图 3-40　污水排水展开系统原理图

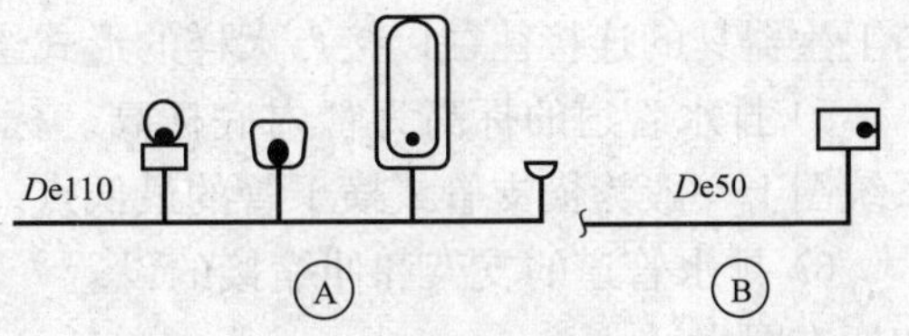

图 3-41 污水排水展开系统原理图接点

(3) 识读排水平面图，应了解建筑对排水工程的要求；注意管道系统与房屋建筑的各种相互关系，如管线在建筑物内的平面位置，管线穿墙、楼板、基础、屋面时与土建的相互要求，防水套管的形式等；确认管线的敷设方法，如地沟敷设、吊顶内敷设、管井敷设、隐蔽敷设等对土建的要求；卫生器具的定位尺寸、排水立管位置、编号，排水系统的编号及与建筑小区或设置排水管网的连接形式、管径、坡度等。

(4) 识读排水系统轴测图和展开系统原理图，应与平面图对照读图，建立全面、完整的排水系统形象。从系统图或展开系统原理图中掌握管道系统的来龙去脉，如按水流方向的流程为：卫生器具排水管→排水横支管→排水立管→排水横干管→排出管→室外排水管网；了解管道设置标高，管径和卫生器具的排水形式（是否同层排水），立管上排水附件的设置位置，排水横管的标高。对某些污水提升设备和卫生器具的安装还需对照国家相关的标准图集；了解施工图中，排水系统附件使用的图例符号，掌握它们的类型、规格，设置位置等。

(5) 识读排水施工图应注意专业图纸的绘图习惯。

1) 在排水工程中，常将安装在下层空间而为本层使用的管道绘制在本层平面上（如在下层的排水横支管）。看不见的管道（穿墙、埋地管道等）不用虚线，采用原有管线图例的画法。

2) 除原理图外，图纸基本按比例绘制，但局部管道不按比例，如立管、沿墙布置水平管道与墙面的距离及与给水管道平行的距离等。

3) 在系统图中管道与卫生器具的连接只画存水弯或器具排水管，不绘制卫生器具；在原理图中画到卫生器具，但不绘制存水弯等。当卫生器具布置每层相同时，往往只绘制一层，其余楼层只注明与某层相同即可。

4) 展开系统原理图中，排水立管与横支管的连接以接点编号注明，各编号排水横支管与卫生器具的连接往往以接点大样的形式绘出。

5）排水管道的标高为管内底标高。标高的标注点在底层平面图上一般在穿墙位置处，系统图上一般为横支管或横干管的最低点。

6）排水管道的支架和伸缩接的设置一般在图纸中不直接绘出，仅说明采用的施工规范和标准图集。

习　　题

一、单选题

1. 分流制住宅生活排水系统的局部处理构筑物是______。
   A. 隔油池　B. 沉淀池　C. 化粪池　D. 检查井
2. 自带存水弯的卫生器具有______。
   A. 污水盆　B. 坐式大便器　C. 浴缸　D. 洗涤盆
3. 下面哪一类水不属于生活污水______。
   A. 洗衣排水　B. 大便器排水　C. 雨水　D. 厨房排水
4. 对排水管道布置的描述，______条是不正确的？
   A. 排水管道布置长度力求最短　B. 排水管道不得穿越橱窗
   C. 排水管道可穿越沉降缝　D. 排水管道尽量少转弯
5. 高层建筑排水系统的好坏很大程度上取决于______。
   A. 排水管径是否足够　B. 通气系统是否合理
   C. 是否进行竖向分区　D. 同时使用的用户数量
6. 排出管穿越承重墙应预留洞口，管顶上部净空一般不得小于______ m。
   A. 0.15　B. 0.1　C. 0.2　D. 0.3
7. 当横支管悬吊在楼板下，接有 4 个大便器时，顶端应设______。
   A. 清扫口　B. 检查口　C. 检查井　D. 窨井
8. 检查口中心距地板面的高度一般为______ m。
   A. 0.8　B. 1.0　C. 1.2　D. 1.5
9. 不上人屋面伸顶通气管应高出屋面______ m。
   A. 0.3　B. 0.5　C. 0.7　D. 2.0
10. 设置排水管道最小流速的原因是______。
   A. 减少管道磨损　B. 防止管中杂质沉淀到管底
   C. 保证管道最大充满度　D. 防止污水停留

二、多项选择题

1. 同层排水的优点是________。
   A. 减少卫生间楼面留洞　B. 安装在楼板下的横支管维修方便
   C. 排水噪声小　D. 卫生间楼面不需下沉
2. 以下器具排水管管径正确的有________。
   A. 洗脸盆 $DN40$　B. 浴盆 $DN40$
   C. 大便器 $DN100$　D. 单个小便器 $DN32$

3. 建筑物内排水管道布置符合要求的是________。

A. 排水管布置在食堂备餐台上方

B. 排水管道不穿橱窗

C. 排水管道布置在配电柜上方

D. 塑料排水管表面受热温度大于60℃，采取隔热措施

4. 污水排水检查井上、下游管道室外衔接采用________。

A. 管顶平接　　B. 水面平接

C. 管底平接　　D. 管中心平接

5. 排水通气管的类型有________。

A. 伸顶通气管　　B. 主通气立管

C. 器具通气管　　D. 环形通气管

E. 通气帽

三、问答题

1. 通气管的作用是什么？有哪些形式的通气管，它们分别用在什么场合？

2. 为什么采用同层排水？

3. 雨水排放系统有哪些？各有什么特点？

第四章　供　　暖

第一节　供暖系统及分类

冬季室外温度低于室内温度，因而房间里的热量不断传到室外，室内温度随着室外气温的降低而降低，这将影响室内人员的舒适性。为使室内保持所需要的温度，必须对室内损失的热量进行补充。向室内供给热量的系统即供暖系统。供暖系统过去仅在长江以北的地区有所应用。随着人们生活水平的提高，供暖系统凭借其优于空调系统的舒适性，近年已经逐渐推广到长江中下游地区。在以东北三省为代表的北方地区，供暖在普通居民生活中必不可少。在长江中下游地区，目前供暖系统尚属较高生活水平居民的新鲜事物。

一个完整的供暖系统一般由热源、管道和散热设备组成。一般，将热源和散热设备都在一个房间内的供暖系统称为局部供暖系统，如家用电热红外取暖器等。热源与供暖房间分离，一个热源可以为多个房间甚至一幢大楼供热的供暖系统则称为集中供暖系统。

集中供暖系统需要通过热媒将热量从热源输送到散热器。按所用的热媒不同，集中供暖系统可分为热水供暖系统、蒸汽供暖系统和热风供暖系统三种。

蒸汽供暖系统利用蒸汽为热媒。蒸汽在散热器中放出热量变为凝结水后返回热源，在热源中（一般为锅炉）再次被加热成蒸汽，如此循环供暖。蒸汽温度高，散热器工作时易产生气味，且易烫伤人。此外，蒸汽在管道流动过程中易出现"跑、冒、漏、滴"现象，因而在民用建筑中基本不使用，只有在工矿企业中有少量应用。

热风供暖系统利用蒸汽或热水通过加热设备加热空气，再将空气送入室内进行供暖，其使用原理与通风系统较接近，且也只有在工矿企业中少量应用。

本书对蒸汽供暖系统和热风供暖系统不再做单独介绍，仅对应用广泛的热水供暖系统进行详细介绍。

热水供暖系统以热水为热媒。水经过热源加热后通过管道输送到各供暖房间的散热器中，放出热量后经管道流回热源再次加热。系统中的水一般通过水泵提供循环动力，称为机械循环热水供暖系统。当系统很小时，也可不用水泵，仅依靠供回水的密度差形成的压头使水在系统中循环，称为自然循环热水供暖系统。自然循环热水供暖系统作用动力很小，因此应用很少。

热水供暖系统按水温可分为高温热水（水温高于100℃）和低温热水供暖系统（水温低于100℃）两大类。一般，供暖系统均为低温热水供暖系统。

按散热设备的形式，热水供暖系统可分为散热器供暖与低温热水地面辐射供暖两大类。一般未经特别说明，热水供暖系统均指采用散热器供暖的系统，是我国传统的供暖系统形式。低温热水地面辐射供暖系统（供水温度低于60℃）于20世纪90年代末开始在我国东北推广，并得到迅速普及，目前已成为我国北方新建住宅供暖系统的主流供暖形式，并已在长江中下游地区如上海等地得到一定应用。

第二节　机械循环热水供暖系统及识图

机械循环热水供暖系统在我国有数十年的应用历史，设计供、回水温度多采用95℃/70℃(也有采用85℃/60℃)。

机械循环热水供暖系统设置了循环水泵，靠水泵的机械能，使水在系统中强制循环。机械循环热水供暖系统不仅可用于单幢建筑物中，也可用于多幢建筑物，甚至可发展为区域热水供暖系统。

一、机械循环热水供暖系统的工作原理及形式

图4-1所示为机械循环热水供暖系统的工作原理。水在锅炉中被加热后，经过供水管道进入散热器散热，然后经回水管道，再通过水泵加压送入锅炉，由此完成一个供暖循环。热水始终在管道和设备等封闭系统中流动，因此机械循环热水供暖系统是一个闭式系统。由于热水被加热后体积会膨胀，在封闭系统中会引起压力上升，导致设备甚至管道的损坏，因此闭式系统需要设置膨胀水箱来容纳水受热膨胀后多余的容积。

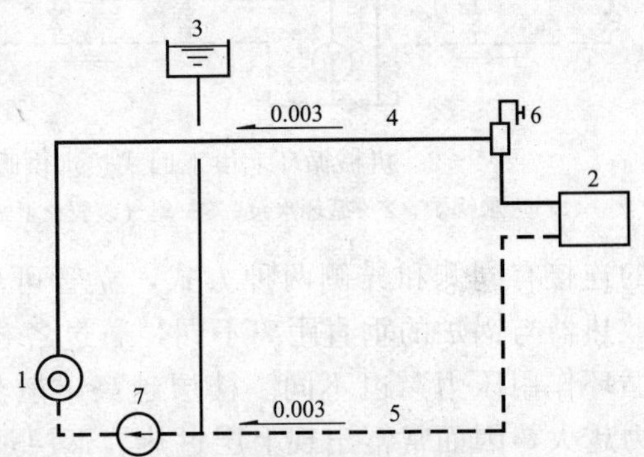

图4-1　机械循环热水供暖系统的工作原理
1—热水锅炉；2—散热器；3—膨胀水箱；
4—供水干管；5—回水干管；
6—集气罐；7—水泵

机械循环膨胀水箱连接在回水干管水泵吸水口一侧。膨胀水箱及膨胀管中的水不参与循环，因此膨胀管与回水管连接点处的水压保持恒定，与水泵是否运转无关。该连接点也称定压点。膨胀水箱的安装高度高于系统任一点，这种连接方式就可以保证系统无论在运行或停止时，系统内任一点的压力都超过大气压力，从而保证系统内不会出现负压，避免热水汽化或吸入空气等现象的出现。由此可见，膨胀水箱在机械循环热水供暖系统中不仅承担容纳水受热膨胀多余的容积，而且还起到定压，保证系统内任一点的不出现负压的作用。

循环水泵一般设在锅炉进口前的回水总管上，这样可使水泵处于系统水温较低的条件下更可靠地工作，同时能够使顶层水系统压力提高，使系统不出现负压。

要保证热水供暖系统的正常工作，系统里各部位不允许有空气存在。一旦管路里存留了空气，就会把这段管道的流通断面堵塞，严重时可能形成气塞使水停止流动。因此，热水供暖系统中，排除空气对保证系统正常运行是十分重要的。机械循环热水供暖系统需要通过专用的排气装置（如集气罐）排气。排气装置一般设在系统最高点。为利于排气，供水水平干管一般沿水流方向有上升的坡度（抬头走），使气泡随水流方向流动汇集到系统的最高点。供水及回水干管的坡度，宜采用0.003，不得小于0.002。回水干管的坡向应使系统水能顺利排出。

按供、回水干管布置位置的不同，机械循环热水供暖系统常见的形式有上供下回式双管和单管热水供暖系统及下供下回式双管热水供暖系统等。按供回水干管为立管还是横管，机械循环热水供暖系统又可分为垂直式和水平式。一般系统未特别指明的系统均为

垂直式。

1. 机械循环上供下回式热水供暖系统

上供下回式管道布置合理，是最常用的一种布置形式，如图 4-2 所示。为便于对比区分，图中集中绘出了单管和双管各种形式。图左侧为双管式系统，有两根立管，上下层散热器并联连接。图右侧为单管式系统，上下层散热器串联连接。

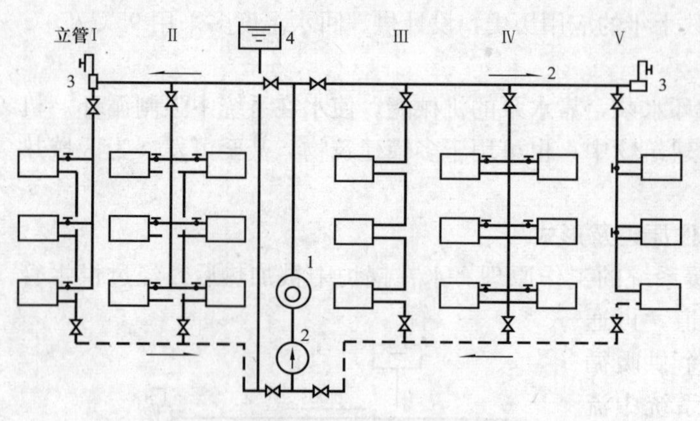

图 4-2 机械循环上供下回式热水供暖系统

1—热水锅炉；2—循环水泵；3—集气装置；4—膨胀水箱

图 4-2 左侧立管Ⅰ、Ⅱ为双管系统，各层散热器通过支管并联在立管上，如不考虑水管的冷却作用，则进入各层散热器的水温相同。一般供水立管上端、回水立管下端应设阀门，供水支管设阀门，以利于调节和维修。支管与散热器的连接有同侧和异侧两种方式，立管可单面连接散热器，也可两面连接散热器。因各层散热器与锅炉的垂直距离不同，通过各楼层散热器环路的由冷热水密度差引起的“附加循环作用压力”也不同。楼层越高，散热器与锅炉的垂直距离越大，则附加循环作用压力越大，因而常常出现上层过热、下层过冷的现象，这称为“垂直失调”现象。该系统多用于低层建筑。

图 4-2 右侧立管Ⅲ是单管顺流式系统，特点是立管中全部的水顺次流过各层散热器。顺流式系统形式简单、施工方便、造价低，在我国北方住宅建筑中广泛应用。它最大的缺点是不能进行局部调节。

图 4-2 右侧立管Ⅳ是单管跨越式系统。立管的一部分水量流进散热器，另一部分立管水量通过跨越管与散热器流出的回水混合后再流入下层散热器。与顺流式相比，该系统的散热器面积比顺流式系统大一些，同时在散热器支管上安装了阀门，使系统造价增高，因此只用于房间温度要求较严格，需要进行局部调节散热器散热量的建筑上。

在高层建筑（通常超过六层）中，也可采用跨越式与顺流式相结合的系统形式——上部几层采用跨越式，下部采用顺流式（如图 4-2 右侧立管Ⅴ所示）。通过调节设置在上层跨越管段上阀门开启度，在系统试运转和运行时，调节进入上层散热器的流量，可适当减轻供暖系统中经常会出现的上热下冷的现象。

对一些室温要求较高的建筑（如高级旅馆等），可在双管系统散热器支管上设置温控阀，根据设定的室温自动调节散热器的供水量。

2. 机械循环下供下回式双管系统

该系统的供水和回水干管都敷设在底层散热器下面。在设有地下室的建筑物，或在平屋顶建筑顶棚下难以布置供水干管的场合，常采用下供下回式系统，如图 4-3 所示。

与上供下回式系统相比，它有如下特点：

(1) 在地下室布置的供水干管，管路直接散热给地下室，无效热损失小。

(2) 在施工中，每安装好一层散热器即可开始供暖，给冬季施工带来很大方便。

(3) 排除系统中空气较困难。

下供下回式系统排除空气的方法主要有两种：通过顶层的散热器的冷风阀手动分散排气（图4-3左侧），或通过专设的空气管手动或自动集中排气（图4-3右侧）。从散热器和立管排出的空气，沿空气管送到集气装置，定期排出系统。集气装置的连接位置应比水平空气管低，以防止立管水通过空气管串流。通过专设空气管集中排气的方法，通常只用于作用半径小或系统压降小的热水供暖系统中。

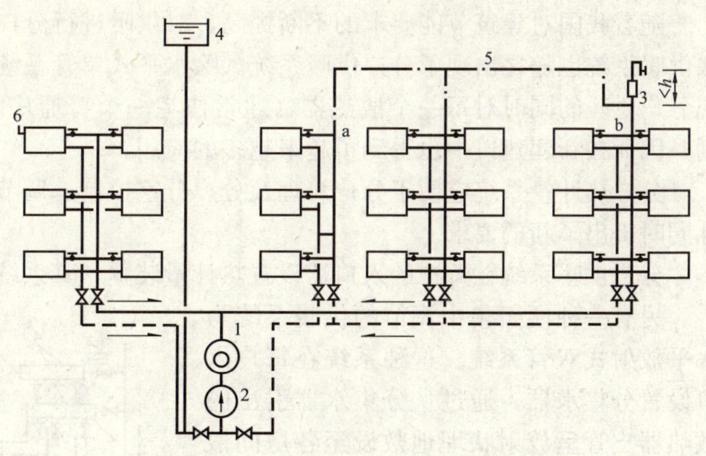

图4-3 机械循环下供下回式系统

1—热水锅炉；2—循环水泵；3—集气罐；4—膨胀水箱；5—空气管；6—冷风阀

3. 水平式单管系统

水平式系统多为单管，在系统较小时也有采用双管的形式（如分户供暖系统），按供水管与散热器的连接方式可分为顺流式（如图4-4所示）和跨越式（如图4-5所示）两类。

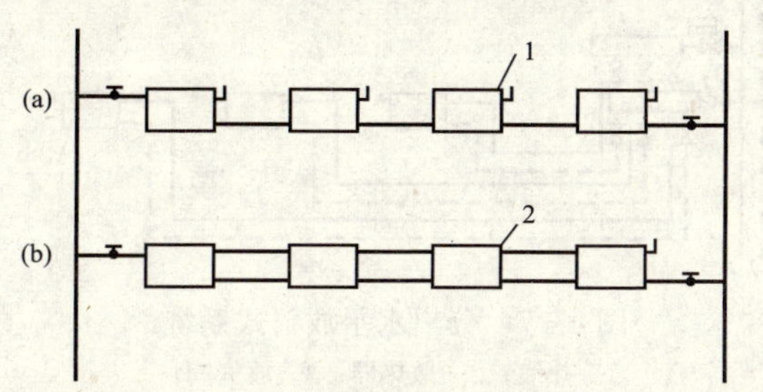

图4-4 单管水平串联式

1—冷风阀；2—空气管

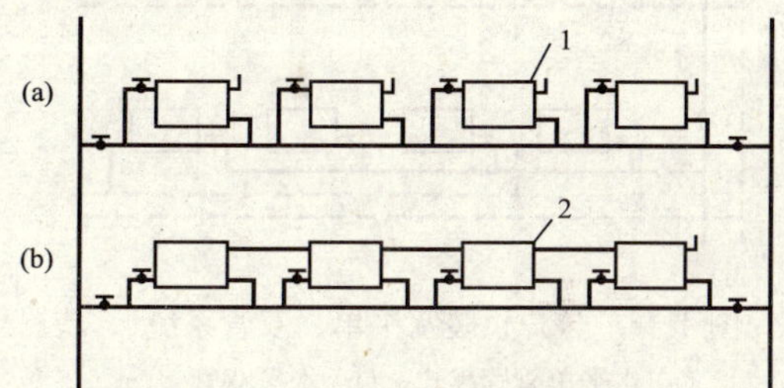

图4-5 单管水平跨越式

1—冷风阀；2—空气管

水平式系统的排气方式要比垂直式上供下回系统复杂些。它需要在散热器上设置冷风阀分散排气［见图4-4（a）和图4-5（a）］，或在同一层散热器上部串联一根空气管集中排气［见图4-4（b）和图4-5（b）］。对较小的系统，可用分散排气方式；对散热器较多的系统，宜用集中排气方式。

水平式系统与垂直式系统相比，具有如下优点：

(1) 系统的总造价一般要比垂直式系统低。

(2) 管路简单，无穿过各层楼板的立管，施工方便。

(3) 有可能利用最高层的辅助空间（如楼梯间、厕所等），架设膨胀水箱，不必在顶棚上专设安装膨胀水箱的房间。这样不仅降低了建筑造价，而且不影响建筑物外形美观。

(4) 易于实现分户供暖。

水平式系统也是在国内应用较多的一种形式。但单管水平式系统串联散热器很多时，易出现水平失调，即前端过热而末端过冷的现象。

4. 分户供暖水平式系统

随着我国对建筑节能要求的不断提高，对供暖进行分户热计量的要求被写进了规范，热水供暖系统也随之出现了分户供暖系统。除水平式单管系统外，水平式双管系统由于可在实现分户供暖的同时对每一个散热器（通常住宅一个普通房间只有 1 个散热器）进行调节控制，因而在新建建筑中也得到了越来越多的应用。

分户热计量系统应便于分户管理及分户分室控制、调节供热量，这对建筑结构和供暖设计同时提出了新的要求。

分户供暖系统在每户的入口需设置热计量装置，其系统常见形式如图 4－6 所示。

另有一种便于集中调节的供暖系统为水平放射式双管系统。这种系统在每户入口设置分集水器，通过从分集水器引出的散热器支管呈放射状埋地敷设至各房间散热器。散热器的调节集中在分集水器上，如图 4－7 所示。

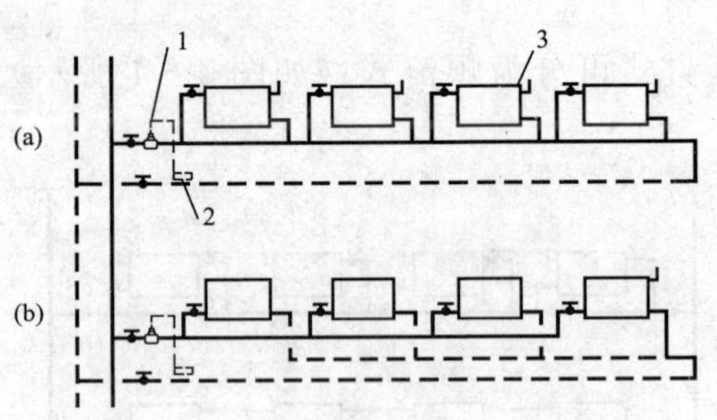

图 4－6　分户供暖水平单、双管系统

(a) 水平单管跨越式；(b) 水平双管

1—热表；2—热表回水温度传感器；3—放气阀

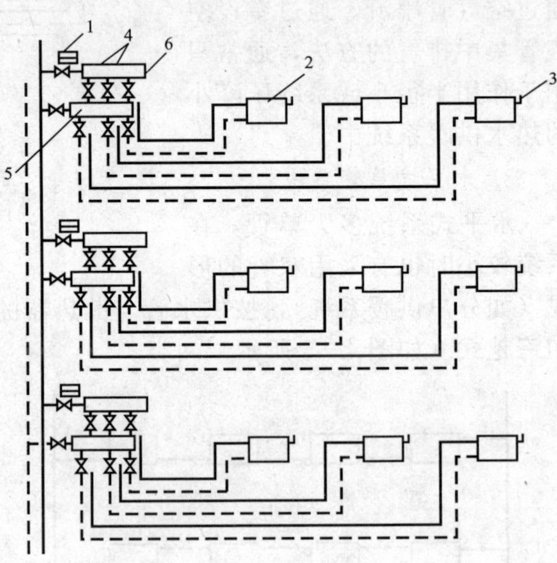

图 4－7　分户水平放射式系统

1—热表；2—散热器；3—放气阀；

4—分水器；5—集水器；6—调节阀

图 4－6 和图 4－7 所示的系统中，每组散热器的入口支管上应设置温控阀以控制室内温度，防止室内过热导致能量浪费。

二、散热设备及辅助设备

1. 散热器

散热器按制造材质可分为铸铁、钢制和其他材质（铝、塑料、混凝土等）散热器；按结构形状分为管形、翼形、柱形、平板形散热器等；按传热方式分为对流型（对流换热占 60％以上）和辐射型散热器（辐射换热占 60％以上）。

(1) 铸铁散热器。铸铁散热器过去被广泛应用。因为它具有结构比较简单、防腐性好、使用寿命长及热稳定性好的优点；但它的突出缺点是金属耗量大，制造安装和运输劳动繁重，生产铸造过程对周围环境污染。此外，该散热器外形不如钢制散热器美观。我国应用较多的铸铁散热器有翼形散热器和柱形散热器。

柱形散热器是呈柱状的单片散热器。根据散热面积的需要，可把各个单片组对在一起形成一组。我国目前常用的柱形散热器有四柱和二柱 M－132 型两种［如图 4－8 (a)、(b) 所示］。

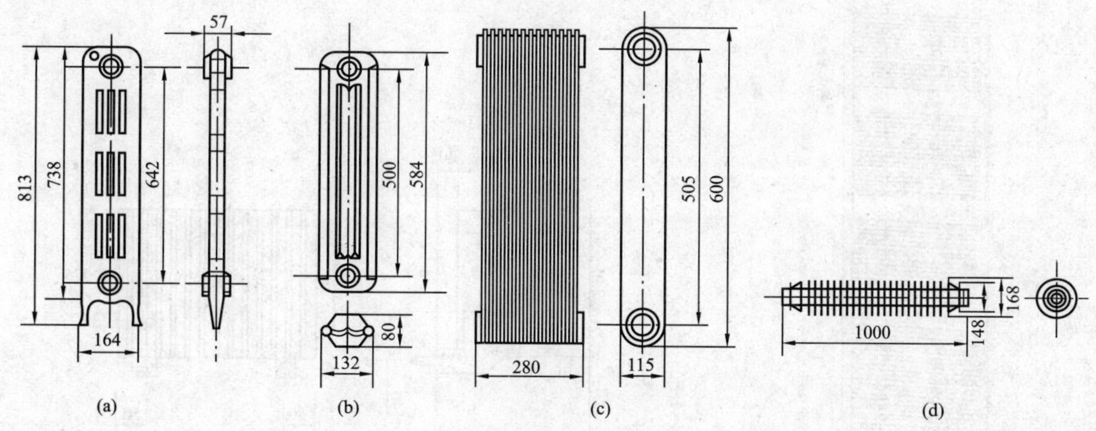

图 4-8　铸铁散热器

(a) 四柱形散热器；(b) M-132 二柱形散热器；(c) 长翼形散热器；(d) 圆翼形散热器

柱形散热器与翼形散热器相比，传热系数高，外观美观，易清除积灰，容易组成需要的散热面积，被广泛应用于住宅和公共建筑中，其主要缺点是制造工艺复杂。

翼形散热器分为圆翼形和长翼形两种［如图 4-8（c）、（d）所示］。长翼形散热器外表面具有许多竖向肋片，外壳内部为一扁盒状空间。

翼形散热器的主要优点是制造工艺简单，耐腐蚀，造价较低。它的主要缺点是承压能力较低，易积灰，不易清扫，外形不美观。此外，这种散热器每片（每根）散热面积大，设计选用时不易恰好组成所需要的面积，往往会造成散热面积过大的弊端。

(2) 钢制散热器。随着人们对生活环境美观要求的提高，钢制散热器得到了越来越多的应用。钢制散热器与铸铁散热器相比，金属耗量少，耐压强度高，外形美观整洁，布置上较易适应不同要求的场合。钢制散热器的主要缺点是容易腐蚀，使用寿命比铸铁散热器短。目前，我国生产的钢制散热器主要有光面管（排管）散热器、闭式钢串片对流散热器、板式散热器、钢制柱式散热器等。

近年来，钢制散热器发展迅速，出现了多种新型结构，同时更加注重外形的美观。各种不同类型的散热器互相吸取优点进行了改进，如有的散热器在柱形散热器的基础上增设斜鳍片，提高了换热能力，有的板式散热器背后设置了钢串片。总体而言，钢制散热器正向着美观、减小占地、增大单位体积换热能力的方向发展。

光面管（排管）散热器用钢管焊接制成，是一种最简易的散热器，由于钢管外表面没有翼片或翅片增加散热面积，因此散热能力较差，过去只在工厂里使用。但随着生活水平的提高，人民对于散热器美观程度也有了一定的要求，如近年有一种做成毛巾架、楼梯扶手等形状、外涂彩色油漆的光面管散热器，这种散热器能和室内装潢理想配合，因而得到了广泛的应用，如图 4-9 所示。

闭式钢串片对流散热器是由钢串片上冲孔后直接套在钢管上。由于钢串片表面积大而厚度薄，因而散热面积非常大。每个串片两端折边 90°形成封闭形，这样就形成了许多封闭的垂直空气通道，造成烟囱效应，从而增强了对流放热能力。闭式钢串片的外形如图 4-10 所示。

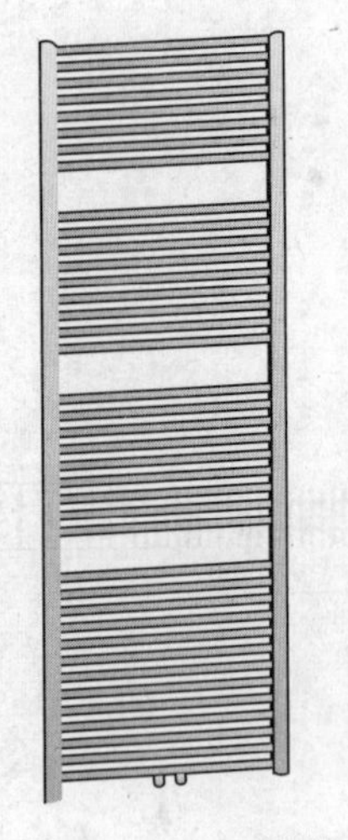

图 4 - 9　毛巾架散热器

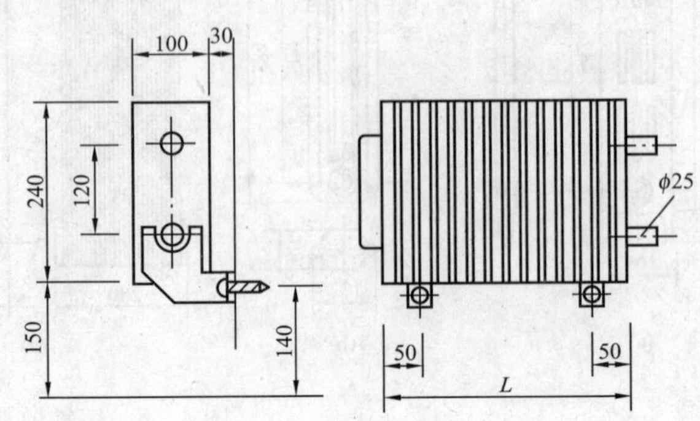

图 4 - 10　闭式钢串片对流散热器

闭式钢串片散热器体积小、重量轻、承压高，但使用时间过长有时会出现串片与钢管的套接处接触不良的现象，从而影响散热器的传热效果。

板式散热器的特点是，正面为光滑平面或带凹凸槽的平面，由于外形美观，因而得到了越来越多的应用。板式散热器种类很多，图 4 - 11 所示为一种普通板式散热器，它由面板、背板、对流片、进出口接头、放水门固定套及上下支架组成。面板、背板的材料由厚度为 1.2mm 的冷轧钢板冲压成型。对流片多采用 0.5mm 的冷轧钢板冲压成型。散热器的主要水道呈圆弧形或梯形等，直接压制在面板上，水平联箱压制在背板上，经复合滚焊形成整体。为增大散热面积，在背板后面点焊上对流片。

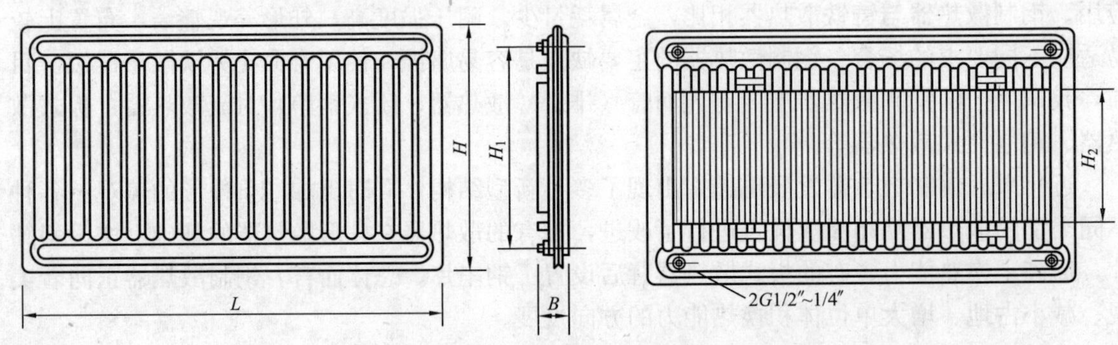

图 4 - 11　板式散热器

图 4 - 12 所示为某国外品牌带闭式钢串片的板式散热器的背面局部照片，其正面用一块钢板将串片遮盖，上部加了百叶散热通气口，使其显得美观大方。图 4 - 13 所示为内置串片的板式散热器局部图。这种板式散热器有不同长度、高度规格，最矮的与踢脚线相仿，最高的可达 1.8m。

钢制柱式散热器的构造和铸铁柱形散热器相似，每片也是有几个中空立柱。柱式散热器的传热系数远高于钢串片和板式散热器，同时外形也美观得多，但制造工艺较复杂。

图 4-12　板式散热器背面闭式钢串片局部照片

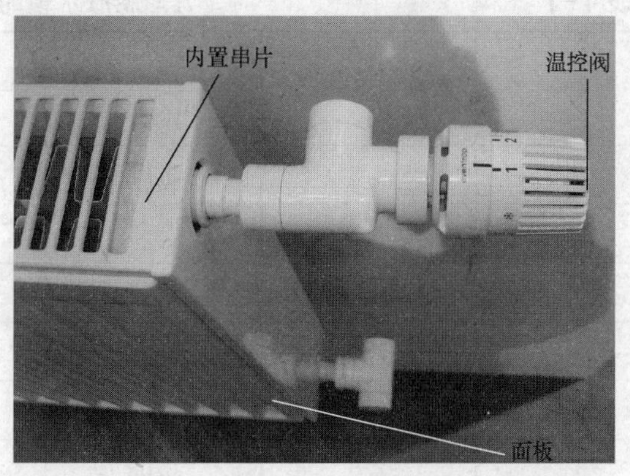

图 4-13　内置串片的板式散热器局部图

2. 膨胀水箱

膨胀水箱的作用是用来储存热水供暖系统加热的膨胀水量，它的另一作用是恒定供暖系统的压力，保证系统不出现负压。

膨胀水箱一般用钢板制成，通常为圆形或矩形。图 4-14 所示为方形膨胀水箱构造图。箱上连有膨胀管、溢流管、信号管、排水管及循环管等管路。

膨胀管设置在机械循环系统中，一般接至循环水泵接入口前。当系统充水的水位超过溢水管口时，通过溢流管将水自动溢流排出。溢流管一般可接到附近下水道，其上不接阀门。

信号管用来检查膨胀水箱是否存水，一般应引到管理人员容易观察到的地方（如接回锅炉房或建筑物底层的卫生间等）。排水管用来清洗水箱时放空存水和污垢，它可与溢流管一起接至附近下水道。

在膨胀管、循环管和溢流管上，严禁安装阀门，以防止系统超压及水箱水冻结或水从水箱溢出。

方形膨胀水箱的型号及规格见表 4-1。

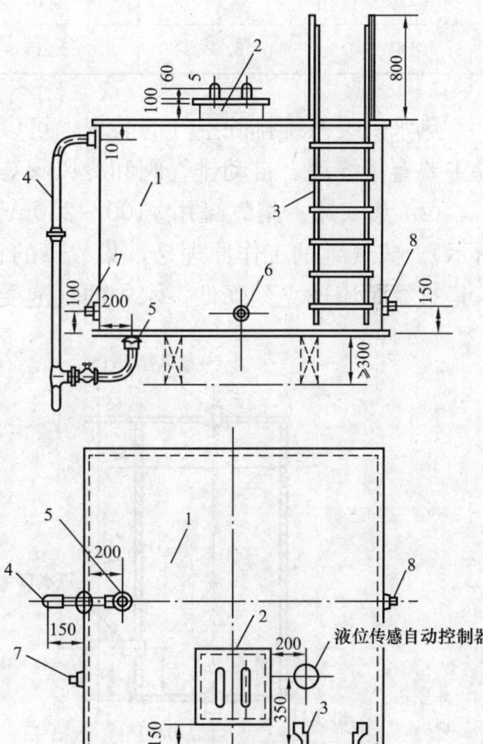

图 4-14　方形膨胀水箱构造图

1—膨胀水箱；2—人孔；3—扶梯；4—溢流管；5—排水管；6—循环管；7—膨胀罐；8—信号管

3. 排气装置

系统的水被加热时，会分离出空气。此外，在系统停止运行时，通过不严密处也会渗入空气，充水后，也会有些空气残留在系统内。如前所述，系统内积存空气，就会形成气塞，影响水的正常循环。

表 4-1 方形膨胀水箱的型号及规格

型　号	公称容积（m^3）	有效容积（m^3）	外形尺寸（mm）		
			长	宽	高
1	0.5	0.61	900	900	900
2	0.5	0.63	1200	700	900
3	1.0	1.15	1100	1100	1100
4	1.0	1.20	1400	900	1100
5	2.0	2.27	1800	1200	1200
6	2.0	2.06	1400	1400	1200
7	3.0	3.50	2000	1400	1400
8	3.0	3.20	1600	1600	1400
9	4.0	4.32	2000	1600	1500
10	4.0	4.37	1800	1800	1500
11	5.0	5.18	2400	1600	1500
12	5.0	5.35	2200	1800	1500

热水供暖系统排除空气的装置，可以是手动的，也可是自动的。国内目前常见的排气装置主要有集气罐、自动排气阀和冷风阀等几种。

(1) 集气罐。集气罐用 $\phi100\sim250$mm 的短管制成，它有立式和卧式两种（如图 4-15 所示）。集气罐的工作原理是，集气罐的直径比它所连接的管道直径大很多，热水由管道流入集气罐时流速立刻降低，水中的气泡受浮力作用浮升到集气罐上部。

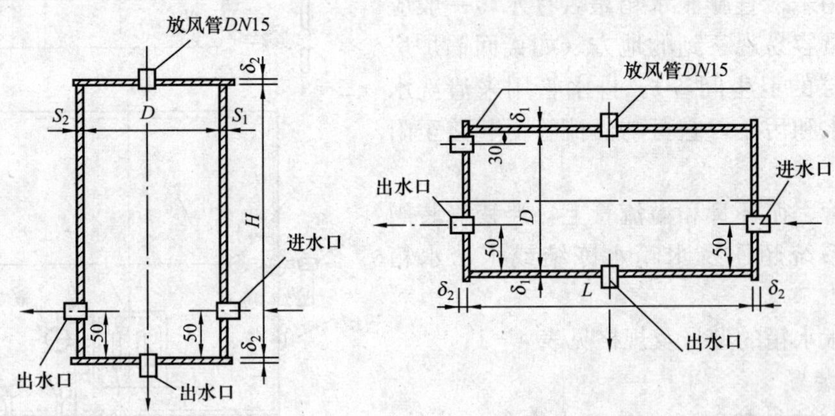

图 4-15 集气罐

在机械循环上供下回式系统中，集气罐应设在系统各环路的供水干管末端的最高处。在系统运行时，定期手动打开阀门将热水中分离出来并聚集在集气罐内的空气排除。

(2) 自动排气阀。目前，国内生产的自动排气阀形式较多，它的工作原理，很多都是依靠水对浮体的浮力，通过杠杆机构传动，使排气孔自动启闭，实现自动阻水排气的功能。下面仅介绍一种形式：

图4-16所示为B11X-4型立式自动排气阀。当阀体内无空气时，水将浮子浮起，通过杠杆机构将排气孔关闭；而当空气从管道进入，积聚在阀体内时，空气将水面压孔打开，使空气自动排出。空气排除后，水再将浮子浮起，排气孔重新关闭。

(3) 冷风阀（如图4-17所示）。冷风阀多用在水平式和下供下回式系统中，它旋紧在散热器上部专设的丝孔上，以手动方式排除空气。

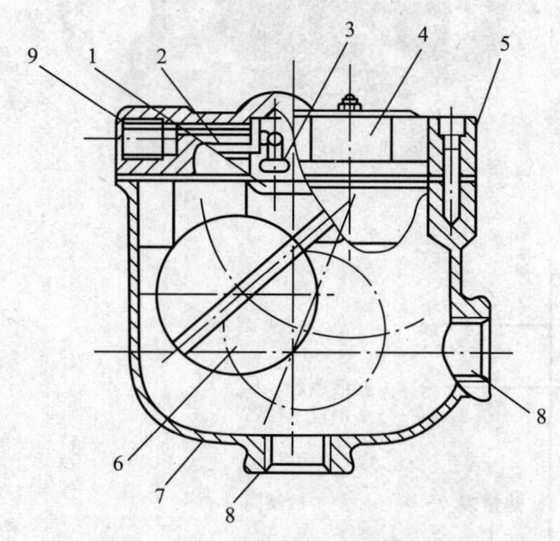

图4-16　B11X-4型立式自动排气阀

1—杠杆机构；2—垫片；3—阀堵；4—阀盖；5—垫片；6—浮子；7—阀体；8—接管；9—排气孔

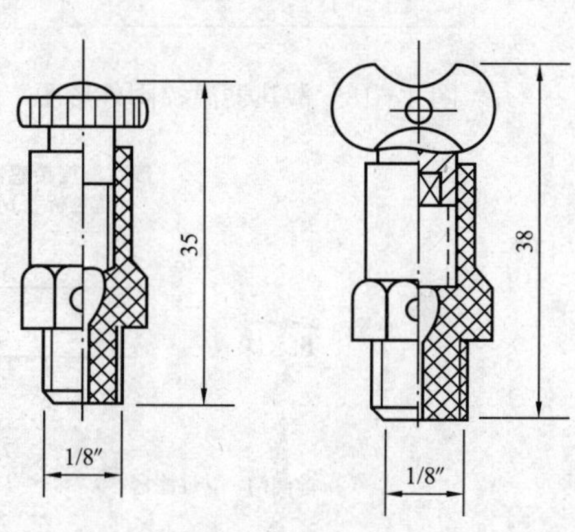

图4-17　冷风阀

4. 散热器温控阀

散热器温控阀是一种自动控制散热器散热量的设备，它由两部分组成。一部分为阀体部分，另一部分为感温元件控制部分（如图4-18所示）。当室内温度高于给定的温度时，感温元件受热，顶杆就压缩阀杆，将阀口关小；进入散热器的水流量减小，散热器散热量减小，室温下降。当室内温度下降到低于设定值时，感温元件开始收缩，阀杆靠弹簧的作用，将阀杆抬起，阀孔开大，水流量增大，散热器散热量增加，室内温度开始升高，从而保证室温处在设定的温度值上。温控阀控温范围在13～28℃之间，控温误差为±1℃。

散热器温控阀具有恒定室温、节约热能的主要优点，在欧美国家得到广泛应用，近年在我国也得到了越来越多的应用。散热器温控阀主要用在双管热水供暖系统上。

5. 热量表

热量表是进行热量测量与计算，用于计费结算的计量仪器。一套完整的热量表由热水流量计、供水和回水温度传感器及积算仪组成。积算仪用于根据测量的水流量和温度数据，通过热量计算方程计算出用户使用的热量多少。图4-19所示为一种户用热量表。图4-20所示为楼栋入口热量表的安装。

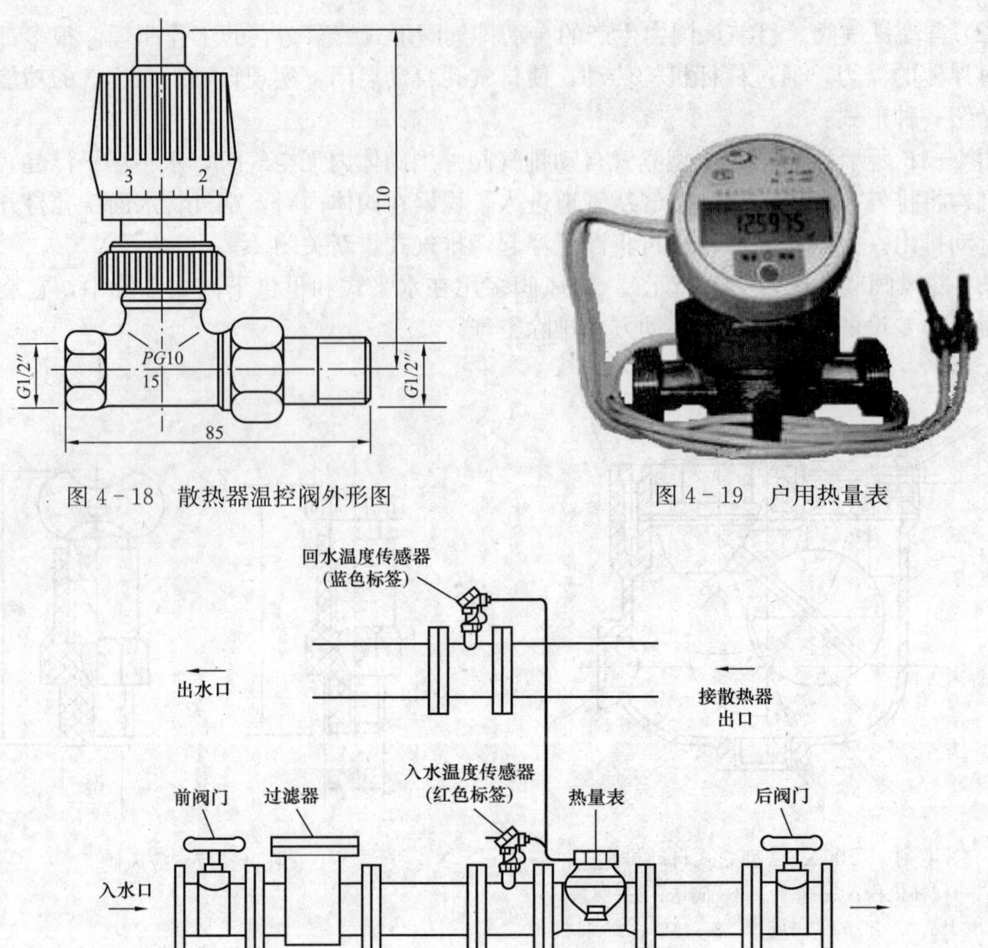

图 4－18　散热器温控阀外形图

图 4－19　户用热量表

图 4－20　楼栋入口热量表的安装

三、供暖管道的敷设

室内供暖系统的管道应明装，有特殊要求时可暗装。供暖管道穿过建筑基础、变形缝的供暖管道，以及镶嵌在建筑结构里的立管，应采取预防由于建筑物沉降而损坏管道的措施。当供暖管道必须穿过防火墙时，在管道穿过处应采取固定和密封措施，并使管道可向墙的两侧伸缩。供暖管道穿过隔墙和楼板处，宜装设套管。

供暖管道的敷设，应有一定的坡度，机械循环供水横干管应有沿水流方向上升 0.003 的坡度，最小为 0.002。如因条件限制，热水管可无坡度敷设，但管中水流流速不得小于 0.25m/s。

供暖管道在管沟或沿墙、柱、楼板敷设时，应根据设计与施工规范要求，每隔一定间距设置管卡或支吊架，其做法与给水管道相似。为消除管道受热变形产生的热应力，应尽量利用管道上的自然转角进行热伸长的补偿，当直管线很长时应设置补偿器进行补偿，同时在适当位置设置固定支架。

供暖管道常采用非镀锌钢管（也称黑铁管）。管径小于或等于 32mm 宜采用螺纹连接；管径大于 32mm 宜采用焊接或法兰连接。对于分户水平放射式热水供暖系统，因需要将管道敷设在地面垫层内，一般采用塑料管，如交联聚乙烯 PEX 管、聚丁烯 PB 管、聚丙烯管 PPR 等。管道敷设在管沟、技术夹层、闷顶、管道竖井内或易冻结的地方时，应采取保温措施。

分户供暖系统的干管、支管通常敷设在楼板垫层内，连接散热器的进出口支管需采用一定坡度以保证排气。分户供暖系统单管连接的散热器安装详图如图 4－21 所示。该图中伸出地面的支管为明装。在要求高的场合，伸出地面的支管也采用暗装在墙内的方式，仅有截止阀或温控阀以后的部分露出墙外。

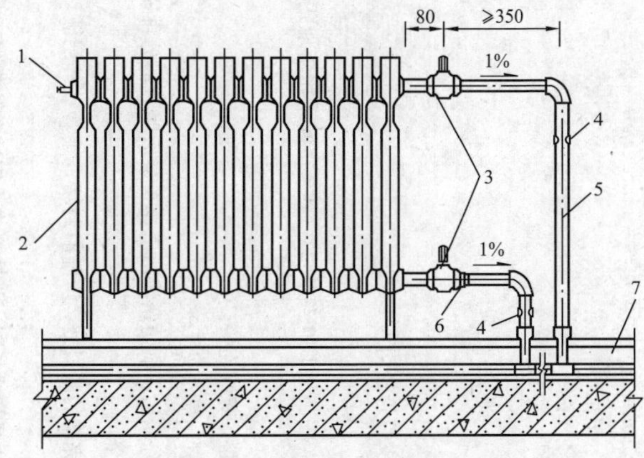

图 4－21 分户供暖系统单管连接截止阀

1—放气阀；2—散热器；3—截止阀；4—管卡；5—塑料管；6—活接头；7—垫层

四、供暖施工图识读

1. 供暖施工图的组成与内容

供暖施工图一般由平面图、系统图及详图三个主要部分组成，此外还包括常规的图纸目录、设计与施工说明、主要设备材料表等。

(1) 平面图。平面图主要表明引入口、建筑物各层供暖管道和设备的平面位置布置，一般包括：

1) 房间名称、立管位置及编号、散热器安装位置、类型、片数（长度）及安装方式。

2) 引入口的位置，供、回水总管的走向、位置及采用的标准图号（或详图号）。

3) 干、立、支管的位置、走向、管径。

4) 膨胀水箱、集气罐等设备的位置、型号及其与管道的连接情况。

5) 补偿器型号、位置，固定支架的安装位置与型号。

6) 室内管沟（包括过门地沟）的位置和主要尺寸，活动盖板的设置位置等。

平面图一般包括标准层平面图、顶层平面图、底层平面图。

平面图常用的比例有 1∶50、1∶100、1∶200 等。

(2) 系统图。系统图一般采用轴测图绘制，是表示供暖系统的空间布置情况、散热器与管道空间连接形式，设备、管道附件等空间关系的立体图。系统图标有立管编号、管道标高、各管段管径、水平干管的坡度、散热器的片数（长度）及集气罐、膨胀水箱、阀件的位置、型号、规格等。通过系统图，可了解供暖系统的全貌。系统图比例与平面图相同。

(3) 详图。详图主要表示供暖系统节点与设备的详细构造及安装尺寸要求。平面图和系统图中表示不清，又无法用文字说明的地方，如引入口装置、膨胀水箱的构造与管、管沟断面、保温结构等可用详图表示。如果选用的是国家标准图集，可给出标准图号，不出详图，常用的比例是 1∶10、1∶50。

(4) 设计、施工说明。说明设计图纸无法表示的问题，如热源情况，供暖设计热负荷、设计意图及系统形式、进出口压力差，散热器的种类、形式及安装要求，管道的敷设方式、防腐保温、水压试验要求，施工中需要参照的有关专业施工图号或采用的标准图号等。

2. 供暖施工图示例

为更好地了解供暖施工图的组成及主要内容，掌握识读施工图的方法与技巧，现以一套 4 层办公楼的供暖施工图为例进行简单介绍。

该供暖施工图包括设计与施工说明，一层供暖平面图，二、三层供暖平面图，四层供暖平面图和供暖系统图，比例均为 1∶100，如图 4－22～图 4－26 所示。

采暖工程设计及施工说明

一、工程概况

本工程为一框架结构办公楼，总建筑面积为 1385.26m²，地上四层，各层层高均为 3.30m。采暖热负荷 W 为 83.0kW，建筑平面热指标为 52W/m。

二、设计依据

GB 50019—2003《采暖通风与空气调节设计规范》

DBJ 14—036—2006 山东省《公共建筑节能设计标准》

甲方提供的设计委托及设计要求

三、设计内容

办公楼的冬季采暖

四、设计参数

设计地点：烟台

室外采暖计算温度：−9℃

冬季室外风速：4.2m/s

室内采暖设计温度：办公室，20℃；门厅，16℃；卫生间，16℃。

五、供暖系统

1. 供暖热媒采用热水，（供水温度为 80℃，回水温度为 55℃）由热力公司集中供应、供暖入口处，设置有热力管道井，安装方法见热力公司通用图集。

2. 供暖方式为双管异程式供水干管及回水干管敷设在首层顶板下，干管的坡度 l=0.02，坡向见设计图。

3. 散热器采用铸铁定向对流 TDD1－6－5（8）型。

4. 图中未注明供暖管道及支管管径均为 DN20。

六、施工

1. 卫生间采用挂壁式安装，安装见 L90N92－23；其余房间采用落地式安装，安装见 L90N92－24。

2. 采暖管道采用热镀锌钢管，螺纹连接。

3. 管道穿墙及楼板设钢套管，做法见 L90N91－18。

4. 散热器、钢管及其支架除锈后，刷防锈漆两道，干燥后明装部分再刷银粉两道。

5. 管道和系统安装间断或完毕的敞口处，应随时封堵；钢管镀锌层破坏处应做好防腐。

6. 管道上必须配置必要的支吊架或托架，具体形式由安装单位根据现场实际情况确定，做法参见 91SB 暖气。

7. 系统安装完毕后应进行水压试验，试验压力为 0.90MPa。

8. 冲洗：供暖系统安装竣工并经试压合格后，应对系统反复注水，排水，直至排出水中不含泥沙，铁屑等杂质，且水色不浑浊方为合格。

9. 试调：系统经试压和冲洗合格以后，即可进行试运行和调试，调试的目的是使各环路的流量分配符合设计要求，以各房间的室内温度与设计温度相一致或保持一定的差值方为合格。

10. 施工中应与土建密切配合，预留孔洞。

11. 设计未详处，按国家有关的施工及验收规范严格执行。

图 4－22　设计与施工说明

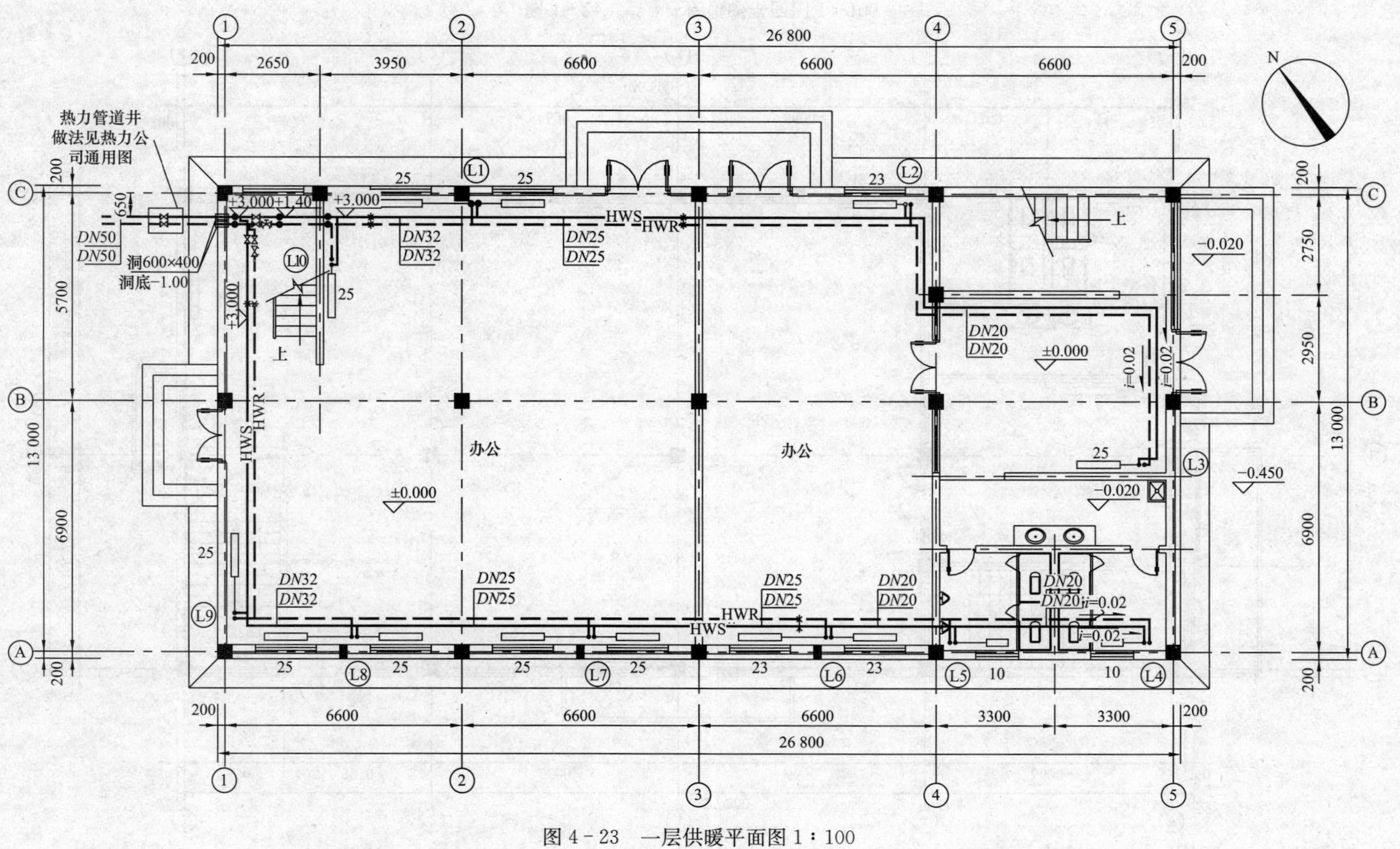

图 4－23 一层供暖平面图 1：100

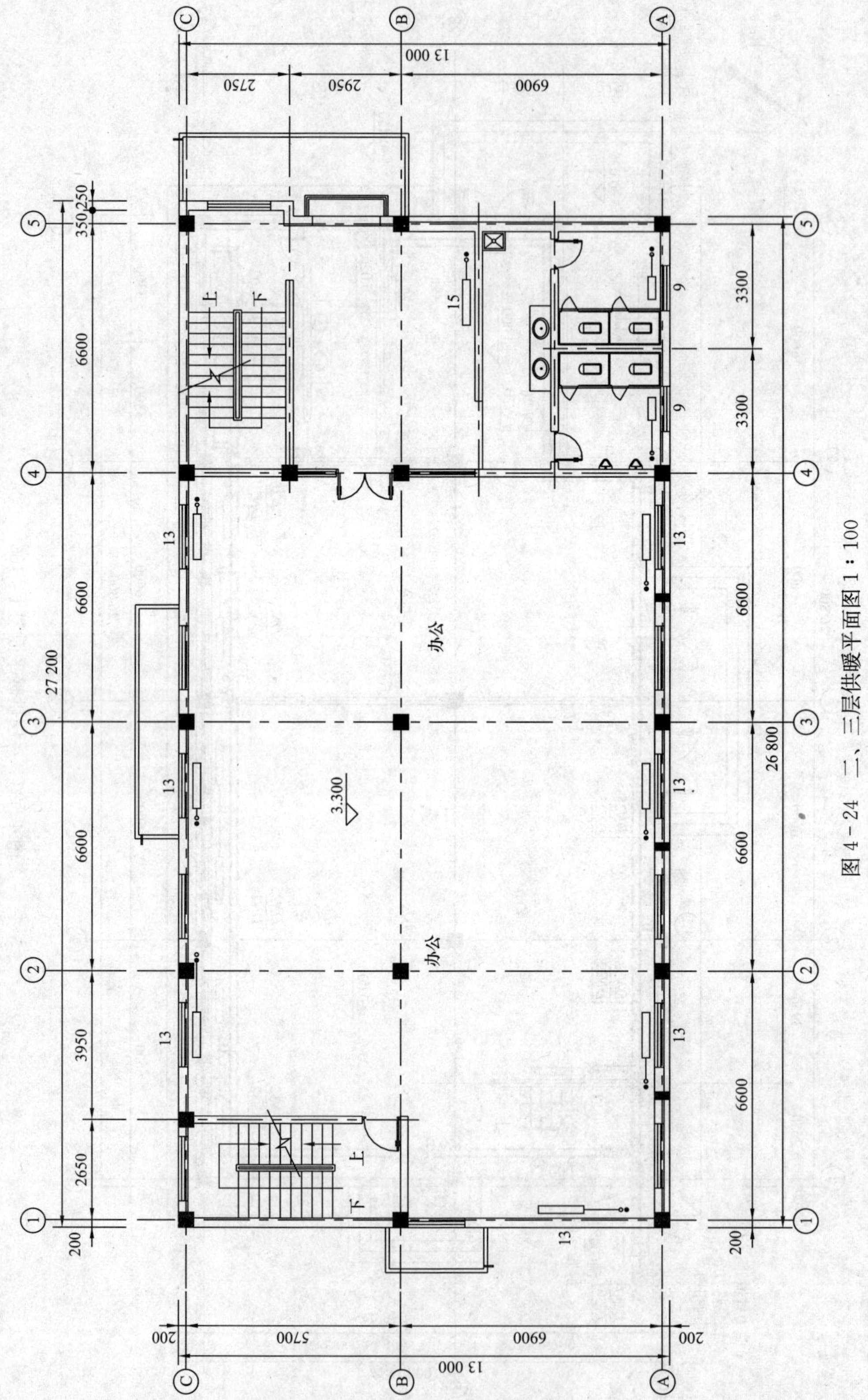

图4-24 二、三层供暖平面图 1：100

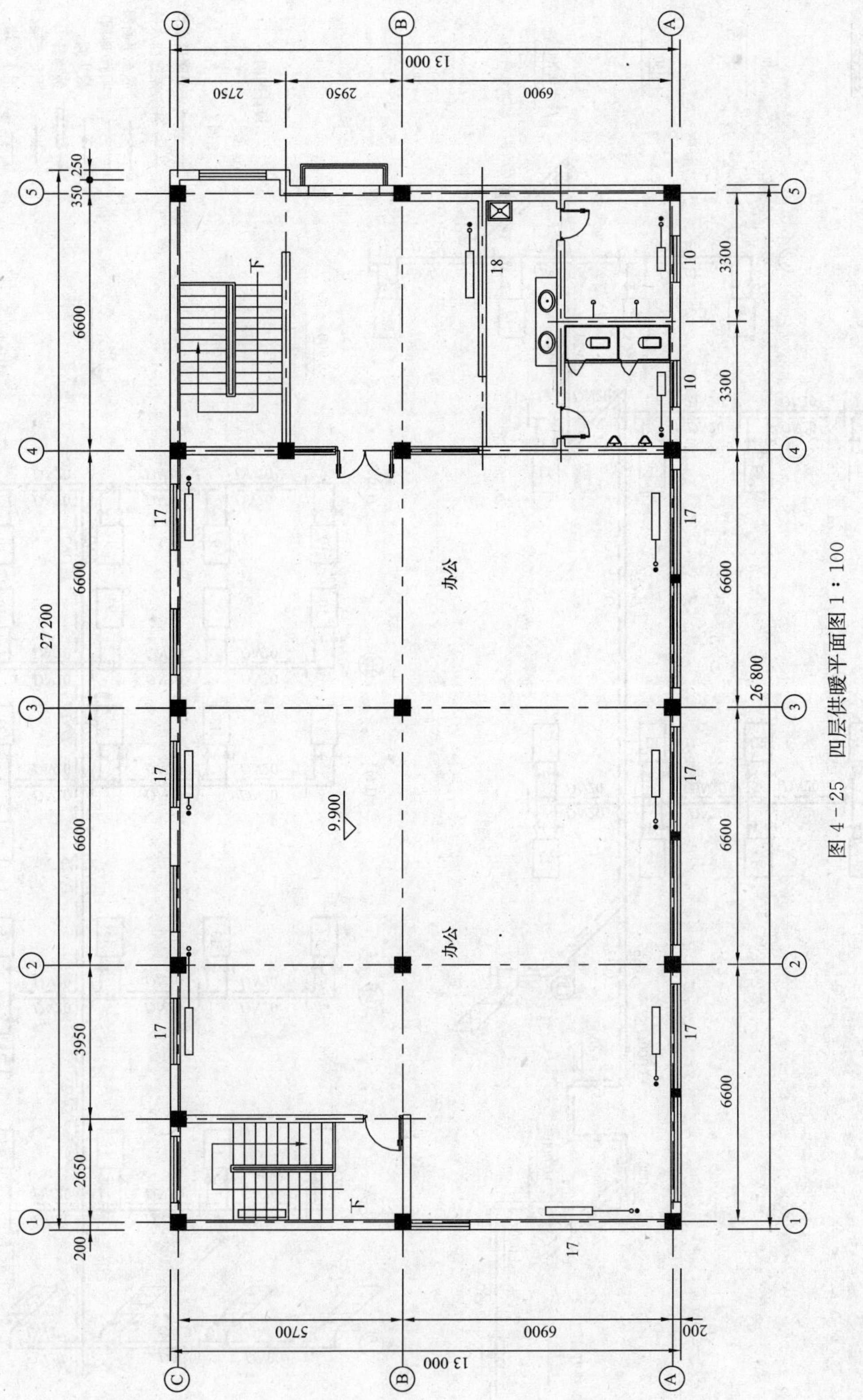

图 4-25　四层供暖平面图 1：100

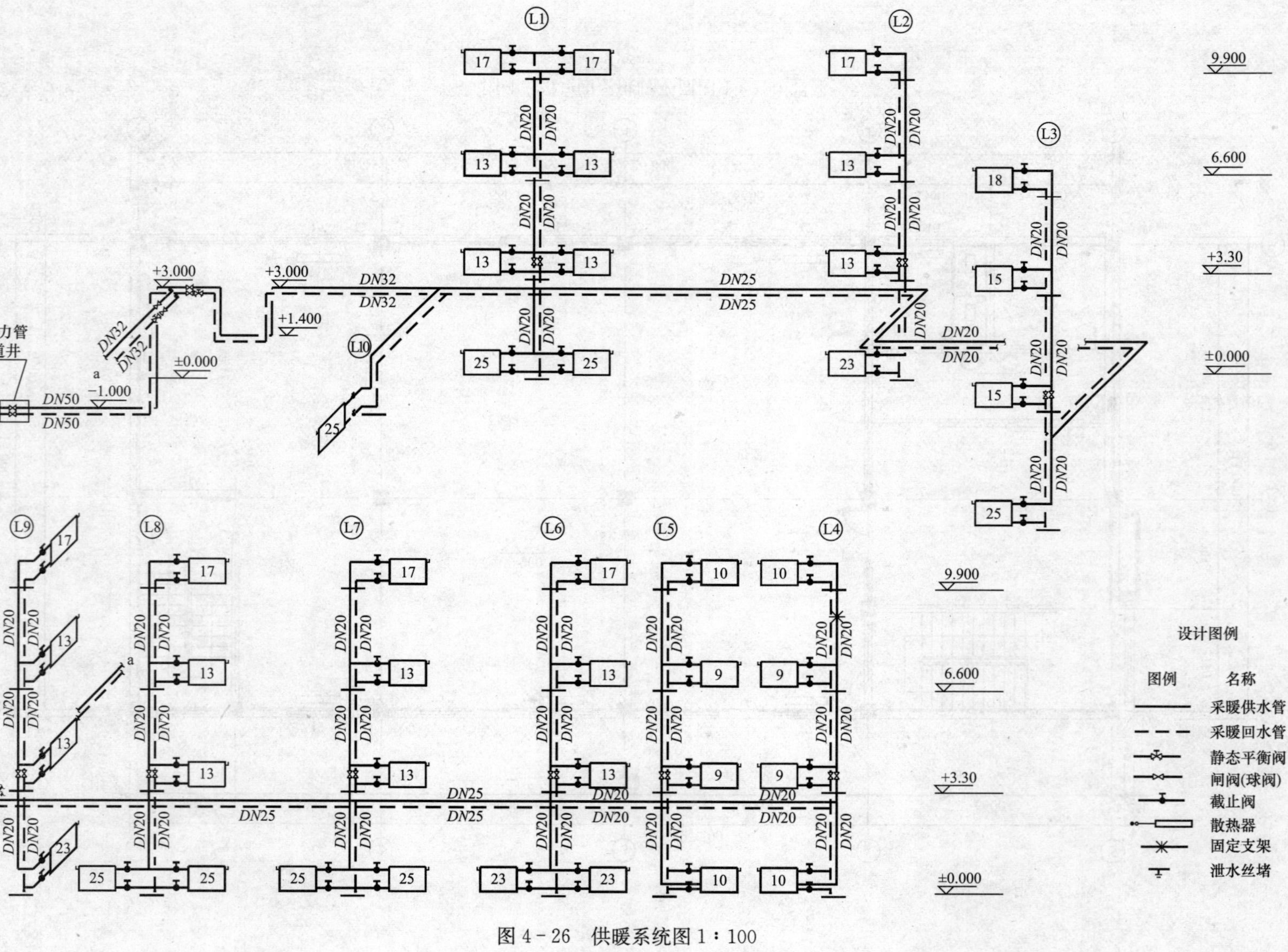

图 4－26 供暖系统图 1：100

该系统采用机械循环下供下回式双管热水供暖系统，但其供回水干管均位于一层顶板下，这使系统看起来与中供式系统很相似。根据设计与施工，供暖系统的供回水温度为80℃/55℃。

识读施工图基本方法如下：

看图时，首先熟悉设计与施工说明的内容，然后识读系统流程。从一层平面图的供水管入口开始，沿水流方向，按供水干、立、支管顺序到散热器，再由散热器开始，按回水支管、立管、干管顺序到出口。在识读过程中，平面图与系统图应对照一起看。

对建筑设计、装饰及建筑工程等专业的学生而言，识读过程中应重点关注管道穿楼板、墙的位置及施工要求。对于工程造价类专业的学生，则需要进一步关注细节，如阀门的种类、规格、数量，管道材料及设备参数等，同时还应根据常规的支吊架设置要求估算支吊架的形式、数量。

图中散热器的片数已经标注在系统图的散热器示意方框内。

第三节　低温热水地面辐射供暖系统及识图

散热设备主要依靠辐射传热方式向房间进行供热的供暖方式称为辐射供暖。按照辐射板面温度的高低可分为高温辐射、中温辐射和低温辐射。一般，常用的是低温辐射供暖（板面温度低于80℃），其中低温热水地面辐射供暖系统应用最为广泛。

低温热水地面辐射供暖系统（俗称地暖）是以温度不高于60℃的热水为热媒，在埋置于地面以下填充层中的加热管内循环流动加热整个地板，通过地面以辐射和对流的热传递方式向室内供热的一种供暖方式，也称为地板辐射供暖或辐射地板供暖等。

早在20世纪30年代，美国建筑师Frank就在他的房间内应用了地板供暖。在20世纪50年代和60年代，中欧的地板供暖一般采用钢或铜管。随着对建筑物保温性能的重视，较低水温的辐射地板得到了越来越多的应用。到20世纪70年代以后，塑料管成为地板供暖的标准管材。供暖水温一般低于60℃。最近20年来，地板供暖在国外得到了广泛应用，范围已扩大到几乎所有类型的建筑物。在德国、澳大利亚和丹麦，30％～50％的新建住宅采用了地板供暖。在韩国，这一数字达到了90％。近几年，辐射供暖在我国北方新建住宅等建筑中也成为主要供暖方式，并已经推广应用到上海、浙江等长江中下流域各省市。我国于2004年出版了JGJ 142—2004《地面辐射供暖技术规程》。

地面辐射供暖时，地面辐射换热占全部换热的比例可达50％以上，人体直接受到辐射热，因而感觉十分舒适。垂直温度分布为下热上温，脚部温暖进一步增加了人体舒适感。辐射供暖时，室内温度分布十分均匀；房间内无加热设备，不占室内面积；室温比普通供暖方式低1～2℃仍可使人体有相同的舒适感，因而具有一定的节能效应。地面辐射供暖需通过地板加热室内空气，故加热时间较长，适宜连续运行。由于地板有一定蓄热性，因而室温波动小。

低温热水地面辐射供暖系统的供回水温差一般为10℃。地面供热量与结构有关，当结构一定时，供热量取决于热水管道的间距和水温。地砖的导热系数比木地板高很多，因此面层采用的供暖效果更好。

除地面辐射供暖外，也有采用墙面、顶棚进行供暖的，其结构及特点大致相近。此外，热媒采用加热电缆或电热膜的地面辐射供暖方式也有一定应用。

一、辐射地板的结构

辐射地板结构类型众多，常见的有湿式（混凝土埋管）和干式（无混凝土填埋层）两大类。图 4－27 所示为湿式（混凝土埋管）辐射地板的构造，保温层直接铺设在楼板上，在保温层上面有一层带 50×50 格子的塑料膜，塑料管则利用钩钉固定在保温板及塑料膜上，其上覆以一定厚度的碎石混凝土，并埋以钢丝网加固防裂，然后再敷设地砖或地板。混凝土埋管层的厚度一般在 50mm 左右比较常见。保温板多采用聚苯乙烯泡沫塑料板（密度不小于 20kg/m³）或聚苯乙烯挤塑板，一般厚度为 20～30mm，沿墙四周的边缘保温层可减少水平热损失。混凝土埋管结构还有多种做法，对于新建建筑，塑料管也可预先埋设在预制楼板中，与建筑结构结合成一体。这种做法既减少造价，也减小了地板的厚度，但日后维修困难。混凝土埋管结构造价较低，是目前国内应用最多的辐射地板形式。

混凝土填充层施工应由有资质的土建施工方承担，并在埋地加热管安装完毕，且水压试验合格、通过隐蔽工程验收、换热管处于有压状态下进行。施工中严禁使用机械振捣设备；施工人员应穿软底鞋，采用平头铁锹。

图 4－28 所示为干式（无混凝土填埋层）辐射地板的构造。这种结构的绝缘层一般为定制的聚苯乙烯泡沫塑料（密度不小于 20kg/m³），其上有预制的凹槽，并铺设与其紧密接触的导热铝板。塑料管嵌入铝板凹槽后，地板可直接铺设在其上面。该结构的辐射地板最大优势是厚度较小，与普通铺设地板的木栊相近甚至更低，施工也较简单，但造价较高。

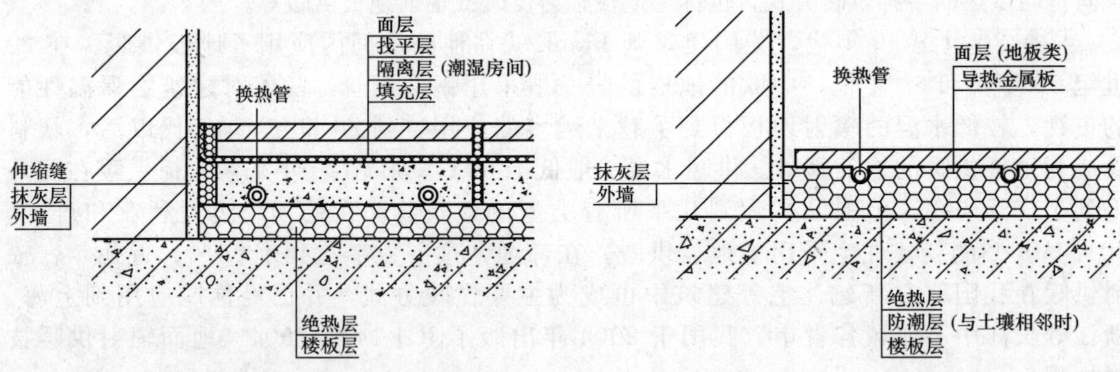

图 4－27 湿式（混凝土埋管）辐射地板的构造　　图 4－28 干式辐射地板的构造

辐射地板各结构层及部件，均需在现场施工完成。

二、辐射地板水系统

辐射水系统由热源（如锅炉等）、循环水泵、分集水器及其附件、埋地加热管部分等组成，如图 4－29 所示。

1. 分集水器及附件

分集水器及其附件通常放在分集水器箱中，如图 4－30 所示。

分集水器与埋地加热管连接的卡套式管接头上方均有关断阀，可以调节各环路流量及关断水流。分集水器末端设有手动放气阀用于排除系统中的空气。如房间里设有温控器，则分

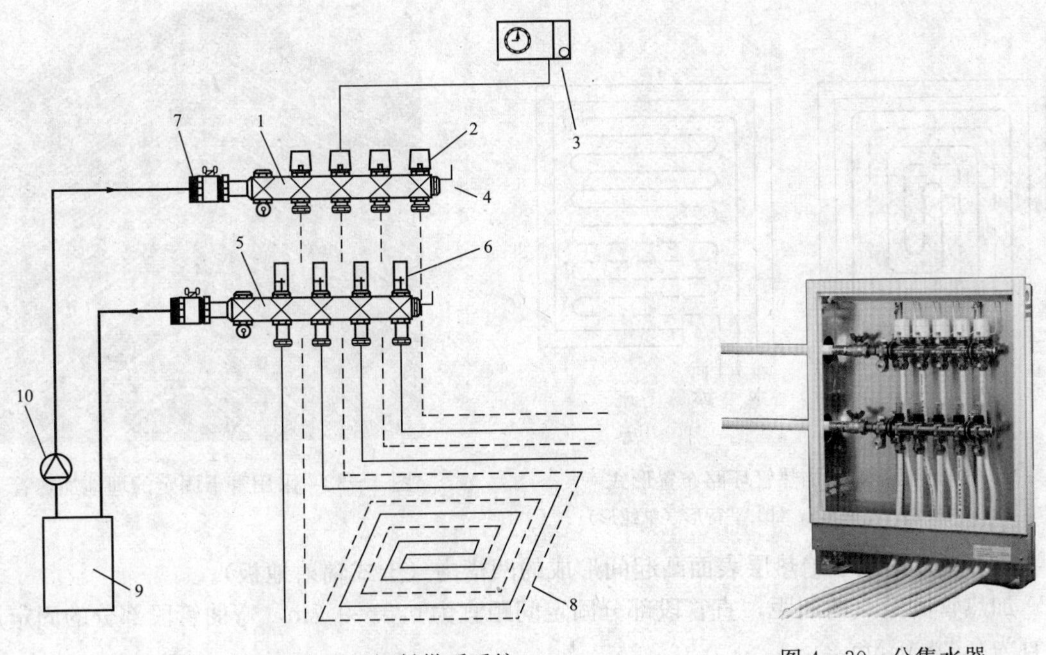

图 4-29 低温热水地面辐射供暖系统

1—分水器；2—电热执行器；3—房间温度控制器；
4—放气阀；5—集水器；6—流量计；7—球阀；8—埋地加热管；
9—锅炉；10—循环水泵

图 4-30 分集水器

水器上可以与设置关断阀配套的电热执行器在室温达到设定值时关断对应的阀门。集水器上根据需要可以设置流量计，可供调试时观察各环路水流量是否满足设计要求。

辐射地板分集水器应高于地板表面 300mm 以上。每一套集配器分支环路不宜多于 8 对，以避免单个回路过长而导致供回水温差过大或水流阻力过大。

2. 埋地加热管环路

辐射地板供暖的埋管环路布置有多种形式，可以为回折形（双回形）、平行形（蛇形）等，如图 4-31 所示。为使地面温度尽可能分布均匀，一般采用双回形，其特点是高温管和低温管间隔布置。在没有分房间控制要求的时候，一般各环路都取相等长度，以避免因环路长短不同引起的水流量不均衡。

埋地加热管环路应用一根管道敷设，不应留有接头。单个环路长度不宜超过 120m，一般常取 100m 的长度。地埋管弯曲半径不宜小于 6 倍的管外径。

对于不同负荷的区域，通常可以通过布置不同的埋管间距来进行调节地板供热量。例如，靠近外窗 1m 以内的地板可以采用较小的埋管间距，而其余地带则采用较大的间距。常见的加热管布置间距为 150～300mm。

埋地加热管应采用以下方法之一固定在绝缘层上：

(1) 用固定卡子将加热管直接固定在绝热板上，如图 4-32 所示。绝缘层上一般设置一层带网格的塑料布，既可防止水分从填充层渗入绝缘层，也可供加热管施工时确定敷设位置和间距。

(2) 用扎带将加热管固定在铺设于绝热层上的金属网格上。

(3) 直接卡在铺设于绝热层表面的专用管架或管卡上。

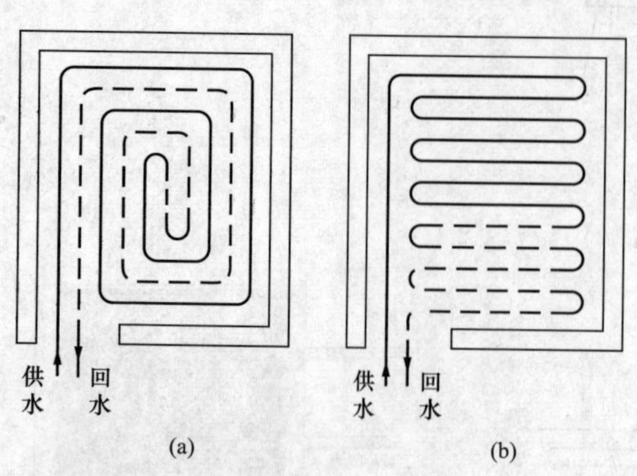

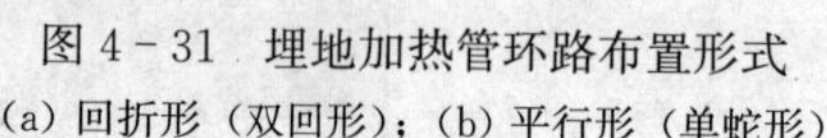
图 4－31 埋地加热管环路布置形式
(a) 回折形（双回形）；(b) 平行形（单蛇形）

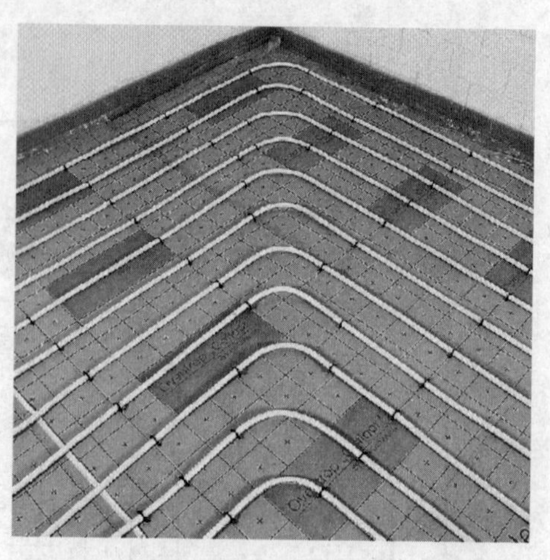
图 4－32 采用管卡固定的埋地加热管

(4) 直接固定于绝热层表面凸起间形成的凹槽内（干式辐射地板）。

加热管固定点的间距，直管段部分固定间距宜为 0.5～0.7m，弯曲管段部分的固定点间距宜为 0.2～0.3m。

当地面面积超过 30m^2 或边长超过 6m 时，设置的伸缩缝宽度不宜小于 8mm。伸缩缝宜采用高发泡聚乙烯泡沫塑料或内满填弹性膨胀膏。埋地环路应尽量少穿越膨胀缝。

3. 管材

辐射地板的埋地管材种类较多，一般都采用塑料管。塑料管的使用寿命最多可达 50 年。常用的塑料管材有交联聚乙烯（PEX）管和耐热聚乙烯（PE－RT）管、聚丁烯（PB）管、交联铝塑复合（XPAP）管等。PEX 管有多种类型，因价格较低应用较多；常用的 PEX 管性能一般，不能熔接，必须采用卡套式接头连接。PB 管性能最佳，可以熔接，但价格也最高。PERT 价格和性能介于两者之间。上述三种管材是应用最多的。不论使用哪一种管材，在地板下敷设时均应采用无接口的一根管道构成一个环路。

常用的塑料管径有 $\phi16$、$\phi20$ 两种，一般都采用 $\phi16$。

三、低温热水地面辐射供暖系统施工图识图

低温热水地面辐射供暖系统施工图属于供暖施工图的一种，其图纸组成及识读方法均相同。与普通热水供暖施工图不同的是，低温热水地面辐射供暖系统施工图不仅要统计管道材料，而且还要统计辐射地板结构层的材料（保温层、塑料布、钢丝网格、管卡、豆石混凝土等）及施工。其中，豆石混凝土需要土建公司来完成施工；辐射地板的面层（地砖或地板），则归装饰公司来完成施工。

（一）设计与施工说明

1. 工程概况

本工程为某居民住宅，户内建筑面积约 118m^2。设计范围为室内低温热水地板辐射采暖系统。

2. 设计依据

(1) JGJ 142—2004《地面辐射供暖技术规程》。

(2)《低温热水地板辐射供暖系统安装》(03K404)。

(3) GB 50242—2002《建筑给水排水及采暖工程施工质量验收规范》。

（4）装饰提供的设计图纸和文件。

（5）其他适用于本合约的有关国家规范和国家标准。

3. 设计参数

（1）热源：锅炉，地板采暖系统供、回水温度为 40～50℃。

（2）冬季室外采暖计算温度：－9℃。

（3）室内设计参数见表 4－2。

表 4－2　　室内设计参数

房间名称	卧室、书房	起居室	餐厅	卫生间	备注
设计温度（℃）	20	20	20	22	考虑功能房间的用途，某些房间作适当加密
面层材料	木地板	木地板	瓷砖	瓷砖	

（4）地板采暖加热管材采用 PERT 管，敷设于地面垫层里，管材规格为 $De16\times2.0$。

（5）绝热层为 20mm 的聚苯乙烯挤塑板，导热系数为 0.03W/(m·K)，密度为 40kg/m^3。

（6）分集水器选用意大利进口品牌，材质为铜质镀镍。

（7）采暖控制方式为分室控制。

4. 安装施工

（1）加热管弯头两段宜设固定卡；加热管固定点的间距及直管段固定点间距宜为 0.5～0.7m，弯曲管段固定点的间距宜为 0.2～0.3m。

（2）在分水器、集水器附近以及其他局部加热管排列比较密集的部位，当管间距小于 100mm 时，加热管外部应采取设置柔性套管等保温措施。

（3）加热管出地面至分水器、集水器连接处，弯管不宜露出地面装饰层。加热管出地面至分水器、集水器下部球阀接口之间的明装管段，外部应加装塑料套管。套管应高出装饰面 150～200mm。

（4）加热管穿越伸缩缝时，伸缩缝处应设长度不小于 200mm 的柔性套管。

（5）分水器中心距地面不应小于 300mm。

（6）在与内外墙、柱等垂直构件间接处设不间断的伸缩缝，伸缩缝填充材料应采用搭接方式连接，搭接宽度不应小于 10mm，伸缩缝宽度不宜小于 10mm。伸缩缝填充材料采用高发泡聚乙烯泡沫塑料。

（7）当地面面积超过 30m^2 或长度超过 6m 时，设置的地面伸缩缝宽度不应小于 8mm，位置见平面图中标注的粗虚线。伸缩缝采用高发泡聚乙烯泡沫塑料，从绝热层的上边缘做到填充层的上边缘。

5. 试压

（1）水压试验应在系统冲洗之后进行。冲洗应在分水器、集水器以外主供回水管冲洗合格后，再进行室内供暖系统的冲洗。

（2）水压试验应分别在浇灌混凝土填充前和填充养护期满后进行两次，并应以每组分水器、集水器为单位，逐回路进行。

（3）试验压力应为工作压力的 1.5 倍，且不小于 0.6MPa。

（4）在试验压力下，稳压 1h，其压力降不应大于 0.05MPa。

6. 图例

图例见表 4－3。

表 4-3　　图　例

名　称	图　例	名　称	图　例
分集水器型号	A2	管长度	HL1-100m
分集水器	▮ ▭	地暖盘管	
PE 伸缩缝	—— —— ——		
管间距	S=200mm		
接线盒	■	温控线	——
温控器			

（二）低温热水地面辐射供暖平面布置图

低温热水地面辐射供暖平面布置图（如图 4-33 所示）识读要点：

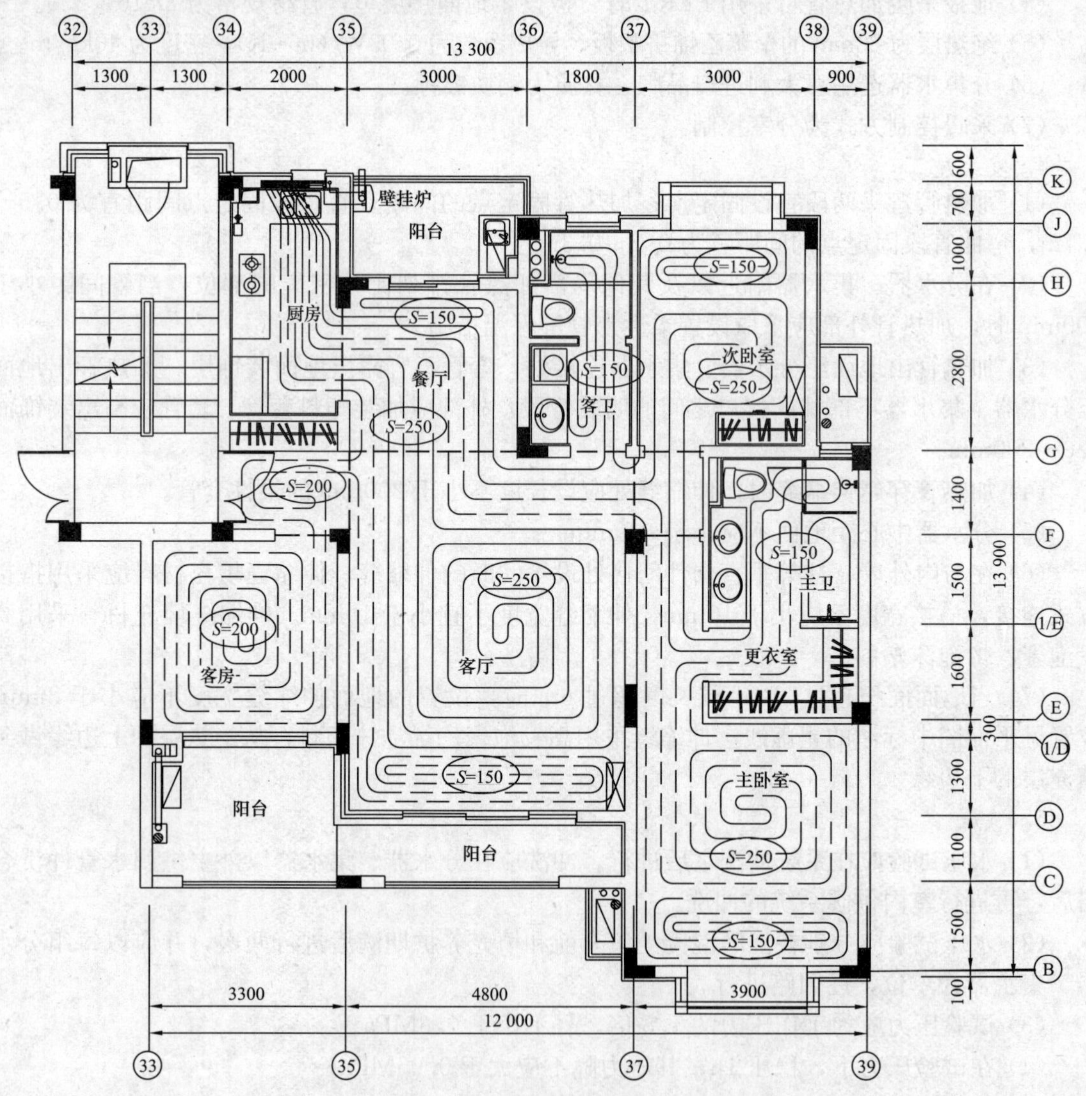

图 4-33　低温热水地面辐射供暖平面布置图

(1) 首先找到热源的位置。图 4－33 中热源为燃气壁挂炉。

(2) 找到分集水器的位置。图 4－33 由于建筑面积不大，所以只有一个分集水器。若建筑面积较大，分集水器的数量可能不止一个。

(3) 由分集水器开始找出各埋管加热管环路的走向。

(4) 统计埋地加热管时，可根据不同间距埋管加热管占用的面积，按下式估算管道长度。

$$L=\frac{1000F}{S}$$

式中 L——管道长度，m；

F——同一埋管间距的加热管占用的面积，m^2；

S——加热管的埋管间距，mm。

实际工程中如有 ACAD 版图纸，则可借助 ACAD 软件工具将埋地加热管各环路转化为多义线再进行长度统计，既便捷也更精确。

习 题

一、单选题

1. 集中采暖系统不包括______。

A. 散热器采暖 B. 热风采暖 C. 辐射采暖 D. 通风采暖

2. 散热器不应设置在______。

A. 外墙窗下 B. 两道外门之间 C. 楼梯间 D. 走道端头

3. 采暖管道设坡度主要是为了______。

A. 便于施工 B. 便于排气 C. 便于放水 D. 便于水流动来源

4. 热水采暖系统膨胀水箱的作用是______。

A. 加压 B. 减压 C. 定压 D. 增压

5. 民用建筑集中采暖系统的热媒：______。

A. 应采用热水 B. 宜采用热水 C. 可采用热水 D. 热水、蒸汽均可

6. 当热水集中采暖系统分户热计量装置采用热量表时，系统的共用立管和入户装置宜设在管道井内，管道井宜设在______。

A. 邻楼梯间或户外公共空间 B. 邻户内主要房间

C. 邻户内卫生间 D. 邻户内厨房

7. 解决室外热网水力不平衡现象的最有效方法是在各建筑物进口处的供热总管上装设______。

A. 节流孔板 B. 平衡阀 C. 截止阀 D. 电磁阀

8. 作为供热系统的热媒，______是不对的。

A. 热水 B. 热风 C. 电热 D. 蒸汽

9. 以下这些附件中，______不用于蒸汽供热系统。

A. 减压阀 B. 安全阀 C. 膨胀水箱 D. 疏水器

10. 低温热水采暖系统的供、回水温度为______℃。

A. 100、75　　B. 95、75　　C. 100、70　　D. 95、70

二、多选题

1. 集中供热的公共建筑，生产厂房及辅助建筑物等，可用的热媒是________。

A. 低温热水　　B. 低压蒸汽、高压蒸汽

C. 高温热水　　D. 低压蒸汽

2. 热水采暖系统中存有空气未能排除，会产生________。

A. 系统回水温度过低　　B. 局部散热器不热

C. 热力失调现象　　D. 系统无法运行

E. 引起气塞

三、问答题

1. 按供、回水干管布置位置不同，机械循环热水供暖系统分为哪几类？各有什么特点？
2. 与传统供热相比，低温热水地面辐射供暖系统有什么优点？

第五章　通风与空调

第一节　建筑通风的概述

一、通风的概念

通风就是把室外的新鲜空气（可经适当的处理后，如过滤净化、加热等）或符合卫生要求的经净化的空气送进室内，把室内的废气（经消毒、除害）排至室外。实施通风的目的在于，通过控制空气传播污染物，以保证室内环境具有良好的空气品质，满足人们生活或生产过程要求的工程技术。

通风的功能主要有：①保持室内空气的新鲜和洁净，改善室内的空气品质，为人的活动过程提供供氧量。②排除室内多余的热量或湿量（余热或余湿）。③消除生产过程中产生的灰尘、有害气体、高温和辐射热的危害。④提供适合生活和生产的空气环境。建筑中的通风系统，可能只完成其中的一项或几项任务。其中，利用通风除去室内余热和余湿的功能是有限的，它受室外空气状态的限制。

建筑通风中，将从室内排除污浊的空气称为排风，把向室内补充新鲜的空气称为送风。为实现排风和送风，所采用一系列设备、装置的总体称为通风系统。

二、通风的分类

（一）按用途分

（1）工业与民用建筑通风。以治理工业生产过程和建筑中人员及其活动所产生的污染物为目标的通风系统。

（2）建筑防烟和排烟。以控制建筑火灾烟气流动，创造无烟的人员疏散通道或安全区的通风系统。

（3）事故通风。排除突发事件产生大量有燃烧、爆炸危害或有毒害的气体、蒸汽的通风系统。

（二）按通风的作用范围分

通风系统按通风的作用范围可分为全面通风和局部通风两类。

1. 局部通风系统

局部通风系统又分为局部送风系统和局部排风系统。

局部排风系统由局部排风罩、风管、净化设备和风机组成，如图 5－1 所示。它是防止工业有害物污染室内空气最有效的方法，在有害物产生的地点直接将它们捕集起来，经过净化处理，排至室外。与全面通风相比，局部排风系统需要的风量小、效果好，设计时应优先考虑。

局部送风系统（如图 5－2 所示）：对于面积很大，工作人数较少的车间，用全面通风的方式改善整个车间的工作环境，既困难又不经济，同时也是不必要的。例如，某些高温车间，没有必要对整个车间降温，只需向少数的局部工作地点送风，在局部地点造成良好的空气环境，这种通风方式即为局部送风。

局部通风一般应用于工矿企业，民用建筑中的厨房排烟系统也属于局部通风。

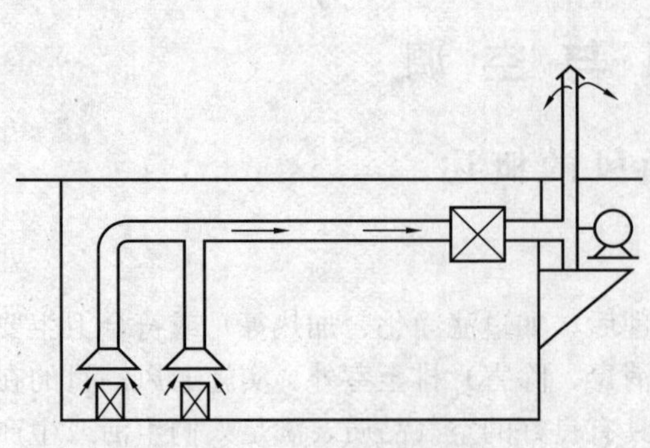
图 5-1 局部排风系统

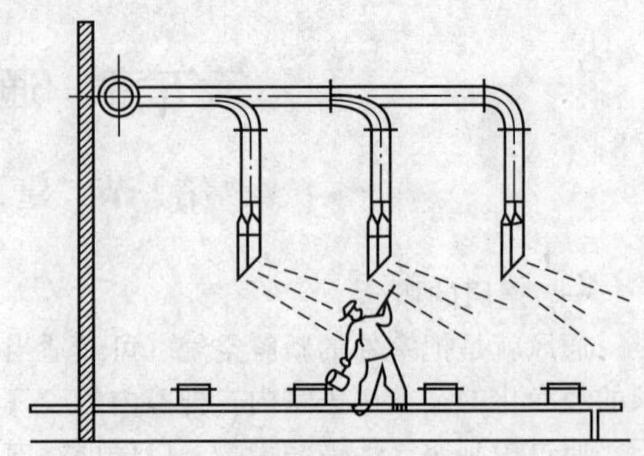
图 5-2 铸工车间浇铸工段的局部机械送风系统

2. 全面通风系统

全面通风也称稀释通风，它一方面用清洁的空气稀释室内空气中的有害物浓度，同时又不断地把污染空气排至室外，使室内空气中有害物浓度不超过卫生标准规定的最高允许浓度。全面通风的效果与通风量和通风气流的组织有关。该系统适用于有害物分布面积广，以及有些不适合采用局部通风的场合，但它所需的风量大，设备较为庞大。

全面通风系统一般由进风百叶窗、空气过滤器、空气处理器、通风机、送风管道、送排风口等设备组成。地下车库的送风排烟系统就属于全面通风。

（三）按工作动力分

按空气流动的动力不同，通风可分为自然通风和机械通风两种。

1. 自然通风

自然通风是以热压和风压作用的不消耗机械动力的、经济的通风方式。自然通风易受室外气象条件的影响，它在热车间排除余热的全面通风中和一些热设备的局部排风中常用。

自然通风的动力有热压和风压两种。热压是室内外温度差异导致室内外空气密度差所产生的；风压主要指室外风作用在建筑物外围护结构而造成的室内外静压差。风压和热压作用下的自然通风示意图如图 5-3 和图 5-4 所示。自然通风系统简单，便于管理，可用于厂房或民用建筑的全面通风换气。

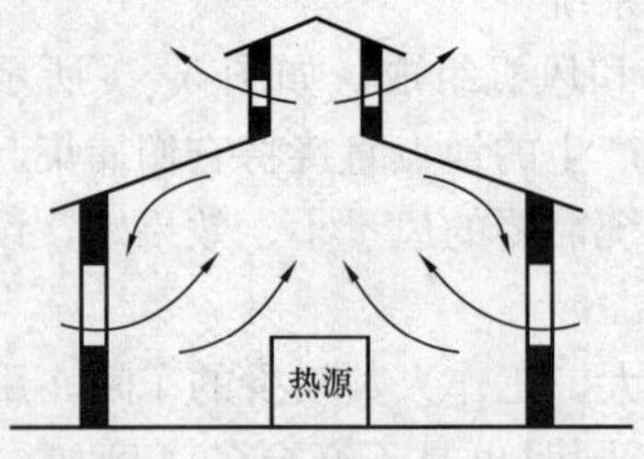

图 5-3 热压作用的自然通风

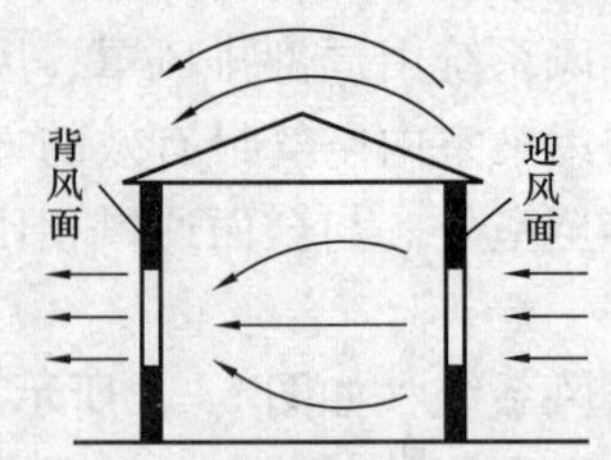

图 5-4 风压作用的自然通风

2. 机械通风

机械通风以风机为动力，可使空气通过风道输送，并可对输送的空气进行净化处理。按通风的作用范围，机械通风可分为局部机械通风和全面机械通风两种。

局部机械通风包括机械局部排风（如图 5-1 所示）和局部机械送风（如图 5-2 所示）。

全面机械通风包括全面排风和送风（如图 5-5 所示）。

对可能突然产生大量有害气体的车间，还需另设一个专用的全面机械排风系统，即事故排风装置。

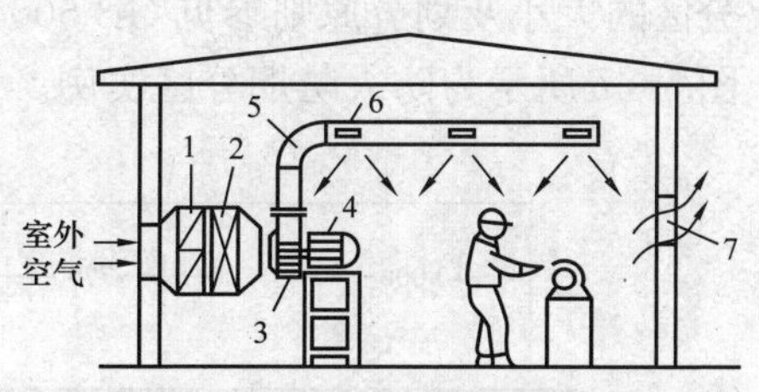

图 5-5 全面机械送排风系统

1—空气过滤器；2—空气处理器；3—通风机；4—电动机；5—送风管；6—送风口；7—排风口

第二节 建筑的防、排烟

火灾是一种多发性灾难，会导致巨大的经济损失和人员伤亡。建筑物一旦发生火灾，就有大量的烟气产生，烟气在建筑物内不断流动传播，不仅导致火灾蔓延，也引起人员恐慌，影响疏散和扑救，造成人员伤亡。引起烟气流动的因素有扩散、烟囱效应、浮力、热膨胀、风力、通风空调系统等。烟气控制的主要目的是在建筑物内创造无烟或烟气含量极低的疏散通道、安全区。烟气控制的实质是控制烟气合理流动，也就是使烟气不流向疏散通道、安全区和非着火区，而向室外流动。

建筑防排烟分为防烟和排烟两种形式。防烟的目的是将烟气封闭在一定的区域内，以确保疏散线路畅通，无烟气侵入。排烟的目的是将火灾时产生的烟气及时排除，防止烟气向防烟分区以外扩散，以确保疏散通路和疏散所需时间。

建筑中的防烟可采用机械加压送风防烟方式或可开启外窗的自然排烟方式。建筑中的排烟可采用机械加压排烟方式或可开启外窗的自然排烟方式。机械排烟系统与通风、空调系统宜分开设置。若合用时，则必须采用可靠的防火安全措施，并应符合排烟系统要求。

一、控制烟气流动的主要方法

1. 隔断或阻挡

墙、楼板、门等都具有隔断烟气传播的作用，为了防止火势蔓延和烟气传播，各国的法规中对建筑物内部间隔作了明文规定，规定建筑物中必须划分防火分区和防烟分区。

所谓防火分区是指，用防火墙、楼板、防火门或防火卷帘等分隔的区域，可以将火灾在一定的时间内限制在局部区域内，不使火势蔓延，同时对烟气也起了隔断作用。防火分区是控制耐火建筑火灾的基本空间单元。GB 50016—2006《建筑设计防火规范》、GB 50045—1995《高层民用建筑设计防火规范》、GB 50067—1997《汽车库、修车库、停车场设计防火规范》、GB 50098—1998《人民防空工程设计防火规范》等均对建筑的防火分区面积做出了具体规定。

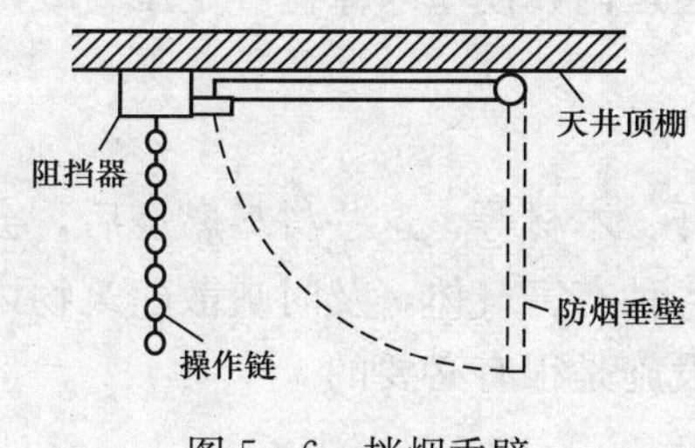

图 5-6 挡烟垂壁

所谓防烟分区是指，采用挡烟垂壁（如图 5-6 所示）、隔墙或从顶板下凸出不小于 50cm 的梁等具有一定耐火等级的不燃烧体来划分的防烟、蓄烟空间。防烟分区是有利于建筑物内人员安全疏散和有组织排烟而采取的技术措施。防烟分区在防火分区中分隔，防烟分区、防火分区的大小及划分原则参见 GB 50045—1995。

图 5-7 所示为防火防烟分区实例。

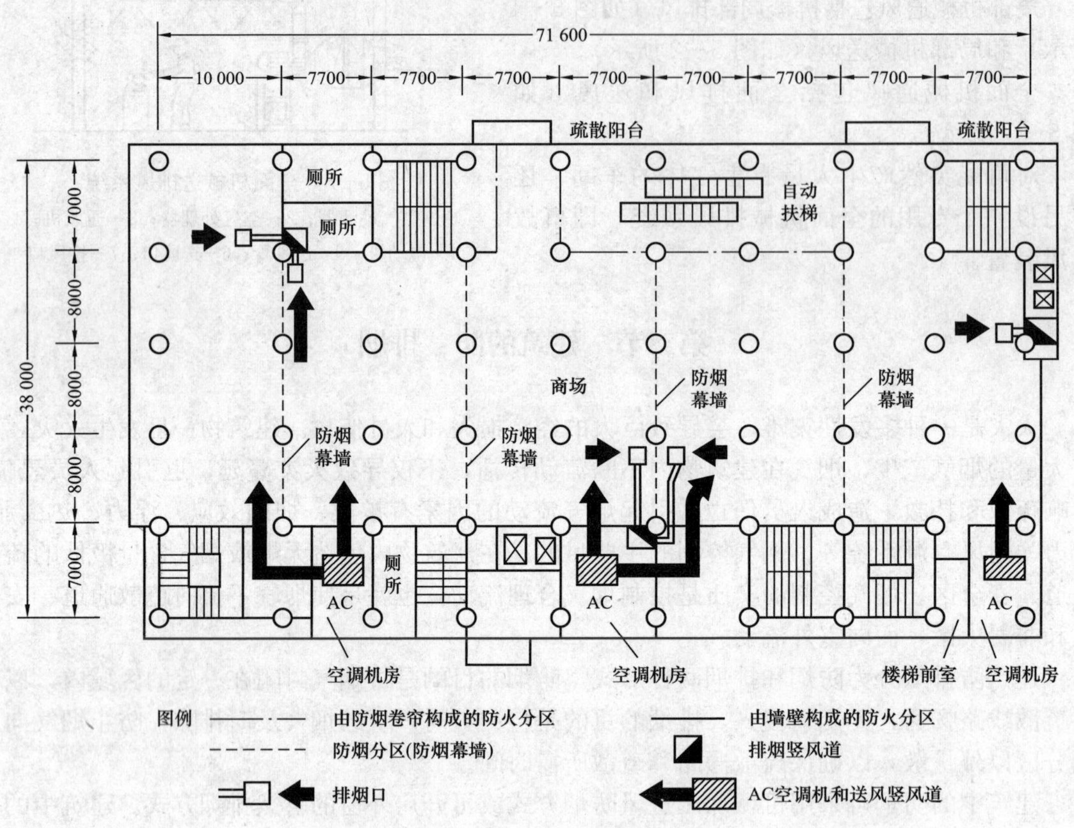

图 5-7　防火防烟分区实例

2. 疏导排烟

利用自然或机械作用力将烟气排到室外，称为排烟。利用自然作用力的排烟称为自然排烟；利用机械（风机）作用力的排烟称机械排烟。排烟的部位包括着火区和疏散通道两类。着火区排烟的目的是，将火灾发生的烟气（包括空气受热膨胀的体积）排到室外，降低着火区的压力，不便烟气流向非着火区，以利于着火区的人员疏散及救火人员的扑救；疏散通道的排烟是，为了排除可能侵入的烟气，以保证疏散通道无烟或少烟，以利于人员安全疏散及救火人员通行。

3. 加压防烟

加压防烟是用风机把一定量的室外空气送入一房间或通道内，使室内保持一定压力或门洞处有一定流速，以避免烟气侵入。

二、高层民用建筑的防烟、排烟

高层建筑中往往使用了大量可燃性材料，如塑料、化纤、木材等，这些材料燃烧后，会产生大量有毒气体，导致人员伤亡。为排除火灾中产生的各种有害气体，及时疏散建筑物内人员，防止火灾迅速蔓延，在高层建筑中设置防烟、排烟设施是很有必要的。

排烟可分为自然排烟和机械排烟两种。

（一）自然排烟

自然排烟，就是利用发生火灾时高温烟气与室外空气的密度差产生的热压和室外空气流动产生的风压的共同作用，将烟气直接排出室外。自然排烟的形式可分为：

(1) 利用可开启的外窗进行自然排烟，如图 5－8 所示。

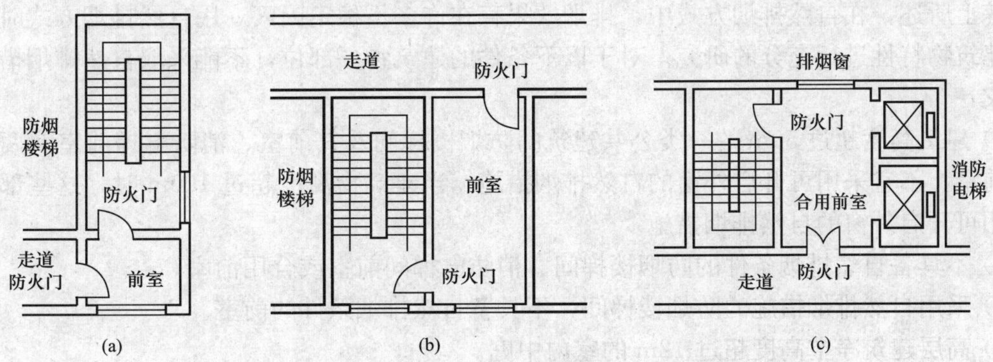

图 5－8　利用可开启的外窗进行自然排烟

(2) 利用室外阳台或凹廊及室外楼梯进行自然排烟，如图 5－9 所示。

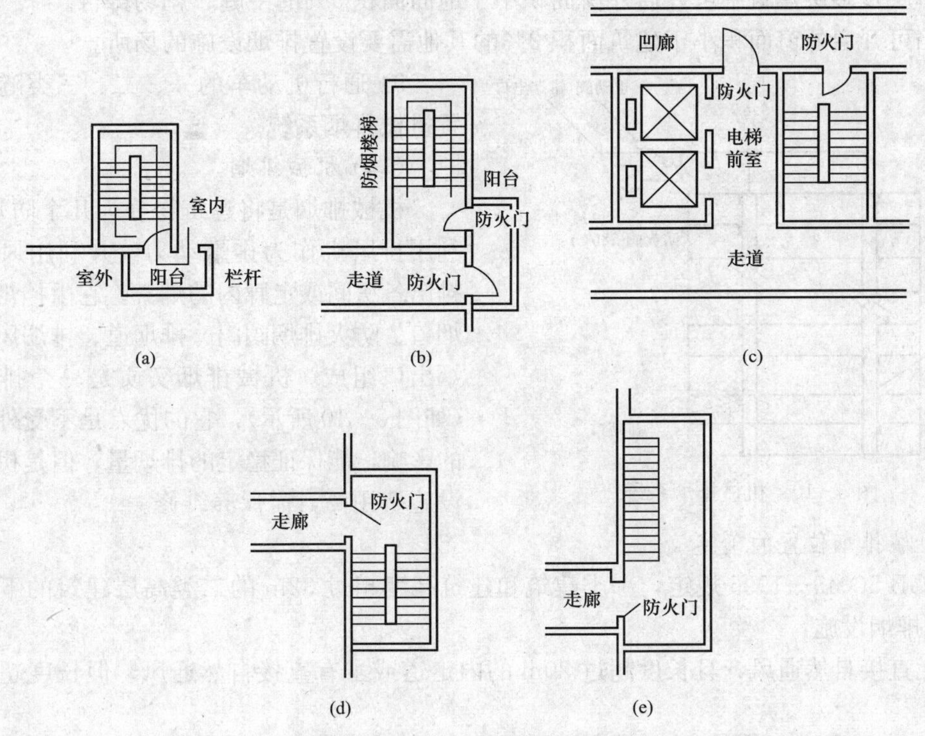

图 5－9　利用室外阳台或凹廊及室外楼梯进行自然排烟

自然排烟结构简单、经济，不需要动力设备，因此，对于满足自然排烟的建筑，首先考虑采用自然排烟方式。但自然排烟存在一些问题，使得它的使用受到一定限制。自然排烟存在下列问题：

(1) 对建筑设计的制约。自然排烟必须要求建筑物中需要排烟的房间有一定面积可开启的外窗。

(2) 具有火势蔓延至上层的危险性。利用外部开口进行排烟时，若火灾房间的温度很高，烟气中又含有大量未燃烧的气体，则烟气排出后就会形成火焰，这将会引起火势向上蔓延。

(3) 影响自然排烟的因素多。自然排烟的效果是靠烟气的浮力作用的，因此在建筑物室内外热压与风压的作用下，会引起排烟困难，甚至发生烟气倒灌，使烟气蔓延至其他区域。

综上所述，在自然排烟方式中，排烟效果存在许多不稳定因素，用自然排烟方式时，应结合建筑物特性进行充分的研究。对于以下条件的建筑物各部位，不能采取自然排烟措施规避火灾：

1) 建筑高度超过 50m 的一类公共建筑的防烟楼梯间及其前室、消防电梯前室及两者合用的前室，不宜采用可开启外窗的自然排烟措施。当建筑物高度超过 100m 时，这些部位不应采用可开启外窗的自然排烟措施。

2) 不具备自然排烟条件的防烟楼梯间、消防电梯间前室或合用前室。

3) 采用自然排烟措施的防烟楼梯间，不具备自然排烟条件的前室。

4) 高层建筑净空高度超过 12m 的室内中庭。

5) 高层建筑长度超过 60m 的内走道。

6) 建筑高度超过 50m 的厂房和仓库。

7) 单层及多层建筑中可开启外窗面积小于地面面积 5%的中庭、剧场舞台。

8) 当可开启外窗面积小于建筑面积 2%的其他需要设置排烟设施的场所。

9) 通行机动车的一、二、三类隧道应设置机械排烟系统。

（二）机械排烟

机械排烟是将建筑物分为几个防烟分区，利用排风机作为排烟动力，并利用风道强制排出各房间或走廊内的烟气。它由挡烟壁、排烟口、防火排烟阀门、排烟道、排烟风机和排烟出口组成。机械排烟实质是一个排风系统（如图 5-10 所示），它的优点是不受外界条件的影响，能保证稳定的排烟量，但是机械排烟设施费用高，需保养维修。

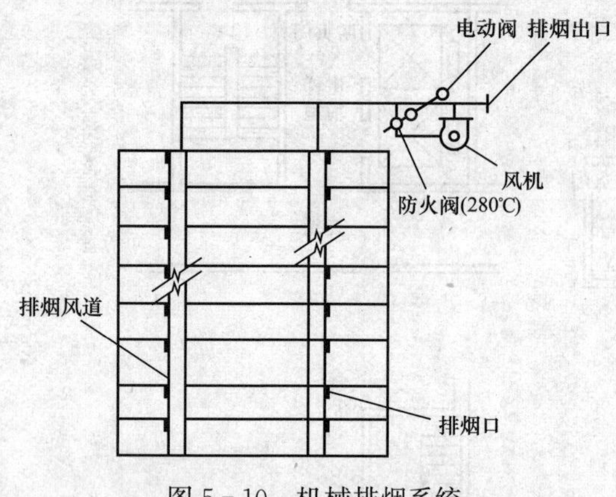

图 5-10 机械排烟系统

1. 机械排烟位置的确定

(1) GB 50045—1995 规定，一类建筑和建筑高度超过 32m 的二类高层建筑的下列部位应设机械排烟设施：

1) 无直接自然通风，且长度超过 20m 的内走道或虽有直接自然通风，但长度超过 60m 的内走道。

2) 面积超过 $100m^2$，且经常有人停留或可燃物较多的无窗房间或设固定窗的房间。

3) 不具备自然排烟条件或净空超过 12m 的中庭。

4) 除利用窗井等开窗进行自然排烟的房间外，各房间总面积超过 $200m^2$ 或一个房间面积超过 $50m^2$，且经常有人停留或可燃物较多的地下室。

(2) 根据 GB 50016—2006 的规定，应在下列位置设置机械排烟：

1) 对于丙类厂房中建筑面积大于 $300m^2$ 的地上房间，人员、可燃物较多的丙类厂方或高度大于 32.0m 的高层厂房中长度大于 20.0m 的内走道，总建筑面积大于 5000m^2、室内净高度大于 12.0m 的丁类厂房，占地面积大于 1000m^2 的丙类仓库，公共建筑中经常有人停留或可燃物较多，且建筑面积大于 300m^2 的地上房间，长度大于 20.0m 的内走道，设置在一、二、三层且房间建筑面积大于 200m^2 或设置在四层及四层以上或地下、半地下的歌舞娱乐放映游艺场所，总建筑面积大于 200m^2 或一个房间建筑面积大于 50m^2 且经常有人停留或可燃物较多的地下、半地下建筑（室），其他建筑中长度大于 40.0m 的疏散走道等，可开启外窗的自然排烟口净面积小于该场所建筑面积的 2%时。

2）中庭、剧场舞台，不应小于该中庭、剧场舞台楼地面面积的 5%。

3）商店的营业厅，展览建筑的展览厅不满足可开启外窗的自然排烟口净面积小于该场所建筑面积的 2%～5%时。

4）建筑高度超过 50m 的厂房、仓库。

（3）面积超过 2000m^2 的地下汽车库。

（4）人防工程需要设置防排烟的部位：

1）面积超过 50m^2，且经常有人停留或可燃物较多的地下房间、大厅及丙、丁类生产车间。

2）总长度大于 20m 的疏散走道。

3）电影放映间、舞台等。

2. 机械排烟的方式

机械排烟可分为局部排烟和集中排烟两种方式。局部排烟方式是在每个需要排烟的部位设置独立排风机，直接进行排烟；集中排烟方式，是将建筑物分为若干区，在每个区设置排风机通过排烟风道排烟。局部排烟系统中风机多且分散，维修管理麻烦，投资大，很少采用；采用时，一般与通风换气相结合。

3. 排烟系统的设置

（1）机械排烟系统的设置原则。

1）横向宜按防火分区设置，竖向穿越防火分区时，垂直排烟管道宜设置在管井内。

2）穿越防火分区的排烟管道应在穿越处设置排烟防火阀。

3）走道与房间的排烟系统宜分开设置，走道的排烟系统宜竖向布置，房间的排烟系统宜按防烟分区布置。

4）机械排烟系统与通风、空气调节系统宜分开独立设置。若合用时，必须采取可靠的防火安全措施，并应符合排烟系统要求。

5）为防止风机超负荷运转，排烟系统竖直方向可分成多个系统，但是不能采用将上层烟气引向下层风道的布置方式。

6）每个排烟系统设有排烟口的数量不宜超过 30 个。

7）排烟风机和用于排烟补风的送风风机，宜设置在通风机房内。

8）机械加压送风防烟系统和排烟补风系统的室外进风口宜布置在室外排烟口的下方，且高差不宜小于 3.0m，当水平布置时，水平距离不宜小于 10.0m。

（2）排烟口。

1）排烟口或排烟阀应按防烟分区设置。

2）排烟口应尽量设在防烟分区的中心部位，排烟口至该防烟分区最远点的水平距离不应超过 30m，排烟支管上应设置当烟气温度超过 280℃时能自行关闭的排烟防火阀。

3）排烟口应设在顶棚上或靠近顶棚的墙面上，且与附近安全出口沿走道方向相邻边缘之间的最小水平距离不应小于1.50m。设在顶棚上的排烟口，距可燃构件或可燃物的距离不应小于1.00m。排烟口平时关闭，并应设置有手动和自动开启装置。

4）排烟口或排烟阀应与排烟风机连锁，当任一排烟口或排烟阀开启时，排烟风机应自行启动。

5）排烟口的尺寸，可根据烟气通过排烟口有效断面时的速度不宜大于10m/s进行计算确定。

（3）排烟风道。

1）排烟风道不应穿越防火分区。竖直穿越各层的竖风道应用耐火材料制成，并宜设在管道井内或采用混凝土风道。

2）排烟风道因火灾时排出烟气温度较高，除应采用金属板、混凝土等非金属非燃烧材料制作外，还应安装牢固，排烟时温度升高不变形、不脱落，并应具有良好的气密性。

3）排烟道构造和施工要求：

排烟风道外表面与木质等可燃构件的距离不应小于15cm，或在排烟道外表面包有厚度不小于10cm的保温材料进行隔热。

排烟道穿过挡烟墙时，风道与挡烟隔墙之间的空隙，应用水泥砂浆等非燃材料严密填塞。

排烟风道与排烟风机的连接，宜采用法兰连接，或采用非燃的软性连接。

需隔热的金属排烟道，必须采用非燃保温材料，如矿棉、玻璃棉、岩棉、硅酸铝等材料。

（4）排烟风机。

1）排烟风机的全压应满足排烟系统最不利环路的要求，其排烟量应考虑10%～20%的漏风量。

2）排烟风机可采用离心风机或排烟专用的轴流风机。

3）排烟风机应能在280℃的环境条件下连续工作不少于30min。

4）在排烟风机入口处的总管上应设置当烟气温度超过280℃时能自行关闭的排烟防火阀，该阀应与排烟风机连锁，当该阀关闭时，排烟风机应能停止运转。

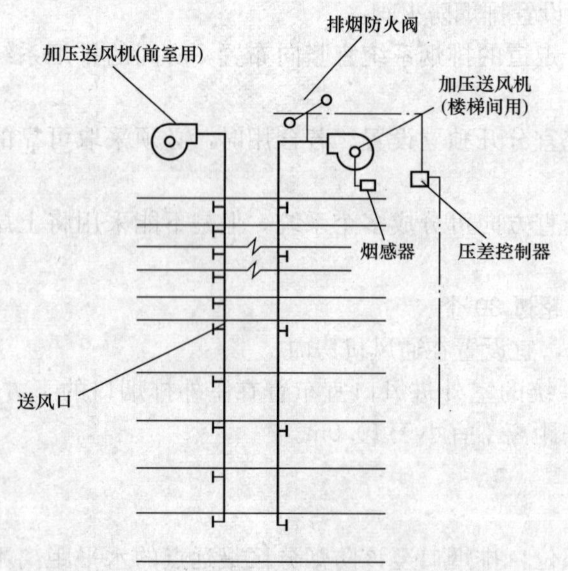

图5-11 机械加压送风防烟

5）当排烟风机及系统中设置有软接头时，该软接头应能在280℃的环境条件下连续工作不少于30min。排烟风机和用于排烟补风的送风风机宜设置在通风机房内。

（三）机械加压送风防烟

机械加压送风防烟（如图5-11所示）是为了在建筑物发生火灾时，提供不受烟气干扰的疏散线路和避难场所。它是一种有效的防烟措施，因造价高，一般只用于一些重要建筑和重要的部位。

1. 机械加压送风防烟部位的确定

（1）民用建筑的下列部位应设置独立的机械加压送风的防烟设施。

1）不具备自然排烟条件的防烟楼梯间，消防电梯间前室或合用前室，如图 5-12 所示。

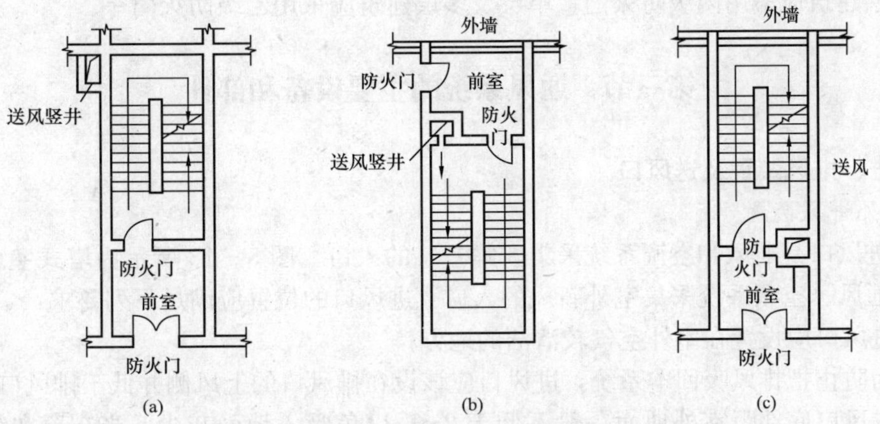

图 5-12 不具备自然排烟条件的防烟楼梯间及前室

2）采用自然排烟措施的防烟楼梯间，不具备自然排烟条件的前室。

3）高层建筑的封闭避难层（间）。

4）带裙房的高层建筑防烟楼梯间及前室、消防电梯前室和合用前室，当裙房以上部分能采用可开启外窗自然排烟措施时，裙房以内部分如不具备自然排烟条件的前室或合用前室，应设置局部正压送风系统。

对防烟楼梯间及前室、消防电梯前室和合用前室，由于各部位采用机械加压送风与可开启外窗自然排烟这两种方式的组合不同，则应确定设置加压送风系统设施的部位，见表 5-1。

表 5-1 机械加压送风部位

组 合 关 系	防烟布置部位
不具备自然排烟条件的楼梯间及前室	楼梯间
采用自然排烟的前室或合用前室及不具备自然排烟条件的楼梯间	楼梯间
采用自然排烟的楼梯间及不具备自然排烟条件的前室或合用前室	前室或合用前室
不具备自然排烟条件的楼梯间及合用前室	楼梯间、合用前室
不具备自然排烟条件的消防电梯间前室	消防电梯前室
封闭式避难层	避难层

（2）人防工程需要设置独立的机械加压送风的防烟设施。

1）防烟楼梯间及前室或合用前室。

2）避难走道的前室。

2. 机械加压送风防烟系统的基本要求

（1）机械加压送风风机可以采用轴流式风机或中、低压离心式风机，安装位置应根据供电条件、风量分配均衡、新风入口不受烟火威胁等因素确定。

（2）楼梯间宜每隔 2～3 层设一个加压送风口，前室的加压送风口应每层设一个。

（3）送风管道应采用不燃烧材料制作。

（4）加压送风管应避免穿越有火灾可能的区域，当建筑条件限制时，穿越有火灾可能区域的风管的耐火极限应不小于 1h。

（5）送风管道应采用耐火极限不小于 1h 的隔墙与相邻部位分隔，当墙上必须设置检修门时，高层建筑应采用丙级防火门，单层及多层建筑应采用乙级防火门等。

第三节　通风系统的主要设备和部件

一、进、排风装置及送风口

1. 室外进风装置

室外进风口是通风和空调系统采集新鲜空气的入口。图 5－13 所示为塔式室外进风口，进风口是通风、空调系统采集室外新风的入口。进风口的位置应满足下列要求：

（1）进风口应设置在室外空气较清洁的地方；

（2）为防止把排风吸回本系统，进风口应该设在排风口的上风侧并低于排风口；

（3）进风口底部距室外地面一般不低于 2m，以免吸入地面灰尘，当布置在绿化带时，不宜低于 1m；

（4）降温用的进风口宜设在建筑物背阴处。

图 5－13 所示为塔式室外进风装置。

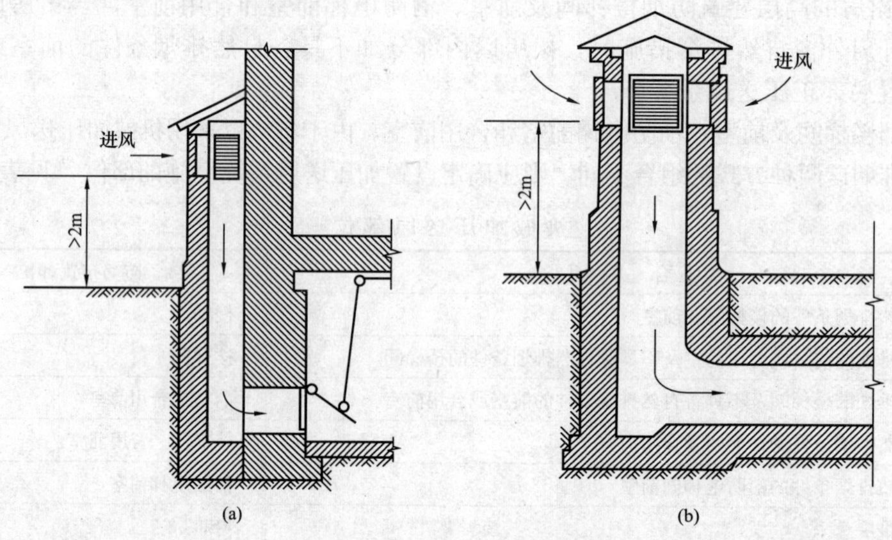

图 5－13　塔式室外进风装置
（a）墙壁式；（b）屋顶式

2. 室外排风装置

室外排风装置的任务是，将室内被污染的空气直接排到大气中去。图 5－14 所示为屋顶排风装置的构造形式，对排风口的要求有：

（1）一般情况下，通风排气主管至少应高出屋面 0.5m；若附近设有进风装置，则应比进风口至少高出 2m。

（2）通风排气中的有害物必须经大气扩散稀释时，排风口应位于建筑物空气动力阴影和正压区以上（如图 5－15 所示），且排风口上不设风帽，为防止雨水进入风机，应按图 5－16 制作。

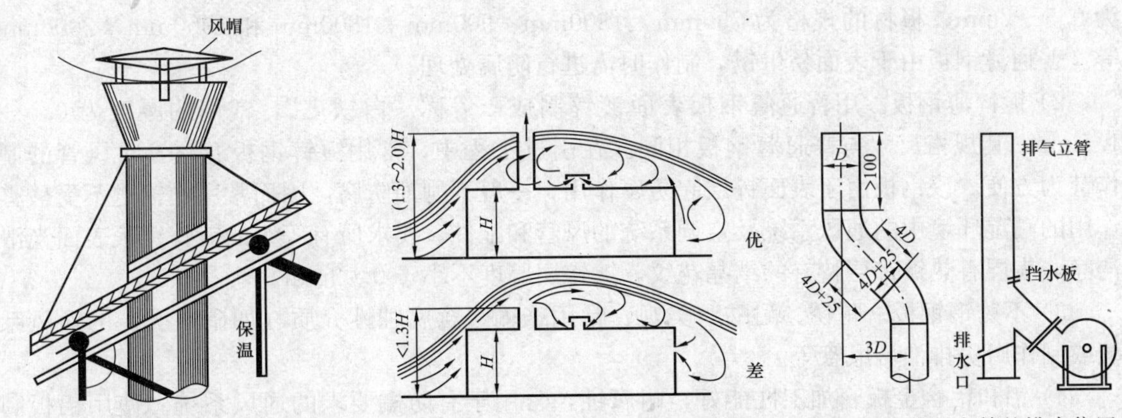

图 5－14　屋顶排风装置构造形式　　图 5－15　建筑物上进、排风口布置　　图 5－16　排风主管的排水位置

3. 送风口

通风系统送风口形式有多种。工矿企业常用圆形风管插板式送风口、旋转式吹风口、单面或双面送吸风口、矩形空气分布器及塑料插板式侧面送风口等。图 5－17 所示为两种最简单的送风口。民用建筑通风及防排烟常用百叶风口作为送风口。

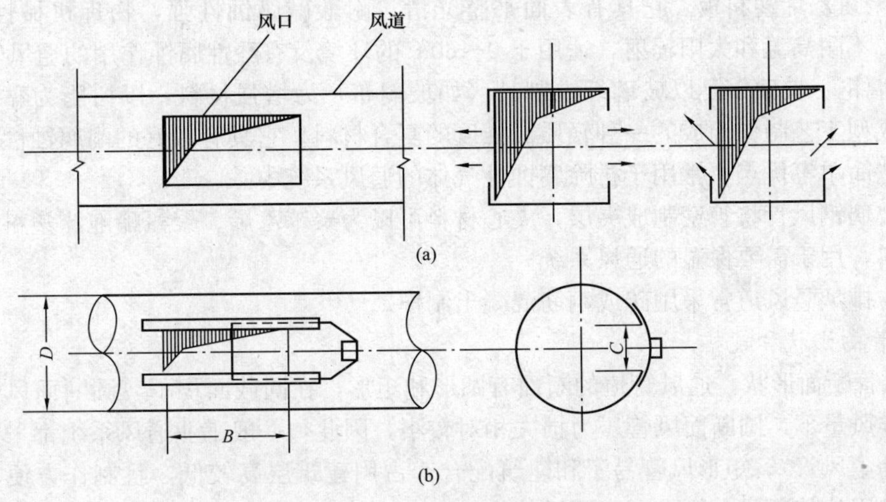

图 5－17　两种最简单的送风口

(a) 风管侧送风口；(b) 插板式送、吸风口

二、风道

1. 常用材料

风管材料有多种，但常用的主要有以下几种：

(1) 金属薄板。金属薄板是制作风管部件的主要材料。通常采用普通薄钢板、镀锌薄钢板、不锈钢钢板、铝板和塑料复合钢板。它们易于工业化加工制作、安装方便、能承受较高温度。

1) 普通薄钢板。由碳素软钢经热轧或冷轧制成，一般用于工业通风。热轧钢板表面为蓝色发光的氧化铁薄膜，性质较硬而脆，加工时易断裂；冷轧钢板表面平整光洁无光，性质较软，易于现场加工。冷轧钢板号一般为 Q195、Q215 和 Q235，有板材和卷材，常用厚度为0.5～2mm，板材的规格为750mm×1800mm、900mm×1800mm和1000mm×2000mm等。普通薄钢板由于表面易生锈，制作时需进行防腐处理。

2）镀锌薄钢板。用普通薄钢板表面镀锌制成，俗称“白铁皮”，常用的厚度为0.5～1.5mm，其规格尺寸与普通薄钢板相同。在引进工程中，常用镀锌钢板卷材，对风管的制作甚为方便。该钢板由于表面锌层起防腐作用，一般不刷油防腐，因而常用作输送不受酸雾作用的潮湿环境中的通风系统及空调系统的风管和配件。要求所有等级的镀锌钢板表面光滑洁净，表层有热镀锌层特有的结晶花纹，镀锌层厚度不小于0.02mm。

3）不锈钢钢板。耐锈、耐酸，美观，常用于输送含腐蚀性介质（如硝酸类）的通风系统或制作厨房排油烟风管等。

4）铝和铝合金板。加工性能好，耐腐蚀，常用于有防爆要求的通风系统。使用铝板制作风管，一般以纯铝为主。

5）塑料复合钢板。在普通的薄钢板（Q215、Q235钢板）表面上喷一层0.2～0.4mm的软质或半软质聚氯乙烯塑料层，常用于防尘要求较高的空调系统和－10～70℃的耐腐蚀系统。它有单面覆层和双面覆层两种。

（2）非金属材料。

1）硬聚氯乙烯塑料板。它具有表面平整光滑，耐酸碱腐蚀性强，物理机械性能良好，制作方便，不耐高温和太阳辐射，适用于0～60℃的环境及有酸性腐蚀作用的通风管道。

2）玻璃钢。玻璃钢是以玻璃纤维制品（如玻璃布）为增强材料，以树脂为黏结剂，经过一定的成型工艺制作而成的一种轻质高强度的复合材料。它具有较好的耐腐蚀性、耐火性和成型工艺简单等优点，常用于排除腐蚀性气体的通风系统中。

保温玻璃钢风管将管壁制成夹层，夹心材料可以为聚苯乙烯、聚氨酯泡沫塑料、蜂窝纸等保温材料，用于需要保温的通风系统。

建筑防排烟竖风道常采用砖或钢筋混凝土制作。

2. 风管的形状和规格

（1）风管断面形状。通风管道的断面有圆形和矩形，在同截面积下，圆断面风管周长最短，在同样风量下，圆断面风管压力损失相对较小，因此，一般工业通风系统都采用圆形风管（尤其除尘风管）。矩形风管易于和建筑配合，占用建筑层高较低，且制作方便，所以空调系统及民用建筑通风一般采用矩形风管。

（2）通风管道的规格。通风、空调系统选用的通风管道应规格统一，优先采用圆形风管或长、短之比不大于4的矩形截面。风管的统一规格见表5-2和表5-3。

表5-2　　圆形风管规格

外径D（mm）			
基本系列		辅助系列	
100	500	80 90 100	480 500
120	560	110 120	530 560
140	630	130 140	600 630

续表

外　径 D（mm）			
基　本　系　列		辅　助　系　列	
160	700	150 160	670 700
180	800	170 180	750 800
200	900	190 200	850 900
220	1000	210 220	950 1000
250	1120	240 250	1000 1120
280	1250	260 280	1180 1250
320	1400	300 320	1320 1400
360	1600	340 360	1500 1600
400	1800	380 400	1700 1800
450	2000	420 450	1900 2000

表 5-3　　**矩 形 风 管 规 格**　　mm

外边长（长×宽）		外边长（长×宽）		外边长（长×宽）	
120×120	800×500	320×160	1250×500	500×320	2000×1000
160×120	800×630	320×200	1250×630	500×400	2000×1250
160×160	800×800	320×250	1250×800	500×500	
200×120	1000×320	320×320	1250×1000	630×250	
200×160	1000×400	400×200	1600×500	630×320	
200×200	1000×500	400×250	1600×630	630×400	
250×120	1000×630	400×320	1600×800	630×500	
250×160	1000×800	400×400	1600×1000	630×630	
250×200	1000×1000	500×200	1600×1250	800×320	
250×250	1250×400	500×250	2000×800	800×400	

实际工程中，为减少占用建筑层高，往往采用较小的厚度，但风管尺寸会超过标准宽度。

3. 风道的保温

当风管在输送空气过程中冷、热量损耗大，要求空气温度保持恒定，或要防止风管穿越房间时对室内空气参数产生影响及低温风管表面结露，都要对风管进行保温。常用的保温材料有离心玻璃棉、岩棉、玻璃纤维保温板、橡塑等。保温结构通常有防腐层、保温层、防潮层和保护层四层。

4. 通风管道的布置

风管布置直接关系到通风、空调系统的总体布置，它与工艺、土建、电气、给水排水等专业密切相关，应互相配合、协调一致。

(1) 风道布置应整齐、美观并密切结合建筑空间，避免复杂的局部构件，便于检修和测试，并应考虑其他管道的布置要求和各种管道的装拆方便。

(2) 为保证接口的密封性，风管之间、风管与设备之间的法兰连接加垫料，垫料厚度为5～8mm，常用的有橡胶板、石棉橡胶板、石棉绳、软聚氯乙烯板等。

(3) 除通风管道及配件统一规格标准外，关于通风部件如风口、阀门、风帽和支、吊架等标准化规格应按《采暖通风国家标准图》加工制作。图5-18所示为风道支架安装图。

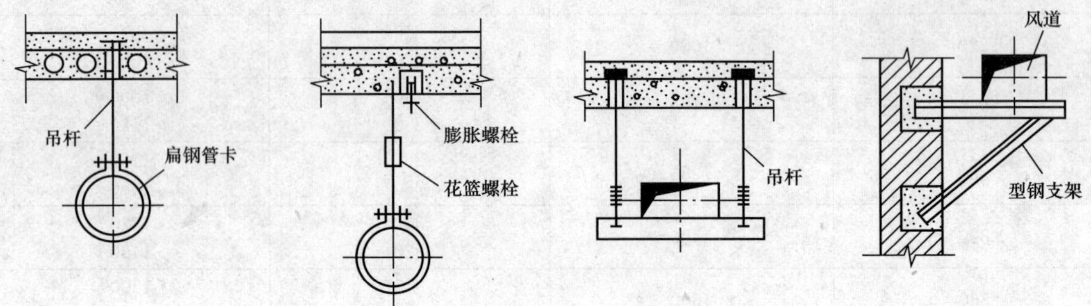

图5-18　风道支架安装图

(4) 风管上应该设置必要的调节（如调节阀）和测量装置或预留安排测量装置的接口。调节和测量装置应设在便于操作和观察的地点。

(5) 布置风道应将噪声控制在允许范围内，并应设置必要的消声装置。

(6) 排烟管道必须采用不燃材料制作。安装在吊顶内的排烟管道，其隔热层应采用不燃材料制作，并应与可燃物保持不小于150mm的距离。

三、通风机

通风机在管路中的作用是输送空气，通风机的基本组成有叶轮、电动机、外壳。

通风机的分类如下。

1. 按作用原理分

应用于工业与民用建筑的通风机，按作用原理可分为离心式风机、轴流式风机、混流风机及斜流风机等。

(1) 离心式通风机。离心式通风机（如图5-19所示）由旋转的叶轮和蜗壳式外壳组成，

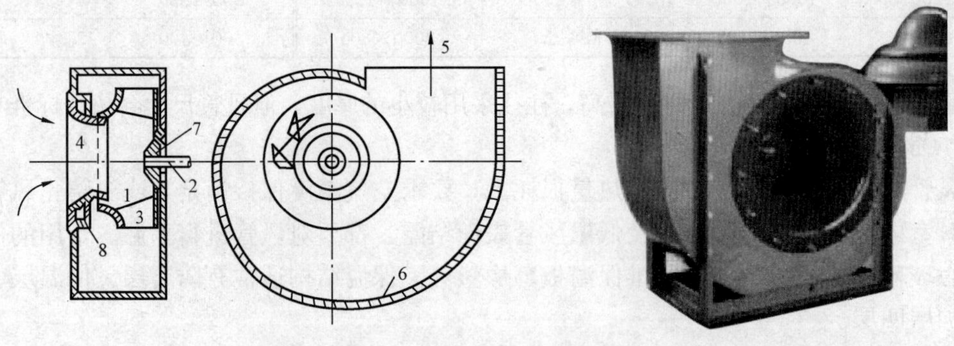

图5-19　离心式通风机

1—叶轮；2—机轴；3—叶片；4—吸气门；5—出口；6—机壳；7—轮毂；8—扩压环

叶轮上装有一定数量的叶片。气流由轴向吸入，经 90°转弯，由于叶片的作用而获得能量，并由蜗壳出口甩出。根据风机提供的全压不同可分为高、中、低压三类。

离心式通风机叶轮叶片的形式有流线形、后弯叶形、前弯叶形和径向形四种。

在一些特殊场合，为降低噪声及便于安装，在离心风机外面加一个风机箱便成为柜式风机，其进风与出风方向可以有多个选择，可以吊装，有的柜式风机直接用风机箱代替蜗壳。图 5－20 所示为排烟柜式风机。

（2）轴流式风机。轴流式通风机是依靠叶轮的推力作用促使气流流动，气流方向与机轴平行。轴流式风机与离心风机在性能上最主要的差别是，前者产生的压力较小，后者产生的压力较大。因此，轴流式风机只能用于无需设置管道的场合及管道阻力较小的系统，或用在高温车间作为扇风散热设备，而离心式风机则往往用在阻力较大的系统中。轴流风机往往安装在风管中间或者墙洞内。图 5－21 所示为轴流式风机的安装示意图。

图 5－20　排烟柜式风机

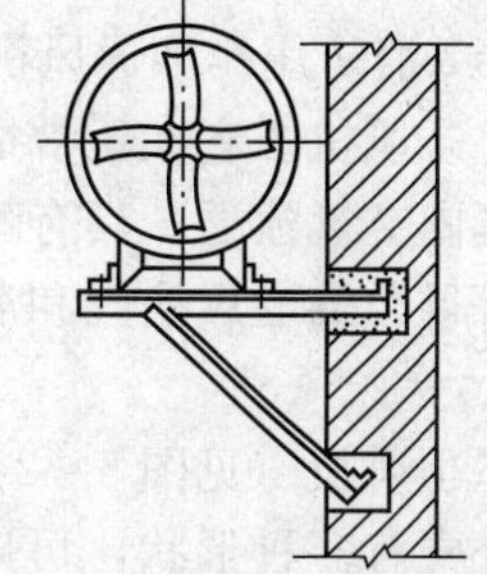

图 5－21　轴流式风机的安装

（3）混流风机。混流风机（见图 5－22）结合了轴流式和离心式风机的特征，但它看起来更像传统的轴流式风机。混流风机采用锥形轮结构，扭曲翼形或弯曲板形叶片焊接在圆锥形钢轮毂上。进风口可加置集流器或弧形消声器。通过改变叶轮上游入口外壳中的叶片角度可改变流量和风压。机壳具有敞开的入口，电动机也可以放在管道外部。出口排泄壳缓慢膨胀，以放慢空气或气体流的速度，并将动能转换为有用的静态压力。

混流风机压力比同机号轴流风机高，风量比同机号离心风机大，具有高效率、结构紧凑、噪声低、体积小、安装方便等优点，广泛应用于宾馆、饭店、商场、写字楼、体育馆等高级民用建筑的通风排烟、管道加压送风及工矿企业的通风换气场所。

（4）斜流风机。斜流风机（见图 5－23）与混流风机较相似，但比混流风机更接近轴流风机，其叶轮为轴流式风机的变形，气流沿叶片中心为散射形，并行气流方向倾斜同机号相比，

图 5－22　混流风机

图 5－23　斜流风机

斜流风机流量大于离心风机，全压高于轴流风机；斜流风机体积小于离心式风机，具有高速运行宽广、噪声低、占地少、安装方便等优点。斜流风机不影响管道布置和管道走向，最适宜于为直管道加压和送排风。对于空间狭小的机身，尤其显示出斜流风机的结构紧凑的优越性。

混流风机和斜流风机有单速和双速两种，双速风机可以用于通风和排烟合二为一的系统。它们均有可以根据不同的使用场合，采用改变安装角度、改变叶片数、改变转速、改变机号等方法达到多方面使用要求的特点。

2. 按用途分

(1) 一般用途通风机。适合输送温度低于 80℃及含尘浓度低于 150mg/m³ 的清洁空气。

(2) 排尘通风机。适用于输送含尘气体。

(3) 防爆通风机。

(4) 防腐通风机。

(5) 消防用排烟通风机。供建筑物消防排烟使用，具有耐高温的特点。多采用混流风机或离心式风机。它在正常情况下可用于日常的通风换气，遭遇火险时，抽排室内高温烟气，增强室内空气流通，具有耐高温的特点，适用于高层建筑、烘箱、车库、隧道、地铁、地下商场等场合的通风换气和消防排烟。

3. 特殊风机

屋顶风机（见图 5－24）。屋顶风机是安装在屋顶的风机，其叶轮可采用离心式或轴流式，外壳有多种形状，可以防止雨水进入，适用于厂房、仓库、高层建筑、实验室、影剧院、宾馆、医院等场合的排风。

四、防火阀

1. 防火阀、排烟防火阀的概念

防火阀、排烟阀主要分为通风、空调系统防火阀系列和防、排烟系统阀门系列。

通风、空调系统防火阀安装在通风、空调系统送、回风管路上，平时呈开启状态，火灾时当管道内气体温度达到 70℃时自动关闭，在一定时间内能满足耐火稳定性和耐火完整性要求，是起阻烟隔火作用的阀门（见图 5－25）。

图 5－24 屋顶风机

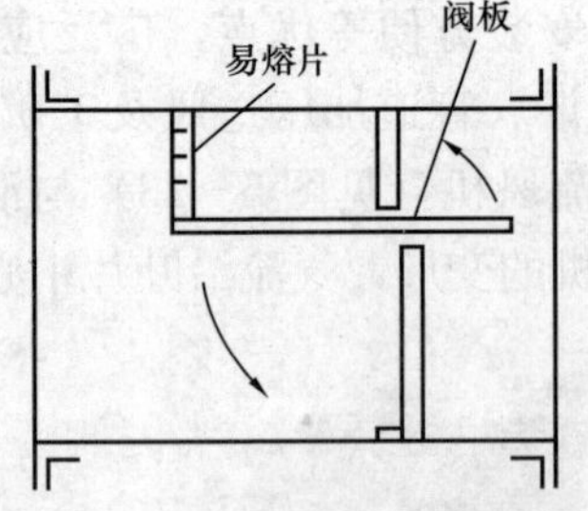

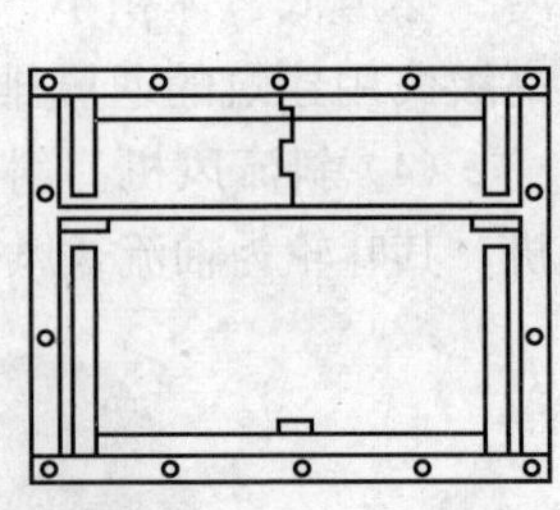

图 5－25 防火阀

排烟防火阀是指安装在排烟系统管道上，平时呈开启状态，火灾时当管道内气体温度达到 280℃时自动关闭，在一定时间内能满足耐火稳定性和耐火完整性要求，起阻烟隔火作用的阀门。

2. 防火阀的作用

防火阀的作用有：①控制送风、排烟；②调节风量；③切断管路，有利于通风设备（如离心通风机）空载启动。

3. 防排烟系统阀门的设置原则

在通风、空调管路上设防火阀，在排烟系统管道上设排烟防火阀，以防止火灾时高温有毒烟气传输，引起火灾蔓延。

(1) 普通防火阀动作温度应为 70℃，用于厨房排油烟系统的防火阀动作温度应为 150℃，排烟防火阀动作温度应为 280℃，易熔部件应符合消防部门的认可标准。

(2) 防火阀宜靠近防火分隔处设置，距防火隔断物不宜大于 200mm。

(3) 当防火阀、排烟风口采用暗装式时，应在安装部位设置方便检修的检修口，操作机构一侧应有不小于 200mm 的净空以利于检修。

(4) 在防火阀两侧各 2.0m 范围内的风管及其绝热应采用不燃材料制作。

(5) 在下列情况之一的通风、空调系统的风管应设置防火阀。

1) 管道穿越防火分区的隔墙处。

2) 管道穿越通风、空气调节机房及重要的或火灾危险性大的房间隔墙和楼板处。

3) 垂直风管与每层水平风管交接处的水平管道。

4) 管道穿越变形缝的两侧。

第四节 空 调 系 统

一、空气调节系统概述

空气调节就是将室内的空气进行冷却、加热、加湿、除湿、净化等处理，以达到消除室内的余热、余湿、有害物，或为室内加热、加湿、提供一定的新鲜空气，来满足生产工艺或人体舒适的要求。

室内空气计算参数有空气的状态参数（温度、湿度等）及其他技术参数（流速、洁净度、允许噪声、余压等）。参数的指标有空调基数（空调区域内设计规定的空气基准温度和基准相对湿度）和空调精度（空调区域内偏离空调基数最大允许值）。例如，某房间示意图中注有 $t=(20\pm0.5)$℃，表明该空调房间的基准温度为 $t_n=20$℃，空调精度为±0.5℃。换言之，空调房间的温度不超过 20.5℃，也不低于 19.5℃，只要在这个范围内即满足空调要求。

(一) 空气调节系统的组成

一个完整的空调系统应由空气处理设备、输送设备，冷热源及控制、调节系统这四部分组成，如图 5-26 所示。

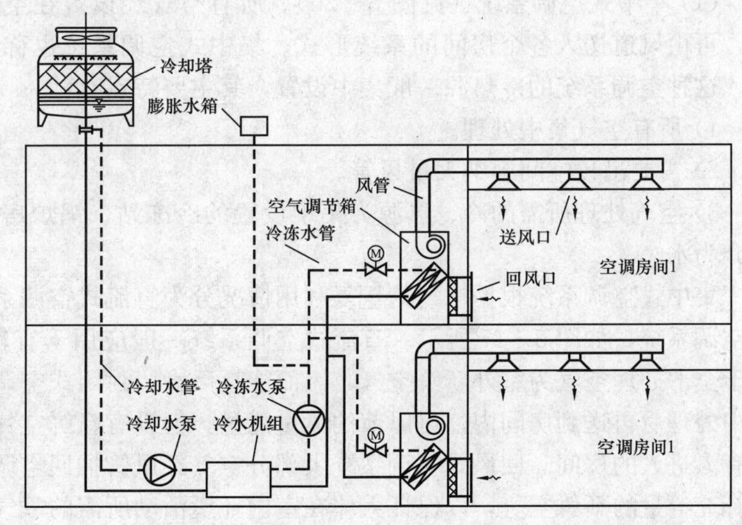

图 5-26 集中式空气调节系统组成示意图

1. 空气处理设备

通过热湿交换和净化，使室内空气或室内空气与室外新鲜空气的混合物达到要求的温湿度与洁净度的设备，称为空气处理设备。一般，集中式空调系统的空气处理设备设置在空气调节箱（简称空调箱）中。

2. 输送设备

输送设备主要指输送冷热源产生的冷量和热量的水泵、水管和将处理空气送入空气处理设备，并将处理后的空气送到空调房间所需要的风道、风机、风口及其他配管等装置。

3. 冷热源

空气处理设备所需要的冷热源包括制冷机组（冷水机组、风冷热泵机组等）、锅炉、电加热器等。

4. 控制、调节系统

控制、调节系统是为保持温度、湿度、压力和风速等参数在所要求的预定范围，并防止这些参数超出设定值。同时，还能够按照需要提供经济运行模式，即在预定的程序内，停止或启动设备，并按负荷的变化和需要提供相应的系统输出量。

（二）空气调节系统的分类

1. 根据服务对象的不同分

空气调节系统可分为舒适性空调和工艺性空调两类。

(1) 舒适性空调。以室内人员为服务对象，以创造舒适环境为目的，如住宅、办公室、宾馆、商场、图书馆、体育馆等所应用的空调。GB 50019—2003《采暖通风与空气调节设计规范》规定，对于舒适性空调：夏季温度为22～28℃，相对湿度为40%～65%；冬季温度为18～24℃，相对湿度为30%～60%。

(2) 工艺性空调。以满足生产工艺或贮存物品，或以室内运行的机器、设备保持最佳的室内条件为目的，如精密机械加工业、仪器制造业、医药食品、纺织工业、无菌手术室、计算机房等。

2. 根据空气处理设备的集中程度分

(1) 集中式空调系统（见图5-26）。所有空气经设置在空调机房内的空调箱集中处理后，再由风道送入各个房间的系统形式。集中式空调系统也称为全空气系统，俗称中央空调。这种空调系统的冷热源一般集中设置，其主要特点有：

1) 所有空气集中处理。

2) 需要吊顶空间容纳大量风管。

3) 空气处理所需的冷、热源为集中设置的冷冻站、锅炉房或热交换站，冷热媒的输送媒介为水。

集中式空调系统根据空气的重复利用情况分为直流式空调系统、封闭式空调系统和回风式空调系统，如图5-27所示。直流式空调系统一般应用于有较多污染物产生的生产车间，由于全部处理空气为室外新鲜空气，因而能耗巨大。封闭式空调系统将室内空气抽回到空调箱中处理后再送到房间内，可以节约大量能量，但没有新鲜空气输入，因此仅用于库房等很少有人进入的房间。回风式空调系统大部分空气经风管抽回空调箱处理，少量空气排出室外并补充等量的新鲜空气，以保证人体在室内环境活动所需的氧气和空气新鲜度，是最常见的空气系统。

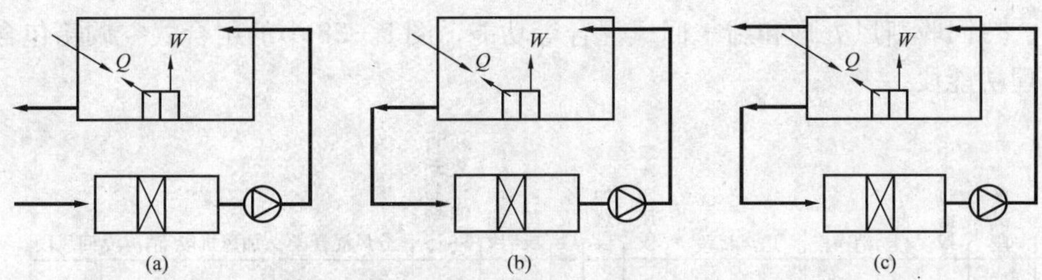

图 5-27　集中式空调系统

(a) 直流式空调系统；(b) 封闭式空调系统；(c) 回风式空调系统

(2) 半集中式空调系统。在空调机房集中处理的部分或全部空气送到空调房间，再由分散在各空调房间内的二次设备（也称末端装置，一般为风机盘管）进行处理后经风管或直接送入室内，这种空调形式被称为半集中式空调系统，如风机盘管加新风系统及诱导器系统均属于这种形式。

(3) 分散式空调系统。分散式空调系统又称为局部空调系统，这种系统的空气处理设备全部分散在空调房间或空调房间附近。空调房间使用的空调机组就属于此类，如家用窗式空调器、分体式空调器。

3. 按承担室内空调负荷所使用的介质形式不同分

(1) 全空气系统。指完全由处理过的空气来承担室内热湿负荷的空调系统。该系统的空气处理基本上集中于空调机房内的空气调节箱中完成，因此常称为集中空调系统。空气的比热容和密度较小，要达到消除余热、余湿的目的，则需要使用较多的空气。因此，这种系统经常要求风道断面较大或风速较高，从而可能占据较多的建筑空间。

该系统的形式为：一次回风系统和二次回风系统。

(2) 全水系统。空调房间的热湿负荷全部由冷水或热水来负担的系统，如风机盘管系统。由于水的比热容和密度比空气大，所以在室内负荷相同的情况下，需要水管断面、建筑空间都比全空气系统小，但缺少新风系统，其主要系统形式为风机盘管系统。

(3) 空气—水系统。空调负荷由水和空气共同承担，如风机盘管加新风系统，新风加冷辐射吊顶空调系统。

(4) 直接蒸发式（冷剂式）空调系统。直接蒸发式空调系统是指由制冷系统的蒸发器或冷凝器直接处理室内空气的空调系统，由于空气—冷剂换热方式的蒸发器或冷凝器体积远大于水—冷剂换热方式，以及制冷剂管道系统规模的限制，直接蒸发式空调机组一般制冷量较小，主要在中小型建筑中应用。

直接蒸发式空调系统有多种形式，一般可分为房间空调器（如家用空调）、单元式空调机系统和多联式空调系统三大类。根据是否采用热泵技术制热，直接蒸发式空调系统又可分单冷型和热泵型两大类。采用风冷冷凝器的直接蒸发式空调系统，一般都有单冷型和热泵型两种形式。

二、几种常用空调系统

(一) 全空气系统

全空气系统也称集中式空调系统。由于空气全部通过空气调节箱处理，因此空气调节箱具备各种空气处理功能。常见的空气调节箱有功能复杂的组合式空调箱、功能较少的整体式柜式空调箱、专门处理新风的新风机组等。

组合式空调箱以冷、热水或蒸汽为介质，可对空气进行过滤、加热、冷却、加湿、减湿、消声、热回收新风处理和新、回风混合等功能，图 5－28 中的组合式空调箱包含了常见的各种处理功能段。

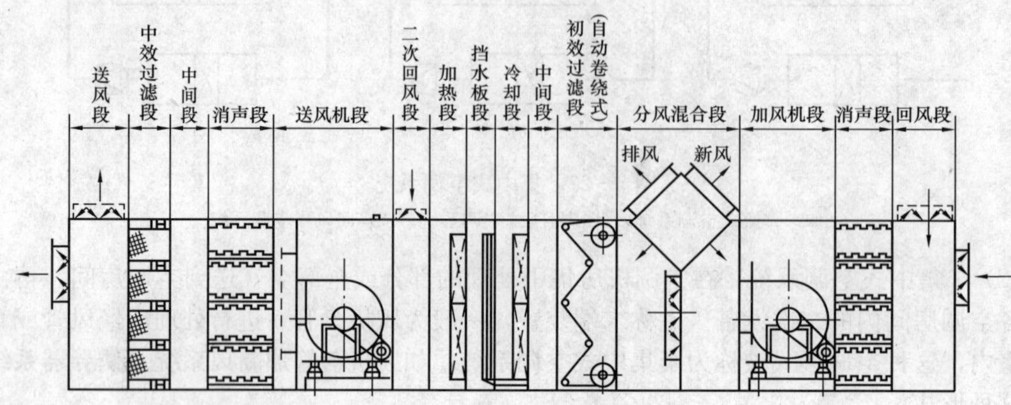

图 5－28　组合式空调箱

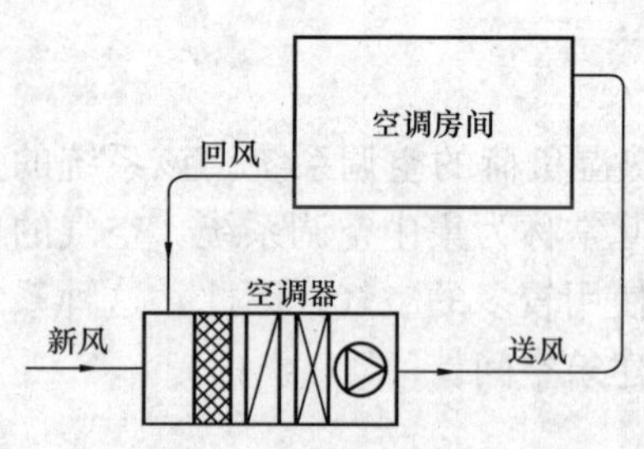

图 5－29　一次回风空调系统流程

按构造及安装形式，空调箱还可分为立柜式、卧式和吊顶式。风量较小的新风机组一般均采用吊顶式空调箱，以减少占用建筑面积。

1．一次回风系统

一次回风空调系统是空调工程中最常用的一种系统，系统流程如图 5－29 所示。一次回风系统综合了直流式系统和封闭式系统的优点，它既能满足室内人员所需的卫生要求，向室内提供一定量的新风，又尽可能地采用回风来节约能源。

一次回风系统新风量的确定需考虑下列三个因素：

（1）卫生要求。在长期停留的空调房间内，新鲜空气的多少对于人体健康有直接影响。在实际工程设计时，可根据有关设计手册、技术措施，以及当地卫生防疫部门所规定的数据确定空调房间内人均新风量标准。

（2）补充局部排风。当空调房间内根据需要设置排风系统时，为了不使空调房间产生负压，必须有相应的新风量来补充排风量。

（3）保持空调房间正压要求。为防止外界空气渗入空调房间干扰空调房间内温、湿度，或空调房间正压值保持在 5～10Pa 范围内，需向室内补充新风。

2．二次回风系统

二次回风系统即是把回风分成两个部分，第一部分（也称为一次回风）与新风直接混合后经盘管进行冷、热处理，第二部分（也称为二次回风）则与经过处理后的空气进行二次混合。

一次回风系统利用再热来解决送风温差受限制时问题，即为了保证必须的送风温差，一次回风系统在夏季有时需要再热，从而产生冷热抵消的现象。二次回风系统则采用二次回风来减小送风温差，达到节约能量的目的。二次回风系统多用于恒温恒湿空调等工艺性空调。

3．变风量空调系统（VAV 空调系统）

一次回风系统和二次回风系统中送风量是恒定的，也称为定风量系统。变风量空调系统也是全空气系统的一种形式，它的工作原理是当空调房间负荷发生变化时，系统末端装置自动调节送入房间的风量，确保房间温度保持在设计要求范围内。同时，空调机组将根据末端装置风量的变化，通过自动控制调节送风机的风量，达到节能的目的。

4. 地板送风空调系统

地板送风空调系统是下送风空调的一种形式，主要应用在现代办公楼及计算机机房等场合。这些建筑随着商务和信息化的发展，常要求设置架空地板，以满足电力、语音与数据通信等电缆布线的需要。地板送风是利用地板下的这一空间作为空调送风的输配手段，使室内气流自下而上，达到改善个人热环境和室内空气品质的目的。

总之，全空气式空调系统主要优点有：

(1) 空调设备集中设置在专用空调机房里，管理维修方便，消声防振容易。

(2) 可根据季节变化调节空调系统的新风量，节约运行费用。

(3) 使用寿命长，初投资和运行费比较小。

全空气式空调系统的主要缺点有：

(1) 风量大，风道粗，占有建筑空间，施工安装麻烦。

(2) 一个系统只能处理一种状态的空气，各房间的热、湿负荷的变化规律差别较大时，不便于运行调节。

(3) 空调房间多，各房间单独调节难。采用各房间可调节的 VAV 变风量空调系统则造价过于昂贵。

全空气集中式空调系统适合服务面积大，各房间热湿负荷的变化规律相近，房间使用时间较一致的场合，如商场、展览馆、体育馆、影剧院、酒店大堂等民用建筑，或恒温恒湿空调、净化空调等要求较高的工艺性空调。

(二) 空气—水空调系统

风机盘管加新风空调系统是空气—水空调系统中一种主要形式，也是目前我国民用建筑中采用最为普遍的一种空调形式。它投资少，使用灵活，广泛用于各类建筑中。

风机盘管机组是空调系统的一种末端装置，由风机、盘管（换热器）、电动机、空气过滤网、室温调节装置及箱体组成（如图 5－30 所示）。它有立式、卧式及壁挂式等，安装方式有明装和暗装。风机盘管出口可以接一段短管直接送风，也可以通过一段不太长的风管连接 1～3 个风口送风。图 5－31 所示为卧式暗装风机盘管的安装。

风机盘管中，盘管内冬天循环的是 50～60℃的热水，夏季循环的是 7～12℃的冷冻水，借助于风机不断地让室内空气通过盘管，被加热或降温，以维持房间里的温度在人们所要求的范围内。夏季循环的冷冻水和冬季循环的热水分别由冷冻机房和锅炉房提供。机组温控器设有三挡（高、中、低挡）变速装置，通过转速选择开关调节转速可以调节风机风量，以达到调节盘管冷、热量和噪声的目的。温控器配有室温自动调节装置，根据室内温度的高低自动开关流向盘管的热水或冷水。

风机盘管系统的主要特点有：

(1) 集中设置的空调冷热源和新风机处理的空气。

(2) 分散设置在空调房间内的二次空气处理装置（如风机盘管末端装置），对集中处理的新风和室内空气作补充处理。

(3) 使用灵活，能进行局部区域的温度控制。

(4) 风机盘管机组体积较小，结构紧凑，布置灵活，适用于改、扩建工程。

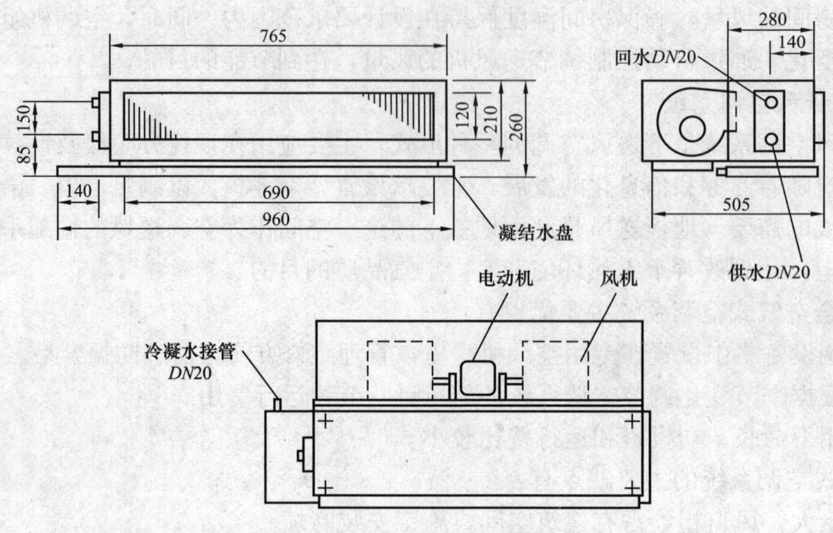

图 5－30　6. FP－6. 3WA 风机盘管

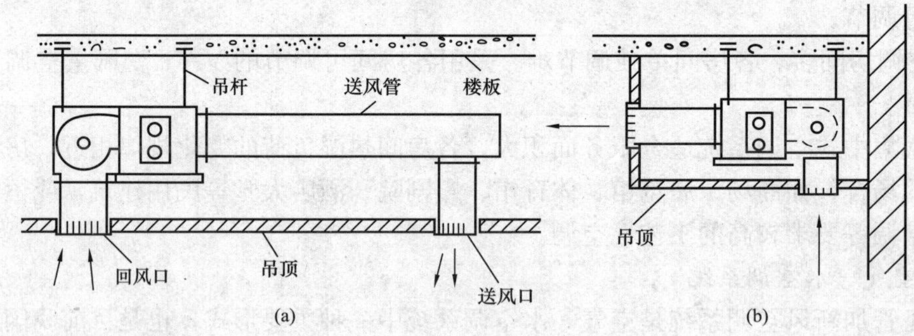

图 5－31　卧式暗装风机盘管的安装

（a）下送风；（b）侧送风

（5）室内温度控制精度不高，湿度难以控制，设备布置分散，管线复杂，维护管理不便。

风机盘管加新风空调系统主要适用于以下场合：①空调房间多，空间小，各房间要求单独调节；②建筑物面积较大，但主风管敷设困难。

风机盘管没有新风处理能力，需要单独设置新风系统。由于新风需要通过新风机组集中处理，而风机盘管又分散在各个空调房间内，因此称半集中式空调系统。

（三）直接蒸发式空调系统

直接蒸发式空调系统形式多样，种类繁多，以下介绍一些常见的直接蒸发式空调机组和系统。

1. 房间空调器

房间空调器的分类各国略有不同。GB/T 7725—2004《房间空气调节器》中，将额定制冷量在 14kW 以下的家用和类似用途的空调器，称为房间空调器。但在实际使用中，7kW 以上的空调器在办公室、小型餐厅、商场、宾馆等公共场所也有大量的应用。

在日本，额定制冷量在 10kW 以下的空调器称为房间空调器，而美国的房间空调器指窗式、分体式空调器，柜式空调器则归入单元式空调器。

由于大面积住宅和别墅的大量出现，家用空调与商用空调的界限已经十分模糊，因此本书根据空调器的结构与功能特点进行分类，将应用于家用及小型商用的包括窗式、分体式和分体一拖多式三类空调器归入房间空调器的范围。同时，将一般属于家用、直接向室内送风的分体柜式空调机归入分体式空调中，而将多应用于商业用途的风管型柜式空调归入单元式空调机组。

图 5-32 所示为分体式空调机组。冷凝器与压缩机一起组成一个机组，置于室外，称室外机；空气处理设备组成另一机组，置于室内，称室内机。

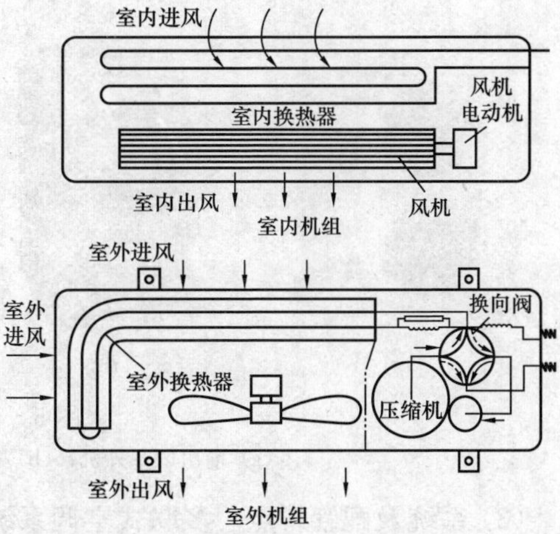

图 5-32 分体式空调机组

2. 单元式空调机组

由于分体式结构室内机组噪声较低的特点，越来越多的原来采用整体式结构的空调器也出现了分体式的形式，如应用在水循环热泵空调系统的水—空气式水源热泵。因此，单元式空调与房间空调器的界限并不十分明显。从使用场合的角度考虑，将风管式的分体柜式空调归入单元式空调机组。但一般而言，单元式空调指由空气处理设备、制冷机构、风机和自控系统组成的一个单元整体式机组。单元式空调机组结构紧凑，占地面积小，安装和使用方便，被越来越多地应用到民用和工业建筑中。

单元式空调机组有单元柜式空调机组、恒温恒湿空调机组、计算机房恒温恒湿空调机组、净化空调机组、屋顶式空调机组、低温空调机组、除湿机组。

3. 多联式空调系统

20 世纪 80 年代，在日本最先出现的变制冷剂流量空调系统，是从一拖多房间空调器发展而来的新型直接蒸发式空调系统，一般称为多联式空调。日本大金的多联式空调系统（注册商标为 VRV）最早进入国内，并占有了较大的市场份额，其他厂家则为自己的产品取名为 MRV、VRF 或变频多联式商用中央空调，以及数码涡旋中央空调等，实际这些均为同一类产品。

(1) 室外机。多联式空调系统的室外机采用模块化形式组合（最多可以有 3～4 台组合在一起，共用一对气液管），根据冷凝风机出口方向可以分为前（侧）出风型和顶（上）出风型两种，前者通常用于 5～6 匹以下机组，如图 5-33 所示。多联式空调的室外机通常置于建筑外立面、阳台或屋顶。

(2) 室内机及新风处理。多联式空调系统的室内机形式多样，有壁挂式、落地式、天花板嵌入式（四面出风和双面出风）、卧式暗装、立式明装等，适合用户的多种选择。与分体式空调室内机相比，该机组外形基本一致，主要区别在于多联式空调的室内机蒸发器配置了电子膨胀阀，而前者一般为毛细管。

为维持空调区域内舒适的环境，必须有一定的新风进入。新风的供给与处理是多联式空调系统仍需进一步改进的问题。目前常用的方法有：①采用热回收装置，常见方式有设置全热交换器（如图 5-34 所示）。它利用排风的余冷将新风进行初步降温，由于热回收有限，不能回收的部分能量仍由室内机承担。②采用其他新风机处理新风。③室外新风直接接入室内机回风口，新风负荷全部由室内机承担。

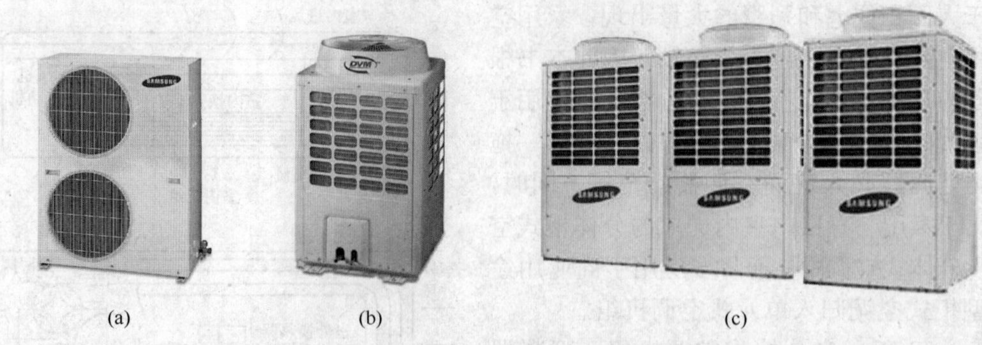

图 5-33　室外机形式

(a) 前出风室外机；(b) 顶出风室外机；(c) 3 台室外机组合

(3) 系统及配管特点。多联式空调系统的制冷剂管路为一根供液管和一根回气管，将室内机与室外机连接为一个整体。由于制冷剂利用了相变传输热量，其热容量是相同质量水的10 倍，因此制冷剂管道直径大大小于相同负荷的水管直径。部分厂家的多联式空调系统还可配置热回收功能，利用压缩机的冷凝热，实现对不同区域同时供冷和供暖的需求，这时制冷剂管路除供液、回气管外还有一根高温排气管用于供热。

为利于润滑油从室内管道系统随制冷剂回流压缩机，在管道分支处均采用特殊设计的三通分支管接头。

多联式空调系统配管的关键是三通连接方式，一般有分支连接和端管连接两种。分支连接配件是一个三通配件，也叫分歧管，其外形如图 5-35 所示，连接方式如图 5-36 所示。一般可以在一个分歧管后继续接下一组分歧管，但是分歧管与端管之间不能互相串联。端管相当于一根集管，在集管上开口连接多个支管，其连接见图 5-36。由于连接方便，实际工程中分歧管应用较多，端管应用较少。

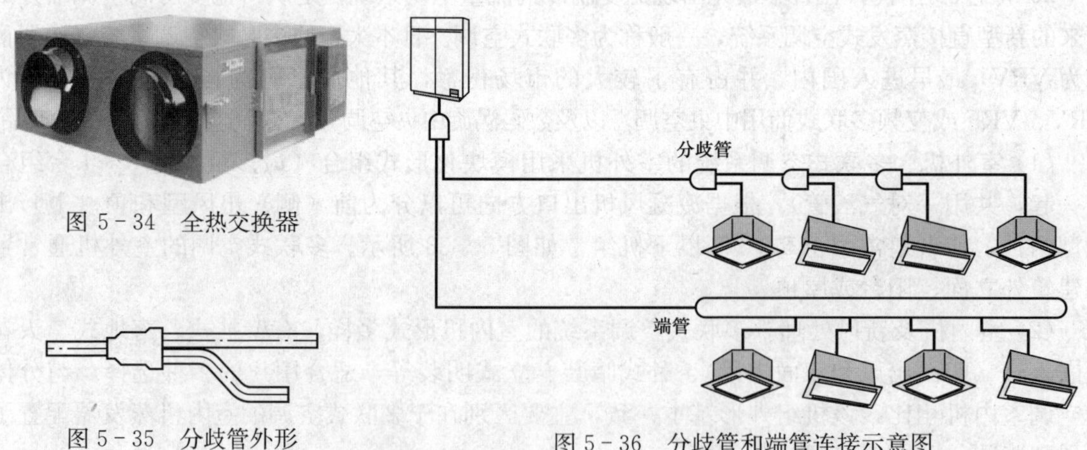

图 5-34　全热交换器

图 5-35　分歧管外形

图 5-36　分歧管和端管连接示意图

一般多联式空调系统室内外机之间配管实际长度最长可达 120～150m，室内机至室外机（室外机在上）最大高差为 50m。同一系统内室内机之间高低差最大为 15m。

三、风道及部件

风道是空气输配系统的主要组成部件。对于集中式、半集中式空调系统，风道的尺寸对建筑空间的使用有很大影响，同时风道内风速的大小及风道的敷设将影响电力消耗水平。

（一）风道

1. 风道的形状和材料

风道的形状一般为圆形和矩形，圆形风管强度大，节省材料，管件较大，且占有较大空间；矩形风管易于与建筑物配合，美观。

空调系统的风管最早使用薄钢板涂漆或镀锌钢板制作，适合含湿量小的一般性气体的输送，不耐腐蚀、易生锈、无保温和消声性能，必须另外加包保温层及保温防护层，需设置消声器，制作、安装周期长、速度慢。

目前，复合材料所制风管也大量使用，如聚氨酯复合保温风管、酚醛泡沫超特复合风管、复合铝箔玻璃纤维风管、玻镁平板等。这些风管根据组成材料的特性，具有消声、保温、防火、防潮、漏风量小、经济适用等优点。

2. 风道的布置与敷设

(1) 要求风管短而直，避免不必要的转弯；风道的布置应考虑运行调节和阻力平衡。

(2) 风道一般布置在吊顶内、建筑的剩余空间、设备层吊顶内，净空高度至少为风道高度加100mm。

(3) 钢板风道间为法兰连接，为防止漏风，中间夹软衬垫；为防锈，内、外涂漆。

(4) 风道需保温，以防结露。

（二）风阀

风阀一般装在风道或风口上，用于调节风量、关闭支风道、分隔风道系统的各个部分，还可启动风机或平衡风道系统的阻力，常用的风阀有插板阀、蝶阀、多叶调节阀。

插板阀（闸板阀）（见图5-37）。拉动手柄，改变插板位置，即可调节通过风道的风量，关闭严密，多设在风机出口或主干风道上。它体积大，可上下移动（有槽道）。

蝶阀（见图5-38）。只有一块阀板，转动阀板即可达到调节风量目的，多设在分支管或送风口前，用于调节风量，严密性差，不宜作关断用。

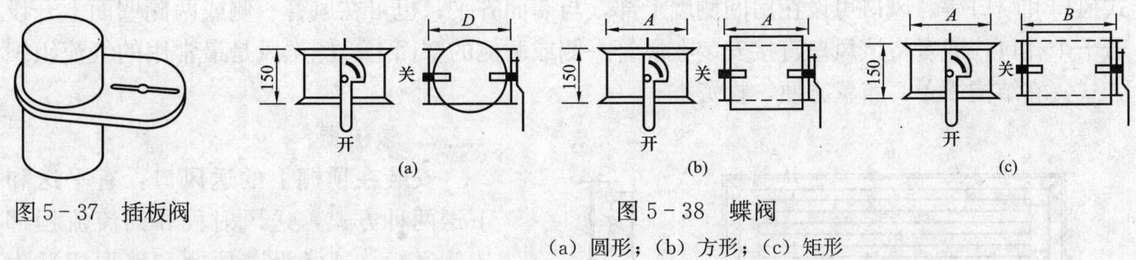

图5-37 插板阀

图5-38 蝶阀

(a) 圆形；(b) 方形；(c) 矩形

多页调节阀（如图5-39所示）。外形类似活动百叶，通过调节叶片的角度，来调节风量，多用于风机出口和主干道上。

图5-39 对开多页调节阀

（三）新风入口和室外排风口

1. 新风入口

新风入口是空调系统中新鲜空气的入口，一般可在墙上设百叶窗或在屋顶设置成百叶风塔的形式。在多雨地区，应采用防水百叶窗。新风入口应设置在室外较清洁的地方，进风口处的室外有害气体浓度小于室内最高许可浓度的30%；应远离排风口，距离室外地面不宜小于2m，且最好设在背阴面。

2. 室外排风口

室外排风口可设在屋顶或侧墙，侧墙上的排风口一般采用百叶窗形式。

四、空调房间的气流组织

在空调房间中，经过空调系统处理的空气经送风口进入空调房间，与室内空气进行热交换后由回风口排出。空气的进入与排出，必然会引起室内空气的流动，形成某种形式的气流流型和速度场。

气流组织设计任务是，合理地组织室内空气流动，使室内工作区的温度、相对湿度、速度和洁净度满足工艺要求和舒适要求。影响气流组织的主要因素有，送排风口的形式、数量和位置、送风参数、风口尺寸、空间几何尺寸等，其中以送风口的空气射流及送风参数对气流组织影响最大。

（一）送、回风口的形式

空调房间气流流型主要取决于送风射流。而送风口形式将直接影响气流的混合程度、出口方向及气流断面形状，对送风射流具有重要作用。根据空调精度、气流形式、送风口安装位置，以及建筑装修的艺术配合等方面的要求，可以选用不同形式的送风口。送风口种类繁多，按送出气流形式可分为以下四种类型。

(1) 辐射形送风口。送出气流呈辐射状向四周扩散，如盘式散流器、片式散流器等。

(2) 轴向送风口。气流沿送风口轴线方向送出，这类风口有格栅送风口、百叶送风口、喷口、条缝送风口等。

(3) 线形送风口。气流从狭长的线状风口送出，如长宽比很大的条缝形送风口。

(4) 面形送风口。气流从大面积的平面上均匀送出，如孔板送风口。

（二）几种常见的送风口

1. 侧送风口

从空调房间上部将空气横向送出。常见的类型分有格橱、百叶风口（见图 5-40）、插板式风口和喷口等。风口可设在房间侧墙上部，与墙面齐平；也可在风管一侧或两侧壁面上开设若干个孔口，或者将该风口直接安装在风管一侧或两侧的壁面上。侧送风是最常用的气流组织方式，它结构简单，布置方便，投资省。

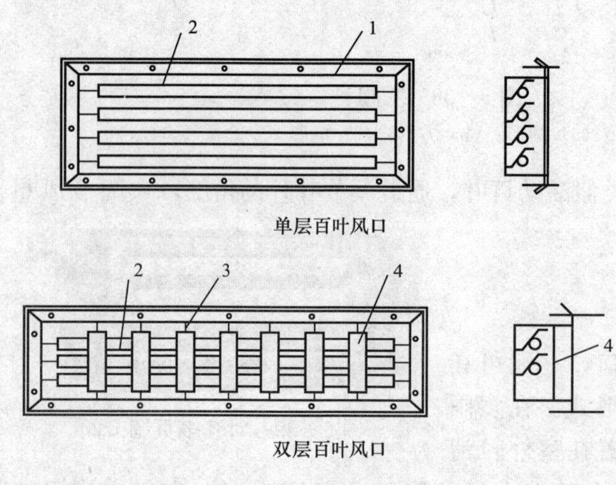

图 5-40　百叶式送风口

1—外框；2—水平百叶片；3—百叶片轴；4—垂直百叶片

2. 散流器

安装在顶棚上的送风口，有平送和下送两种方式，送风射程和回流流程都比侧送短，通常沿着顶棚和墙形成贴附射流，如图 5-41 所示。平送散流器送出的气流贴附着顶棚向四周扩散［如图 5-41 (a) 所示］，适用于房间层高低，恒温精度较高的场合；下送散流器送出的气流向下扩散［如图 5-41 (b) 所示］，适用于房间层高较高、净化要求较高的场合。散流器的形式有盘式散流器、圆形直片散流器、方形片式散流器、直片形送吸式散流器和流线型散流器等。

3. 孔板送风口

空气由风管进入稳压层后，再靠稳压层的静压作用，流经风口面板上若干圆形小孔进入室内，孔板上孔较小还能起到稳压作用。孔板送风口一般装在顶棚天花板上，向下送风，如图 5-42 所示。孔板送风口与单、双百叶送风口及方形散流器相比，具有送风均匀，速度衰减较快的特点，消除了使人不适的直吹风感觉。孔板送风口适用于要求工作区域气流均匀、速度小、区域温差小和洁净度要求高的场合，如高精度的恒温室。

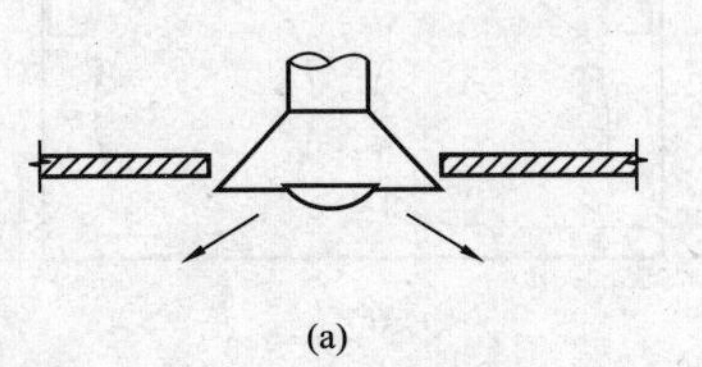

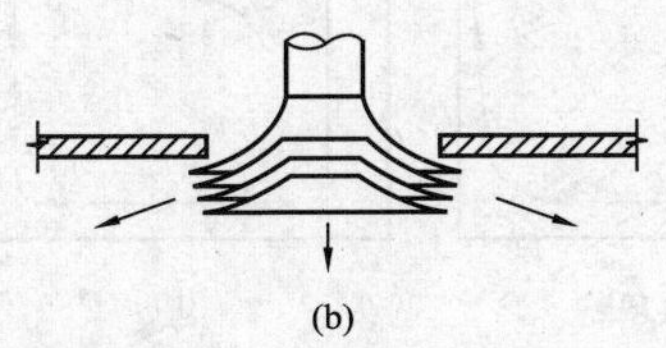

图 5-41　散流器送风

(a) 气流向四周扩散；(b) 气流向下扩散

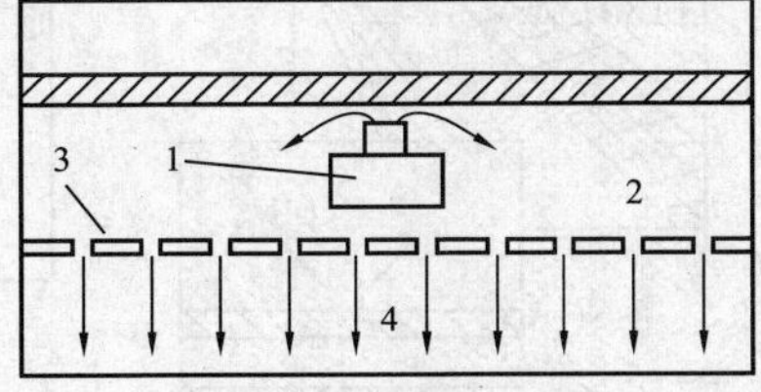

图 5-42　孔板送风

1—风管；2—静压箱；3—孔板

4. 喷射式送风口

喷射式送风口（如图 5-43 所示）是大型的生产车间、体育馆、电影院等建筑常采用的喷射式送风口，由高速喷口送出的射流带动室内空气进行强烈混合，使室内形成大的回旋气流，工作区一般处在回流区内。这种送风方式射程远、系统简单、节省投资，广泛用于高大空间和舒适性空调建筑中。

5. 旋流送风口

旋流送风口具有诱导比大、风速和温度衰减快、风口阻力低、流型可变等特点，尤其适用于送风温差从－10K＋15K 范围内变化的场合，是多功能的新型风口。图 5-44 是一种可用于高大空间下送风的旋流送风口。

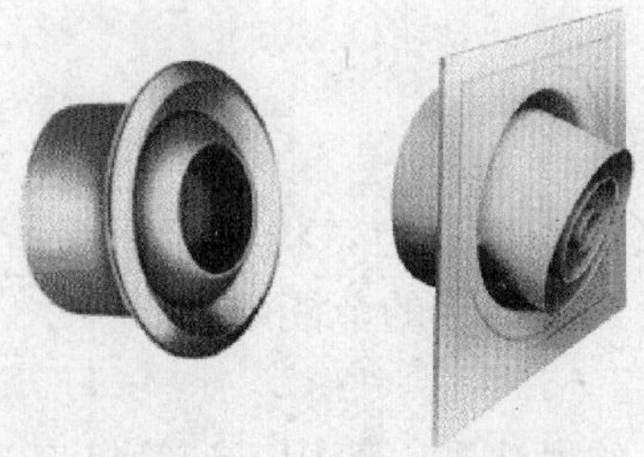

图 5-43　球形与圆筒形喷口

图 5-44　旋流送风口

（三）回风口

回风口由于汇流速度衰减很快，作用范围小，回风口吸风速度的大小对室内气流组织的影响很小，因此回风口的类型不多。空调常用的回风口有格栅、单层百叶、金属网格等形式（如图 5-45 所示）。

（四）气流组织形式

空调房间除对工作区域的温度、相对湿度有一定精度要求外，还要求有均匀、稳定的温度场和速度场，尤其还要控制噪声水平和含尘浓度，这些都直接受气流流动和分布状况的影响。而这些又取决于送风口的构造形式、尺寸、送风的温度、速度和气流方向、送回风口的位置等。因此，气流组织形式应根据空调的要求，结合建筑结构特点及工艺设备等条件合理确定。气流组织的方式有下列几种：

1. 上送下回型

上送风下回风是基本的气流组织形式，见图 5-46，送风在进入工作区前就已经与室内空气充分混合，易于形成均匀的温度场和速度场，可使用较大的送风温差来减少送风量。

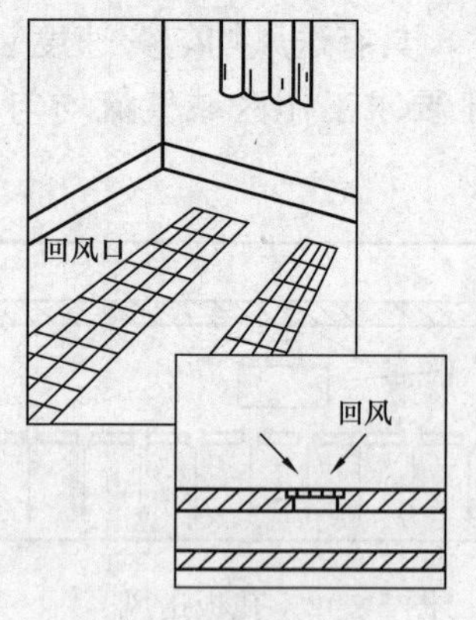

图 5-45 格栅式回风口

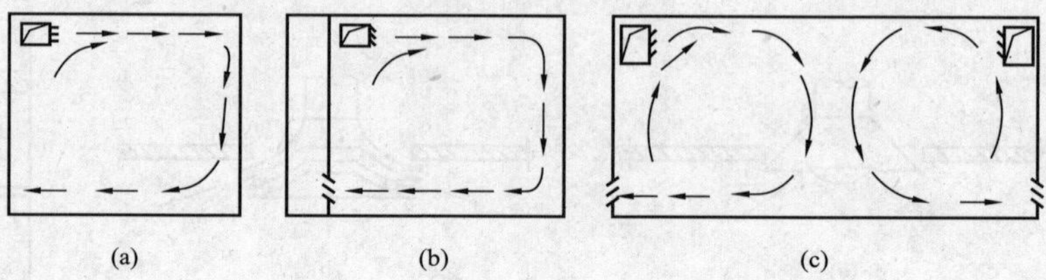

图 5-46 上送下回型

（a）单侧上送下回；（b）单侧上送走廊回；（c）双侧内送下回

2. 上送上回型

该气流组织方式见图 5-47。

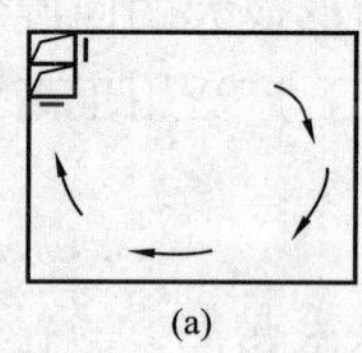

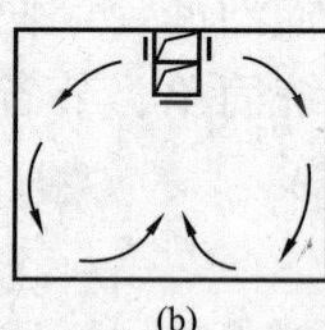

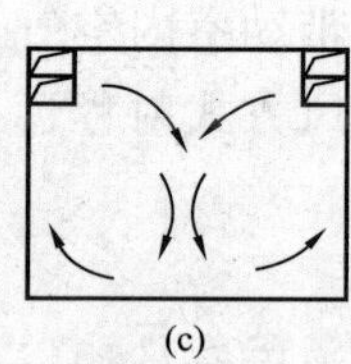

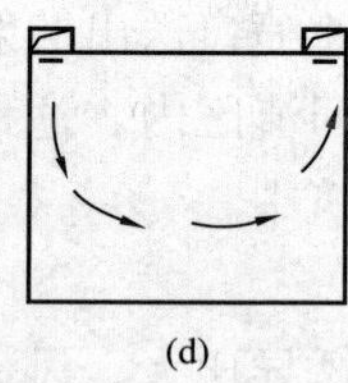

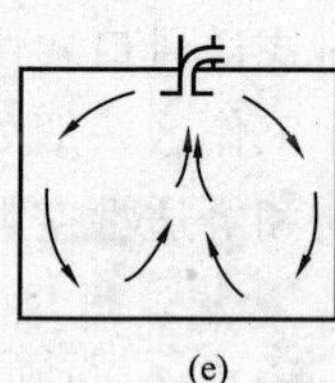

图 5-47 上送上回型

（a）单侧上送上回；（b）双侧上送上回；（c）双侧内上送上回；
（d）风口装于吊顶，一侧送一侧回；（e）暗装的吸送式散流器

3. 中部送风

该气流组织方式见图 5-48。

对于高大的空调房间，将风口布置在房间高度的中部以上，将房间下部作为空调区域，上部为非空调区，在满足工作区空调要求的前提下，有显著的节能效果。

4. 下送风

图 5-49 所示为地面均匀送风，上部集中排风的做法，一般用于计算机房等发热量较大的房间，或工业车间、办公室等场所。

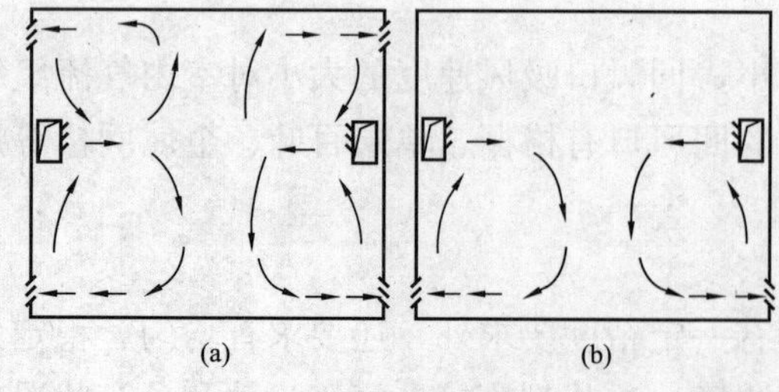

图 5-48 中部送风

(a) 中部送风、下回风、上排风；(b) 双侧中部送风、双侧下回风

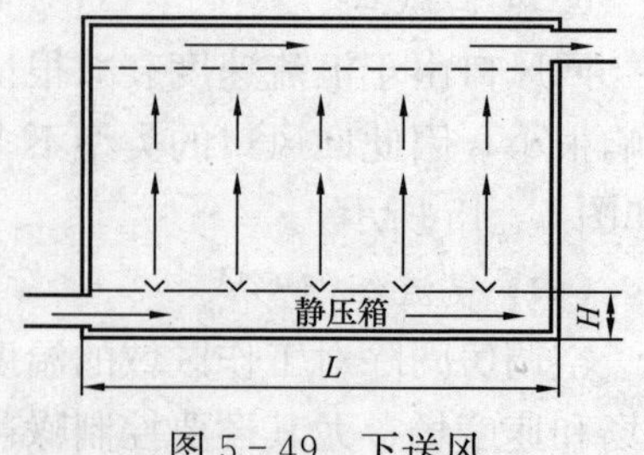

图 5-49 下送风

第五节 空调冷源设备及机房

一、空调冷源

在夏季，为了维持空调房间内空气的温度、湿度，必须利用空调冷源提供的冷量，通过空气处理设备处理空气，并源源不断地向室内输送冷风，来抵消室外空气和太阳辐射对空调房间的热湿干扰和室内灯光、设备、人体等散发的热湿量。

空调中所使用的冷源包括天然冷源和人工冷源两种。天然冷源包括地下水、深湖水、深海水、天然冰、地道风等。在我国多数地方的地下水是严禁开采的。

天然冷源受时间、地点的限制，不可能经常满足空调工程的需要，因此采用人工冷源。制冷就是利用人工的方法，使某一物体和空间达到比环境介质更低的温度，并保持这个低温。

空气调节工程中常用的制冷机主要有蒸汽压缩式制冷和溴化锂吸收式制冷，其中以蒸汽压缩式制冷使用最为广泛。图 5－50 所示为蒸汽压缩式制冷工作原理。

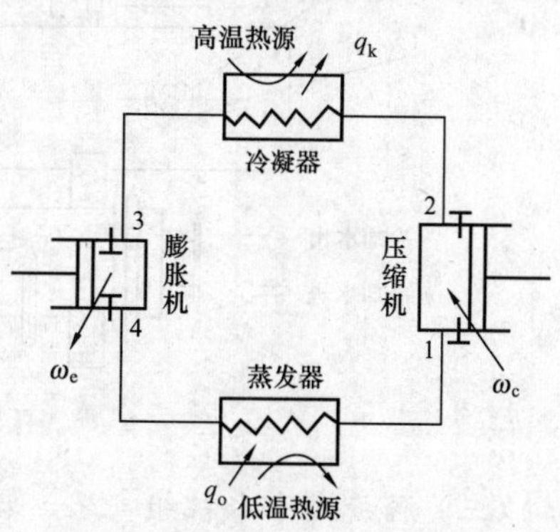

图 5－50 蒸汽压缩式制冷工作原理

单级蒸汽压缩式制冷系统由压缩机、冷凝器、膨胀阀和蒸发器组成。除这四大部件以外，还配备了一些辅助设备，如油分离器、贮液器、电磁阀、干燥过滤器等。在各设备之间进行循环流动的工作物质，称为制冷剂，也称为制冷工质，其状态参数在循环的各个过程中不断发生变化。制冷就是利用制冷剂由液体状态汽化为蒸汽状态过程中吸收热量，被冷却介质因失去热量而降低温度，从而达到制冷的目的。

制冷工作原理：制冷剂在压缩机内被压缩，由低温低压的蒸汽变为高温高压气体，送入冷凝器，在冷凝器中被冷却冷凝成制冷剂液体，经过节流阀压力、温度降低，送入蒸发器，吸热蒸发，变成低温低压制冷剂气体，进入压缩机，如此循环往复。

在空调工程中，常用冷水作为调节和处理空气设备的冷源，冷水机组则是生产冷水的制冷装置，它将制冷系统中设备（如一台或数台压缩机、电动机、制冷设备、调节控制设备及各种安全保护设备等）全部配套组装在一起，成为一个整体，可提供 5～15℃冷水的单元制冷装置。冷水机组结构紧凑、使用灵活、管理方便，而且占地面积小，安装简单。根据冷水机组所配备的压缩机形式的不同，有活塞式、螺杆式、涡旋式及离心式等冷水机组。

（一）活塞式冷水机组

这是一种最早应用于空调工程中的机型。活塞式冷水机组的压缩机、蒸发器、冷凝器、节流机构等设备都组装在一起，安装在一个机座上，其连接管路已在制造厂完成了装配，因此用户只需要在现场连接电气线路及外接水管（包括冷却水管和冷冻水管），并进行必要的管道保温，即可投入运行。

根据机组配用冷凝器冷却介质不同，活塞式冷水机组又可分为水冷和风冷两种。根据机组选配的压缩机形式，可分为开启式、半封闭式和全封闭式。根据一台机组配备的压缩机数量还可分为单机头和多机头两类。

目前，国产活塞式冷水机组常用的制冷剂为 R22，大多采用 70、100、125 系列制冷压缩机组装。当冷凝器进水温度为32℃，出水温度为37℃，蒸发器出口冷水温度为7℃时，制冷量范围为35～580kW。

（二）螺杆式冷水机组

以各种形式的螺杆压缩机为主机的冷水机组，称为螺杆式冷水机组。它是由螺杆式制冷压缩机、冷凝器、蒸发器、节流装置、油分离器、油冷却器、油泵、电气控制箱和其他控制元件等组装的制冷系统。图5-51中的冷水机组装有两台螺杆式压缩机，属于双头机组。螺杆式冷水机组多用于150～1408kW的制冷量范围，是为空调系统提供冷水的中、大型设备，在我国制冷空调领域得到越来越广泛的应用。

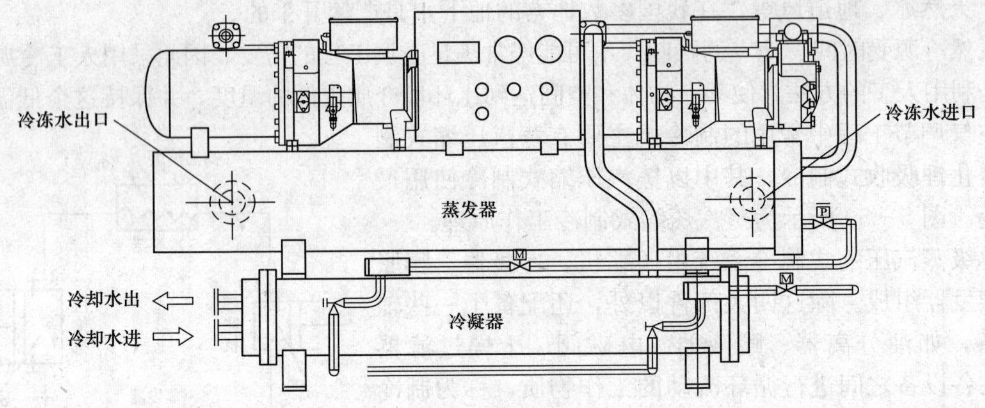

图5-51 螺杆式冷水机组外形图

（三）涡旋式冷水机组

以涡旋式压缩机为主机的冷水机组，称为涡旋式冷水机组。涡旋式冷水机组效率高、振动小、噪声低、结构简单、体积小、重量轻、易损件少，且可靠性高。由于涡旋式压缩机的制冷量较小，因此涡旋式冷水机组一般采用多个压缩机组合，制冷量一般在245kW以下，且多为风冷式冷水机组或冷热水机组，只适用于中小制冷量的场所。

（四）离心式冷水机组

以离心式压缩机为主机的冷水机组，称为离心式冷水机组。目前应用的一般为单级压缩离心式冷水机组和三级离心式冷水机组两类，这两类机组的冷凝器均为水冷方式。

离心式冷水机组具有单机制冷量大、结构紧凑、单位制冷量及重量轻等特点，这是由于离心式压缩机的结构及工作特性，决定了离心式冷水机组适用于较大的制冷量。目前，世界上最大的离心式冷水机组的制冷量可达35 000kW。离心式冷水机组适用于大、中型建筑物，如宾馆、剧院、医院、办公楼等舒适性空调制冷，以及纺织、化工、仪表、电子等工业所需的生产性空调制冷，也可为某些工业生产提供工艺用冷水。在国内应用中，离心式冷水机组主要用于制冷量在1056～2600kW及以上的大型制冷空调系统中。由于调节性能略差，在制冷量小于约1056kW的场合一般采用螺杆式冷水机组。当空调机房总制冷量很大，需要多台离心式冷水机组时，常采用多台离心式冷水机组加1台螺杆式冷水机组的组合方式，以获得高效率制冷和较好的部分负荷调节性能。

（五）溴化锂吸收式制冷机组

吸收式制冷和蒸汽压缩式制冷一样，都是利用液态制冷剂在汽化时要吸收汽化潜热这一物理特性来实现制冷的。所不同的是，蒸汽压缩式制冷是靠消耗电能转变为机械功来作为能量补偿，从而使热量从低温热源转移到高温热源。而吸收式制冷是靠消耗热能来完成这种非自发的过程。因此，在热源便宜、方便，特别是有废热可利用的地方，吸收式制冷就有明显的优势。由于运转部件少，吸收式制冷机振动和运行噪声很小，且机组使用的工质对人体无害，因此安全性很好。但吸收式制冷效率低，故一般只用于电力较紧张的地区。

（六）风冷热泵冷热水机组

风冷热泵冷热水机组与风冷冷水机组的结构基本相同，系统组成仅相差一个四通阀和一些单向阀等附件，控制部分热泵系统要复杂得多。风冷热泵夏季向室外空气排热，冬季则从室外空气中吸热，其外形如图5-52所示。目前，我国应用风冷热泵最广泛的是长江流域及其南北地区。

图5-52 风冷热泵冷热水机组外形图

在选择空调冷源时，应根据当地能源状况、建筑物的性质并结合当地环境等情况来选择合适的冷水机组。

二、空调机房

在集中式、半集中式空调系统中，安装空气处理设备、送回风设备及自控设备的专用房间，即为空调（制冷）机房。

机房一般设置在建筑物的地下室，对于超高层建筑，也可设在设备层或屋顶上；由于条件限制不宜设在地下室时，也可设在裙房中或与主建筑分开独立设置。主机与辅助设备之间连接管道的布置应注意留有安装管道附件的位置（如水泵进出口软接头、止回阀、压力表、温度计、主机出口的阀门、水流量开关等），还要注意仪表应安装在便于观察的地方。

若选用风冷式冷水机或风冷模块式机组，机房设置一般在裙楼或塔楼的屋顶上，这时风冷冷水机组应有1m以上的净空，一般不设防雨遮雨篷，若要搭设遮阳篷，篷高应在7m以上。模块化冷水机组各模块之间应留有0.4m的空隙。

机房水系统的最低点应注意设排水阀。水平管路的最高点设有自动排水阀。

三、空调水系统

建筑物的冷负荷和热负荷大多由集中冷、热源设备制备的冷冻水和热水（有时为蒸汽）来承担。因此，大型建筑物内的空调水系统庞大而复杂。空调水系统按功能可分为冷冻水系统（输送冷量）、热水系统（输送热量）和冷却水系统（排除冷水机组的冷凝热量）。由于空调热水系统在原理上与空调冷水系统基本相同，因此这里主要介绍空调冷冻水系统。

（一）冷冻水系统

冷冻水系统指由冷水机组供应的冷水为介质并送至末端空气处理设备的水路系统。冷冻水系统按照空调末端设备的水流程，可分为同程系统和异程系统；按系统水压特征，可分为开式系统和闭式系统；按冷热管道的设置方式，可分为两管制系统和四管制系统；按照末端用户侧水流量特征，可分为定流量系统和变流量系统。

1. 同程系统和异程系统

空调冷冻水管由总管、干管及支管组成。各支管与空调末端装置相连接构成一个个并联回路。为了保证每个末端装置应有的水量，除了需要选择合适的管径外，合理布置各回路的走向也是非常重要的。各并联支路只有在设计水阻力接近相等时，才能基本获得各自的设计水量，从而能够保证为末端装置提供出设计的冷、热量。由于管道管径的规格有限，完全通过管径的选择来实现各支路的水阻力平衡是较为困难的，因此，在一定程度上需要利用阀门调节。特别需要指出的是：由于阀门存在一定的能量损失，不能随意到处增加，而只能是在系统设计合理的基础上适当的考虑。

（1）同程系统。同程系统是指系统水流经各用户回路的管路长度相等（或接近），这种系统水力平衡比较好，调试比较方便，如图 5－53 所示。

（2）异程系统。异程系统（如图 5－54 所示）是指系统水流经每用户回路的管路长度之和不相等。在异程系统中，平衡各回路水阻力的基础条件相对较差，通常需要更为合理的选择管径和配置相关的阀门。异程式一般用于较小的系统。

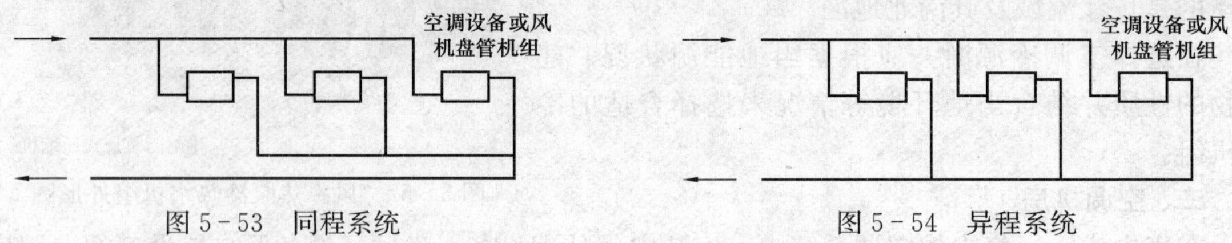

图 5－53 同程系统　　图 5－54 异程系统

2. 开式系统和闭式系统

冷冻水管道系统均为循环式系统，根据用户需要情况的不同，可以分为开式系统和闭式系统。开式系统的回水进入蓄水池，水泵的扬程大，且管道腐蚀较严重，因此一般较少采用。一般空调水系统与热水采暖系统一样，均为闭式系统。图 5－55 和图 5－56 所示为开式系统和闭式系统。

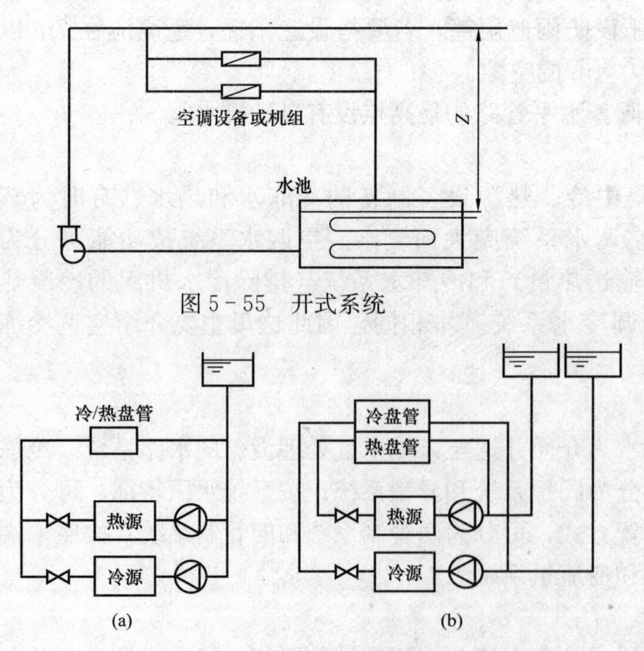

图 5－55 开式系统

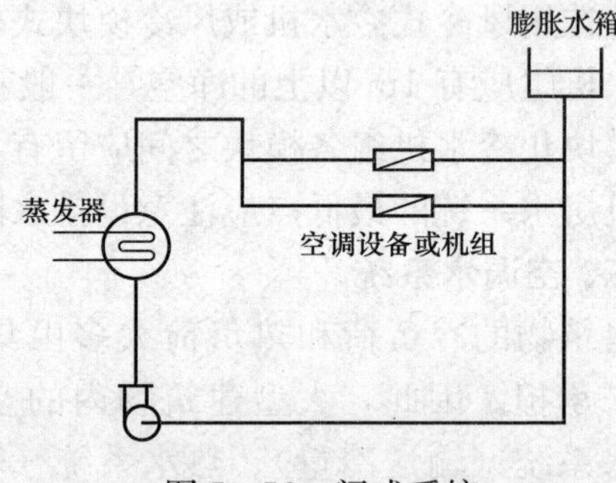

图 5－56 闭式系统

图 5－57 两管制系统和四管制系统
（a）两管制系统；（b）四管制系统

3. 两管制系统和四管制系统

如图 5－57（a）所示，冷、热源利用同一组供、回水管为末端装置的盘管提供空调冷水或热水的系统称为两管制系统，因为它只有两根输送管路。

如图 5－57（b）所示，冷、热源分别通过各自的供、回水管路，为末端装置的冷盘管和热盘管提供空调冷水和热水的系统称为四管制系统，系统中共有四根输送管路。

两管制系统的特点：冷、热源交替使用（季节切换），不能同时向末端装置供冷水和热水，适用于建筑物功能较单一、舒适性要求相对较低的场所。该系统投资相对较低。

四管制系统的特点：冷、热源可同时使用，末端装置内可以配置冷、热两组盘管，以实现向末端装置同时供应空调冷水和热水，可以对空气进行冷却、再热处理，满足相对湿度的要求。此外，在分内、外区的或供冷、供热需求不同的房间，通过配置冷、热盘管或单冷盘管等措施，完全可以实现“各取所需”的愿望。因此，四管制系统适合于对室内空气参数要求较高的场合，有时甚至是一种必要的手段。但该系统投资比较高。

4．定流量系统与变流量系统

通常将空调水系统从位置构成上分为两部分，即冷、热源侧和用户侧水系统。对于“定流量与变流量”的区分是针对用户侧而言。如果用户侧的系统水量处于实时的变化过程中，则将此水系统定义为变流量水系统；反之，则称为定流量水系统。

（1）定流量系统。定流量系统是指空调水系统中输配管路的流量保持恒定。如图 5－58 所示，末端装置电动三通阀，或不设任何阀门，则此系统为定流量系统。

（2）变流量系统。如图 5－59 所示，末端装置二通电动阀，流量随着二通电动阀的调节而改变。

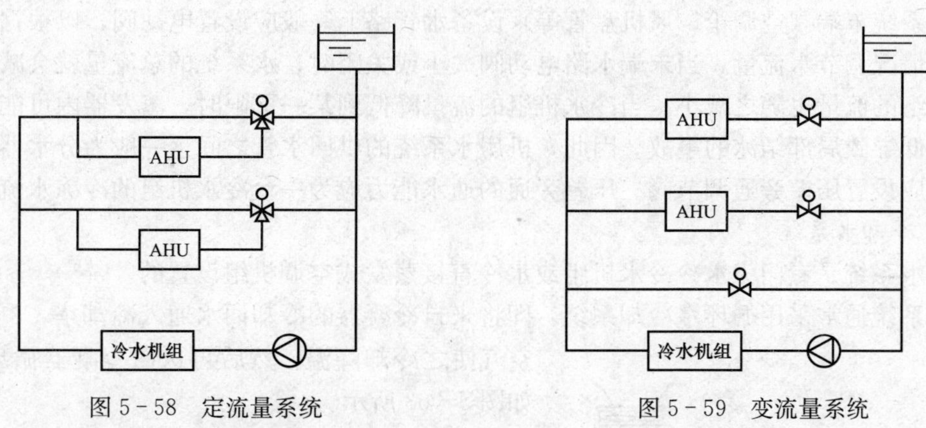

图 5－58　定流量系统　　图 5－59　变流量系统

5．水泵与冷水机组的设置与连接方式

空调机房冷冻水系统按水泵与冷水机组的连接方式，可以分为并联连接和先串联后并联两种方式。前者为冷冻水泵先并联后，再通过一根总管与冷水机组相接，如图 5－60（a）所示。这种连接方式的好处是，水泵可以互为备用，布置方便，但操作管理略为复杂。后者为冷冻水泵分别与冷水机组一一对应串联连接，然后再并入一根总管，如图 5－60（b）所示。当冷水机组蒸发器水阻力不同时，这种布置方式可以选择不同扬程的水泵与冷水机组串联来弥补并联系统的阻力差，从而使各机组间流量平衡。另外，当需要停止部分机组运行时，由于水泵出口一般均设置止回阀，所以

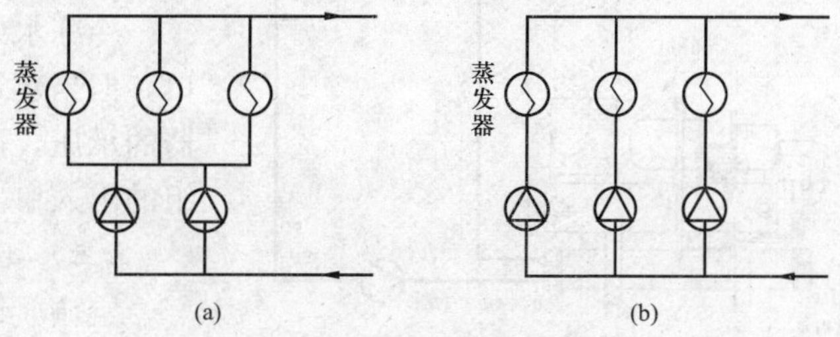

图 5－60　水泵与制冷机组的连接方式

（a）并联；（b）先串联后并联

只需停止相应水泵和冷水机组的运行，无需关闭冷水机组进出口水管路阀门。

6. 一次泵水系统和二次泵水系统

一次泵系统的水泵均为并联连接，一般布置在冷水机组前后附近，是最常用的连接方式。图 5－61 所示为一次泵水系统。二次泵水系统通常在较大的空调系统中，各分区环路之间阻力损失相差悬殊（100kPa 以上）或环路之间使用功能有重大区别及区域供冷时采用，如图 5－62 所示。在二次泵水系统中，一次泵只承担冷水机组等机房水系统的阻力，二次泵根据各环路阻力的不同选择不同的扬程。

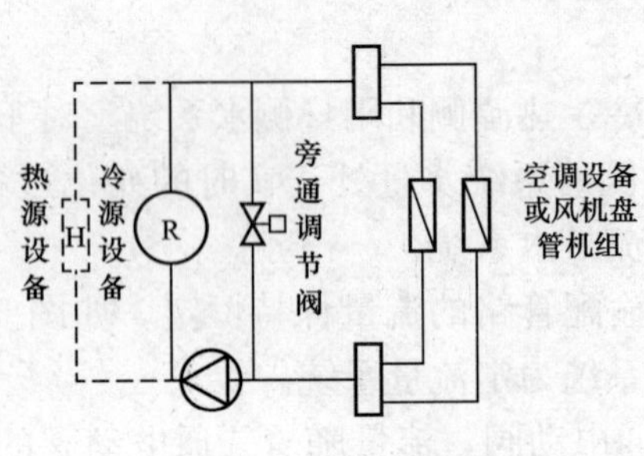

图 5－61　一次泵水系统

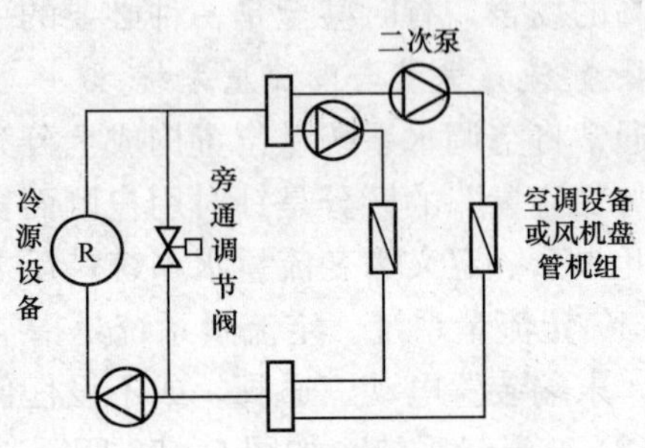

图 5－62　二次泵水系统

空调系统末端（空调箱、风机盘管等）设备水管路上一般应设置电动阀，以根据室内负荷的变化情况调节水流量。当末端水路电动阀关小或关闭时，水系统的总流量就会减少，通过冷水机组的流量也随之减小。当冷水机组的流量降低到某一下限时，蒸发器内可能出现因水流速过低导致局部结冰的事故。因此，机房水系统的供回水管之间（一般为分水器和集水器之间）应设置压差旁通调节阀。压差旁通的通水能力应为一台冷水机组的冷冻水流量。

（二）冷却水系统

冷却水系统是专门为水冷冷水机组或水冷直接蒸发式空调机组设置的。

空调系统通常采用循环水冷却系统，即将来自冷凝器的冷却回水通入冷却塔，利用室外空气使之冷却降温，然后再送回冷凝器循环使用，如图 5－63 所示。

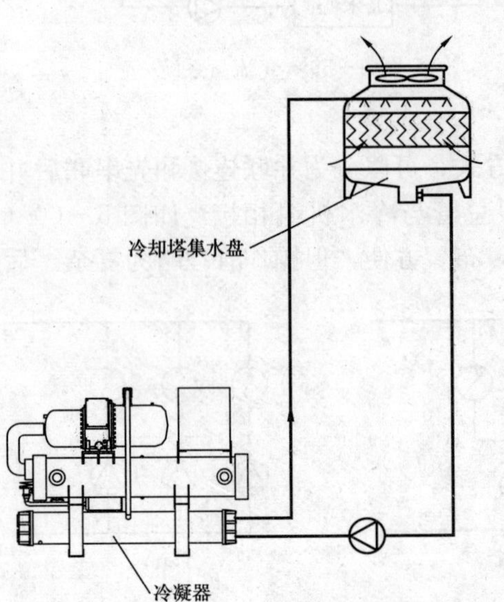

图 5－63　冷却水系统

冷却水系统水泵与冷水机组的连接方式也可以分为并联连接和先串联后并联两种。当采用冷却塔与空调制冷机房的距离较近，有足够的空间可以布置干管时，也可采用一台泵对一台冷水机组的独立系统。

冷冻水泵和冷却水泵通常位于冷水机组的入口，但当建筑物高度较大时，为减轻冷水机组换热器的承压，可将冷冻水泵和冷却水泵布置在冷水机组的出入口。

（三）凝结水系统

空调凝结水系统，是夏季室内空气处理设备冷却减湿后凝结在滴水盘上的凝结水排放口到排水系统的管道。

四、空调机房水系统的主要设备与附件

（一）水泵

用于空调冷冻水和冷却水系统的水泵，功率较小时可以采用立式泵，供冷较大时应采用卧式泵。空调冷冻水一次泵的台数应按冷水机组的台数一对一设置，一般不设备用泵。一次泵的水流量应为对应的冷水机组的额定流量。

冷却水泵的台数应按冷水机组的台数一对一设置，一般不设备用泵。

水泵的出口一般设置止回阀、截止阀，入口设置 Y 型过滤器、闸阀。当管径较大时，截止阀和闸阀一般改用蝶阀。水泵进出口应设置压力表，以便观察水泵的运行状况。

（二）冷却塔

冷却塔可分为开式和闭式。通常采用的开式冷却塔是一种蒸发式冷却装置，其工作原理为：冷凝器的冷却回水通过喷嘴喷淋在塔内填充层的填料表面，与空气接触后因温差产生传热，同时少量水蒸发，吸收汽化潜热，从而将冷却水冷却。水冷却后从填充层流至下部水池内，再送回冷凝器循环使用。水冷却后温度一般可降至比空气的湿球温度高 3～5℃。

冷却塔有多种类型，按通风方式可分为自然通风冷却塔、机械通风冷却塔和混合通风冷却塔。其中机械通风冷却塔应用最广泛。

冷却塔的外形有圆形和方形两种，由于方形冷却塔一般做成模块化结构，可以紧密连接在一起构成更大容量的冷却塔，因此大型冷却塔均为方形。一般冷却塔布置在屋顶上。图 5－64 所示为横流式冷却塔结构。

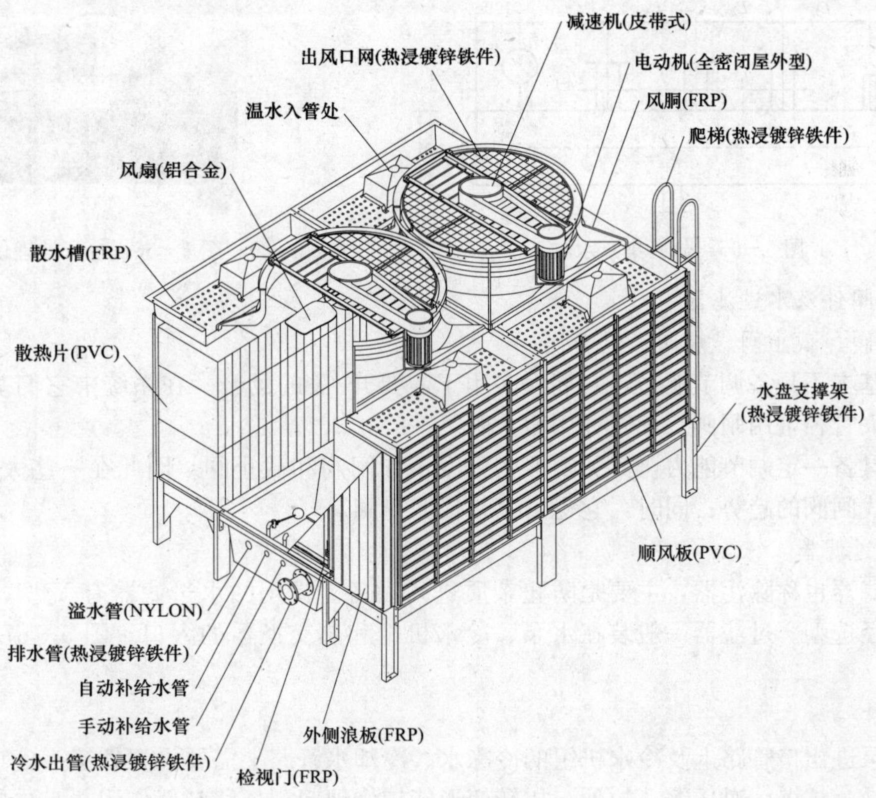

图 5－64　横流式冷却塔结构图

（三）集水器与分水器

当空调分区在 2 个以上时，应设分水器与集水器，以便于各分区供冷量的调节。

分水器与集水器实际上是一段大管径的管子，各分区的干管在通过分集水器连接在一起，主要是为了便于空调制冷机房的操作人员进行区域水力平衡的调节和运行操作管理。图 5－65 中最左侧的接口为温度计接口。

（四）定压设备

1．膨胀水箱

膨胀水箱作为系统的补水、膨胀和定压设备，其特点是结构简单，控制容易，由于水与空气接触，水质条件相对较差。

在设计安装时，膨胀水箱的水管可以接在冷冻水泵的吸入侧，也可以接在集水器上。水箱的标高至少高出冷冻水系统的最高点 1m。

2．气体定压罐

气体定压罐通常采用隔膜式，空气与水分开，系统水质较好；闭式定压原理使得它的设置不受系统高度的限制，通常设在机房内；缺点是压力波动大，造价相对较高。

（五）水处理仪

由于水与空气接触及水的蒸发等原因，导致水受到污染，因此需要对水采取处理措施。空调机房通常采用电子水处理仪处理水质。电子处理仪有多种类型，图 5－66 所示为较常见的一种电子处理仪外形。电子水处理仪通常装在冷冻水和冷却水系统的回水干管上。

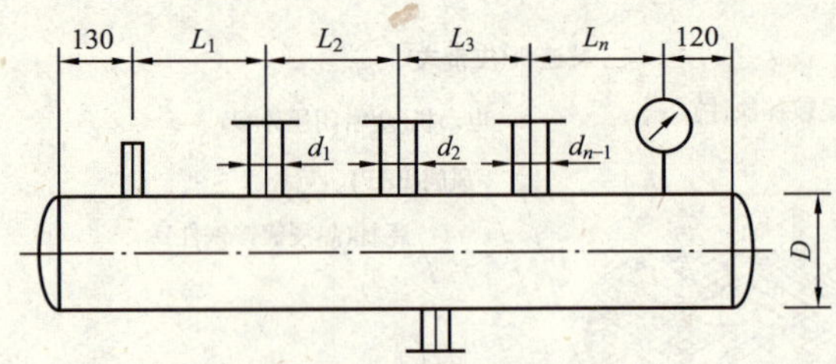

图 5－65　分（集）水缸

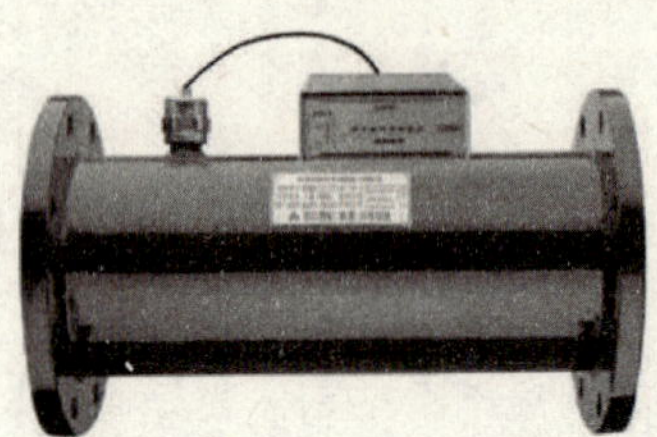

图 5－66　电子处理仪外形

（六）阀件及水过滤器

1．闸阀、截止阀、蝶阀、调节阀

闸阀基本不具备调节能力，它们大多用于需要开/关的场合。在系统中它们基本处于常开状态。大管径上用闸阀，小管径用截止阀。

蝶阀具备一定调节能力，其关闭严密程度不如闸阀和截止阀。因此在一些大管径场合，蝶阀有取代闸阀的趋势；同时，它也可以替代截止阀。

2．水过滤器

水过滤器也称除污器，主要是防止杂质进入设备。常用的水过滤器有 Y 型，根据连接水管的管径选型。过滤器一般装在水泵、冷水机组和热交换器的入口。图 5－67 为 Y 型过滤器结构。

3．软接头

在水泵进出口管路上及冷水机组的冷冻水、冷却水管路上需要设置软接头。它的作用是吸振、减噪、抗爆，对压缩、拉伸、扭转变形能较好地起到位移补偿作用，有法兰和螺纹连接两种形式。软接头一般采用极性橡胶制作，能较好地耐热、耐油、耐腐蚀、耐酸、耐老化。目前使用的软接头有单球体、双球体、同心异径的橡胶挠性接头三种。空调机房中常用的软接头为单球体，其结构如图 5-68 所示。

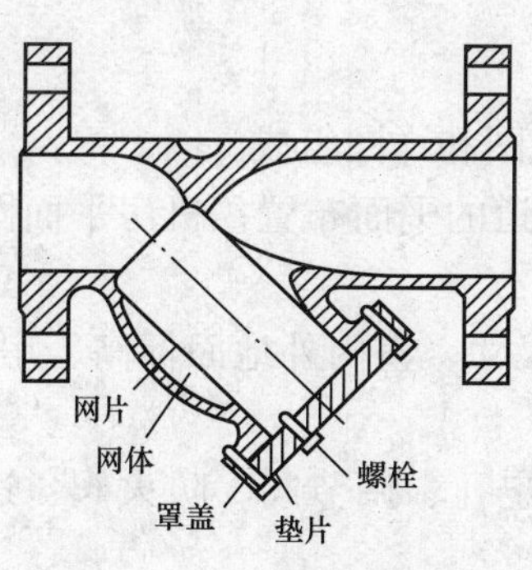

图 5-67　Y 型过滤器结构

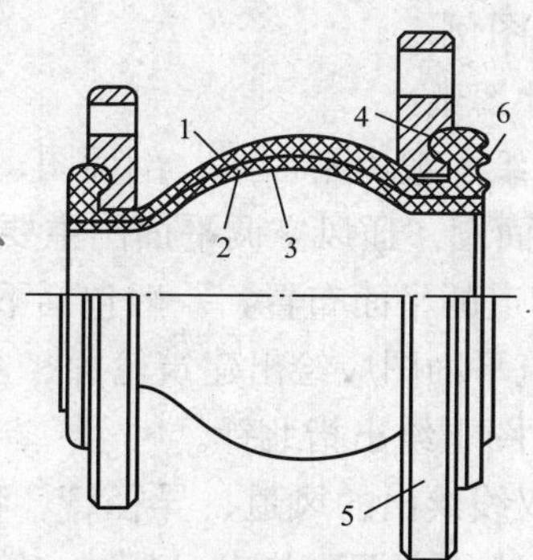

图 5-68　软接头的结构

1—外胶层；2—内胶层；3—骨架层；4—钢丝圈；5—法兰；6—止水环

第六节　通风空调工程施工图识读

一、通风空调工程图线型、比例和图例

暖通空调专业制图采用的各种线型，应符合附录的规定。此外，图样中也可使用自定义图线及含义，但应有图例说明，且含义不应与附录相反。

暖通空调专业制图所采用比例，除总平面图、平面图宜与工程项目设计的主要专业一致外，其余可按表 5-4 选用，风管代号见表 5-5。

表 5-4　暖通空调专业制图比例

图　名	常 用 比 例	可 用 比 例
剖面图	1∶50、1∶100、1∶150、1∶200	1∶300
局部放大图、管沟断面图	1∶20、1∶50、1∶100	1∶30、1∶40、1∶50、1∶200
索引图、详图	1∶1、1∶2、1∶5、1∶10、1∶20	1∶3、1∶4、1∶15

表 5-5　风 管 代 号

代号	风道名称	代号	风道名称	代号	风道名称
K	空调风管	X	新 风 管	P	排 风 管
S	送 风 管	H	回 风 管	PY	排 烟 管

暖通空调中，水、汽管和管道阀门与附件图例，风道附件及阀门图例，设备和调控装置及仪表的图例分别参见附录 2。

二、通风空调工程图组成

在施工图设计阶段，采暖通风与空气调节专业设计文件应包括图纸目录、设计与施工说明、设备表、设计图纸、计算书等。

1. 设计施工说明

在设计施工说明中应包含建筑物概况；设计标准；空调系统的方式、空调系统设备安装要求、对风管使用的材料、保温和安装的要求；空调水系统的管材及保温，系统试压和排污情况；机械送排风设计要求；空调冷冻机房设备的型号、规格、性能和台数，并提出主要的安装要求；图例。

2. 设计图纸

设计图纸一般由平面图、剖面图、系统轴测图、原理图和详图组成。

(1) 平面图。通风空调平面图主要表明设备和系统风道的平面布置；机房平面图表明设备及各类管道的平面布置，一般包括下列内容：

1) 建筑平面图应绘出建筑轮廓、主要轴线号、轴线尺寸、室内外地面标高、房间名称。在底层平面图上绘出指北针。

2) 以双线绘出的风道、异径管、弯头、检查口、测定孔、调节阀、防火阀、送排风口的位置；单线绘空调冷热水、凝结水管道。

3) 注明系统编号，通风空调系统一般均用汉语拼音字头加阿拉伯数字进行编号。如图中标注有S－1、S－2、P－1、K－1、K－2，则分别表明送风系统1、2；排风系统1；空调系统1、2。通过系统编号，可知该图中有几个系统。

4) 注明风道及风口尺寸（圆管注管径、矩形管注宽×高）、标高；标注水管管径及标高、管道坡度和坡向，以及各种设备及风口安装的定位尺寸和编号；标出消声器、调节阀、防火阀等各种部件位置及风管、风口的气流方向。

5) 注明各设备、部件的名称、规格、型号，注明各设备（室）的轮廓尺寸、各种设备定位尺寸、设备基础主要尺寸。

6) 注明弯头的曲率半径R值，注明通用图、标准图索引号等。

7) 对恒温恒湿的空调房间，应注明各房间的基准温度和精度要求。

8) 机房平面图应根据需要增大比例，绘出通风、空调、制冷设备（如冷水机组、新风机组、空调器、冷热水泵、冷却水泵、通风机、消声器、水箱等）的轮廓位置及编号，注明设备和基础距离墙或轴线的尺寸；绘出连接设备的风管、水管位置及走向；注明尺寸、管径、标高；标注机房内所有设备、管道附件（各种仪表、阀门、柔性短管、过滤器等）的位置。

(2) 剖面图。当其他图纸不能表达复杂管道相对关系及竖向位置时，应绘制剖面图或局部剖面。在剖面图中绘出的风管、水管、风口等设备，应表示清楚管道与设备、管道与建筑梁、板、柱、墙及地面的尺寸关系，还应表示清楚风管、风口、水管等尺寸和标高，气流方向及详图索引编号等。

机房剖面图应绘制出与机房平面图的设备、设备基础、管道和附件相对应的竖向位置、竖向尺寸和标高；标注连接设备的管道位置尺寸；注明设备和附件编号及详图索引编号。

(3) 系统图、立管图。通风空调系统图是施工图的重要组成部分，也是区别于建筑、结构施工图的一个主要特点。它可以形象地表达出通风空调系统在空间的前后、左右、上下的走向，以突出系统的立体感。为使图样简洁，系统图中的风管，宜按比例以单线绘制。对系统的主要设备、部件应注出编号，对各设备、部件、管道及配件应表示出它们的完整内容。系统图宜注明管径、标高，其标注方法应与平、剖面图一致。图中的土建标高线，除注明其标高外，还应加文字说明。

对于热力、制冷、空调冷热水系统及复杂的风系统还应绘制系统流程图（原理图）。它主要反应该系统的作用原理、管路流程及设备之间的相互关系，它是设备布置和管道布置的依据，是识读平面图、剖面图的依据，是施工中检查核对管道是否正确和确定介质流向的依据。系统流程图应绘出设备、阀门、控制仪表、配件、标注介质流向、管径及设备编号。流程图可不按比例绘制，但管路分支应与平面图相符。空调的供冷、供热分支水路采用竖向输送时，应绘制立管图并编号，注明管径、坡向、标高及空调器的型号。空调、制冷系统有监测与控制时，应有控制原理图，图中以图例绘出设备、传感器及控制元件位置；说明控制要求和必要的控制参数。

(4) 详图。通风、空调制冷系统的各种设备及零部件施工安装，应注明采用的标准图、通用图的图名或图号。凡无现成图纸可选，且需要交代设计意图的，均需绘制详图。简单的详图，可就图引出，绘局部详图；制作详图或安装复杂的详图应单独绘制。

3. 设备表

列出本通风与空调工程主要设备，材料的型号、规格、性能和数量。

4. 计算书（供内部使用，备查）

计算书内容视工程繁简程度，按照国家有关规定、规范及本单位技术措施进行制定。

三、通风空调工程图识图

(一) 识图基本方法

识读顺序，对系统而言，可按空气流向进行。

1. 送风系统

进风口→进风管道→通风机→主干管道→分支管道→送风口。

2. 排风系统

排气（尘）罩类→吸风管道→排风机→立风管→风帽。

3. 全空气空调系统

新风口→新风管道→空气处理设备→送风机→送风干管→送风管→送风口→空调房间→回风口→回风机→回风管道（同时读排风管、排风口）→一、二次回风管→空气处理设备。

对图纸而言一般为平面图、剖面图、系统图、详图。看剖面图与系统图时，应与平面图对照进行。看平面图以了解设备、管道的平面布置位置及定位尺寸；看剖面图以了解设备、管道在高度方向上的位置情况、标高尺寸及管道在高度方向上的走向；看系统图以了解整个系统在空间上的概貌；看详图以了解设备、部件的具体构造、制作安装尺寸与要求等。

(二) 通风空调识图实例

(1) 图 5－69 所示为某地下车库的通风平面图。

(2) 图 5－70 所示为某空调风机盘管系统平面图。

(3) 图 5－71 所示为某空调机房平面图。

(4) 图 5－72 所示为某空调机房流程图。

(5) 图 5－73～图 5－75 所示为某空调机房剖面图。

(6) 图 5－76 所示为某空调机房屋顶冷却塔平面布置图。

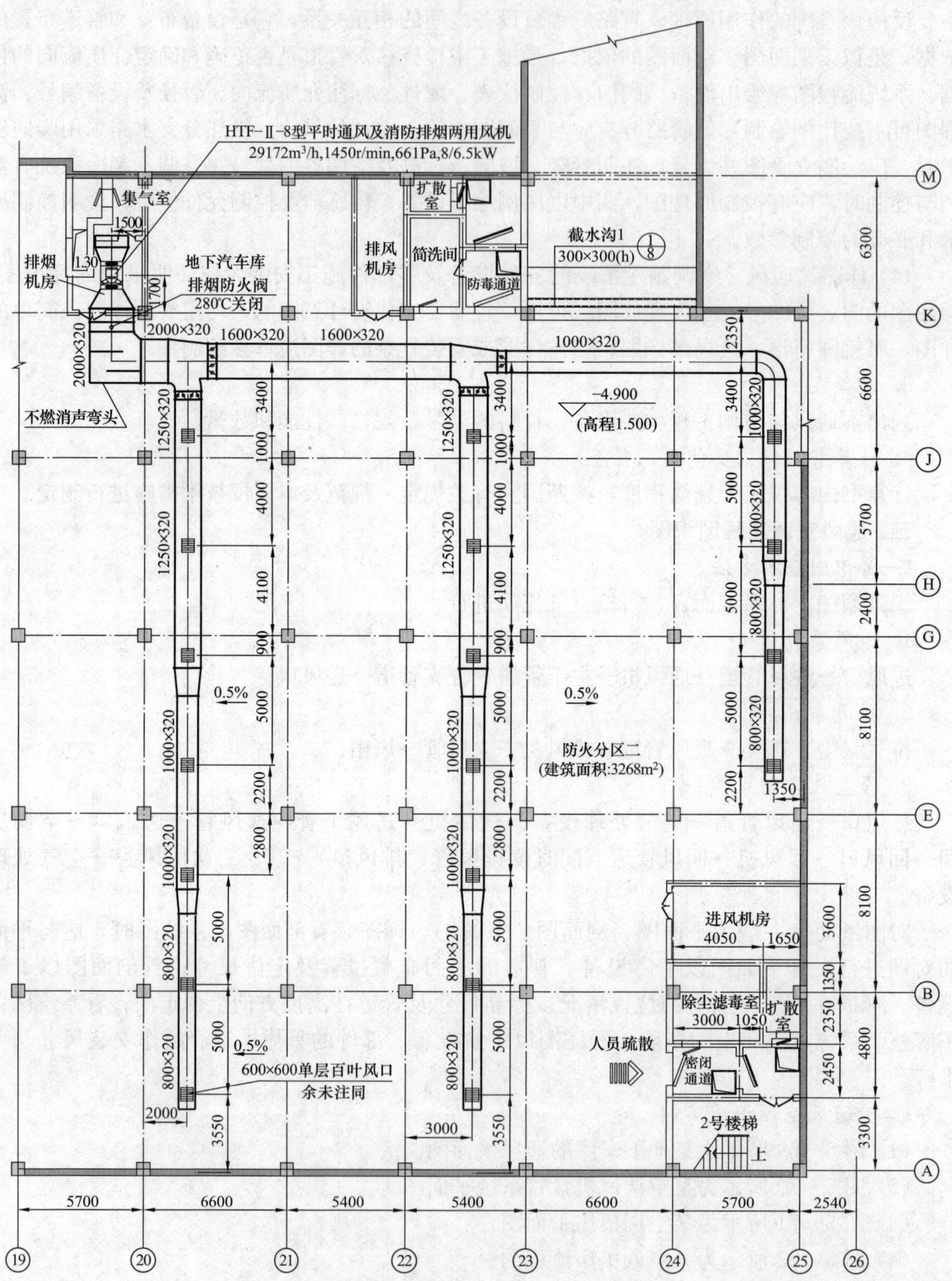

图 5-69　某地下车库的通风平面图

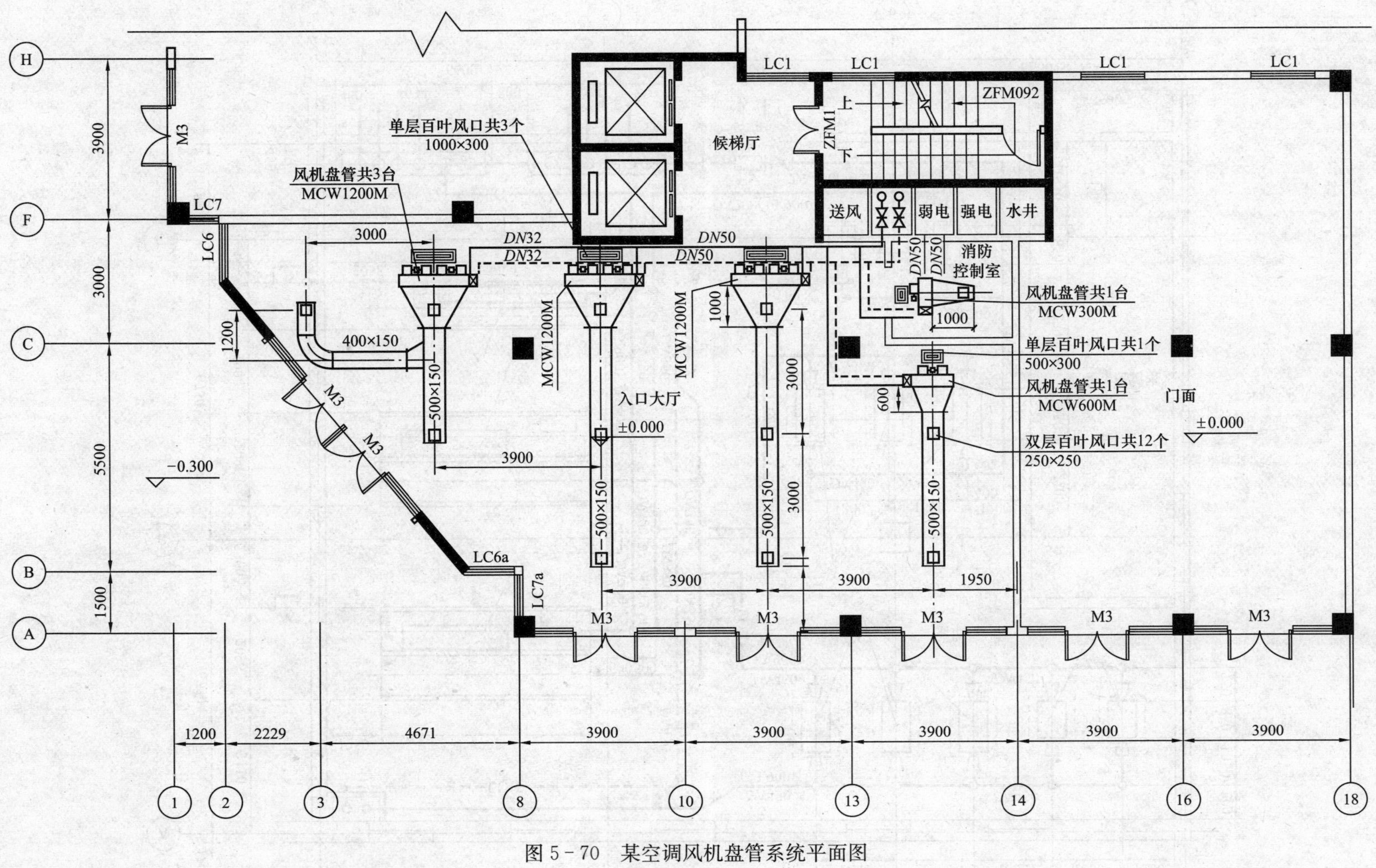

图5－70 某空调风机盘管系统平面图

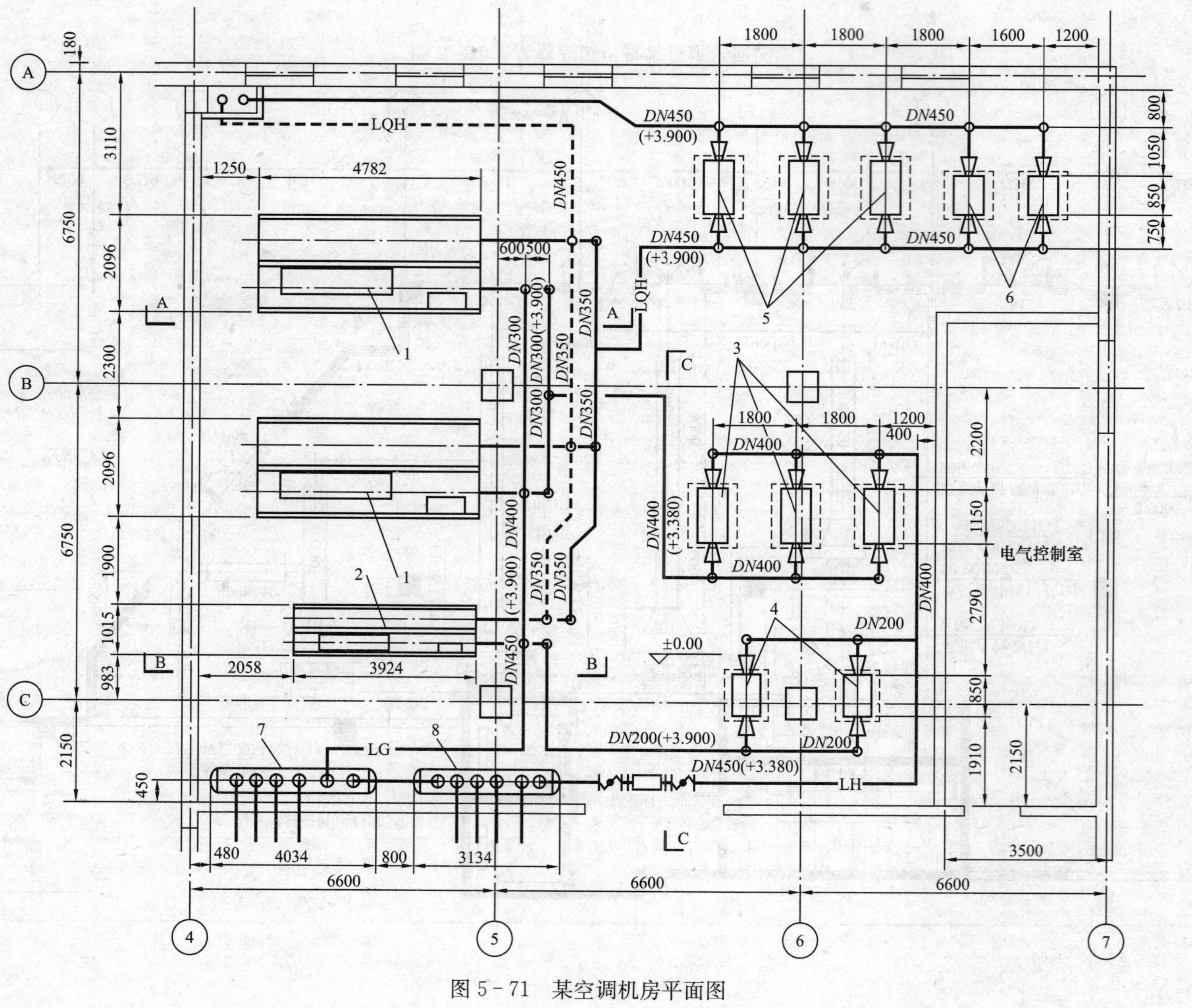

图5-71 某空调机房平面图

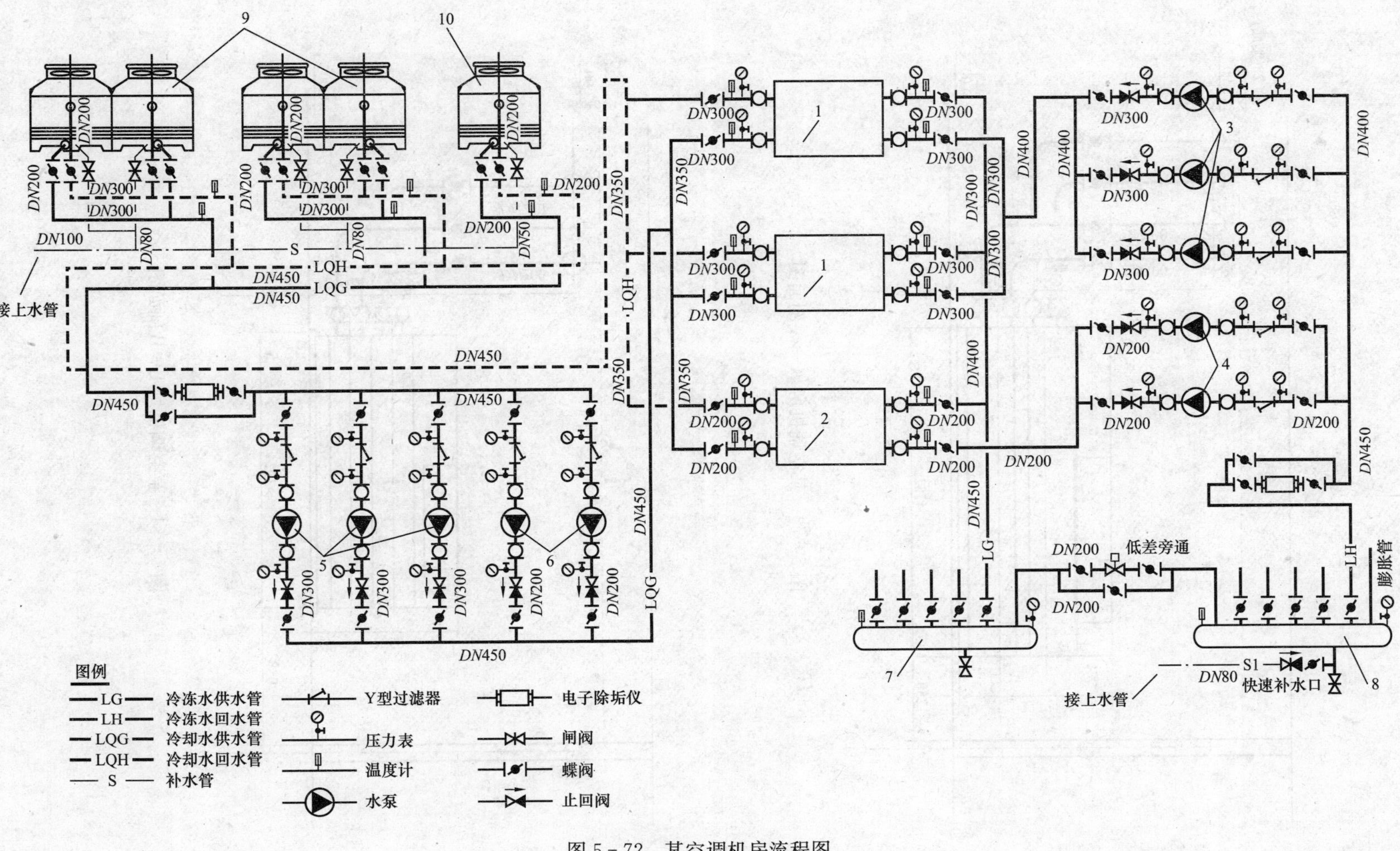

图5-72　某空调机房流程图

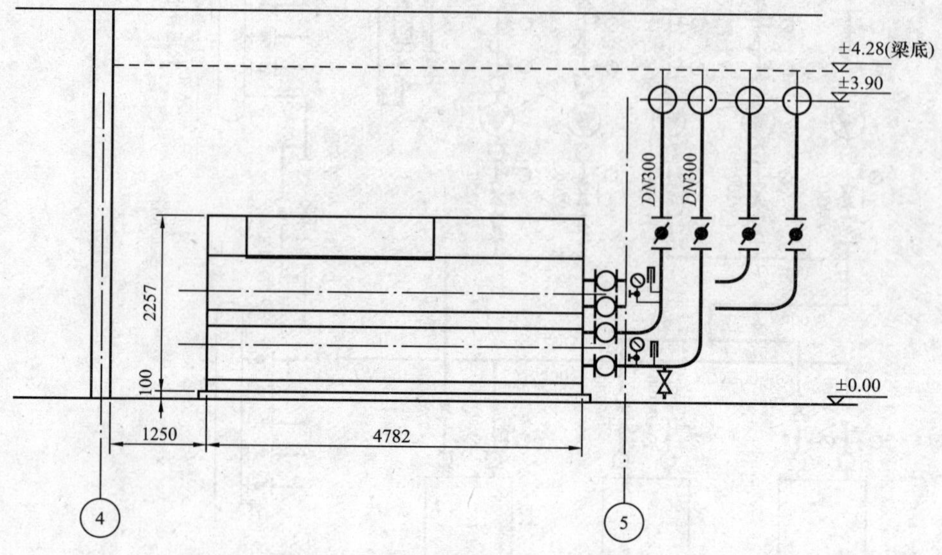

图 5-73　某空调机房 A—A 剖面图

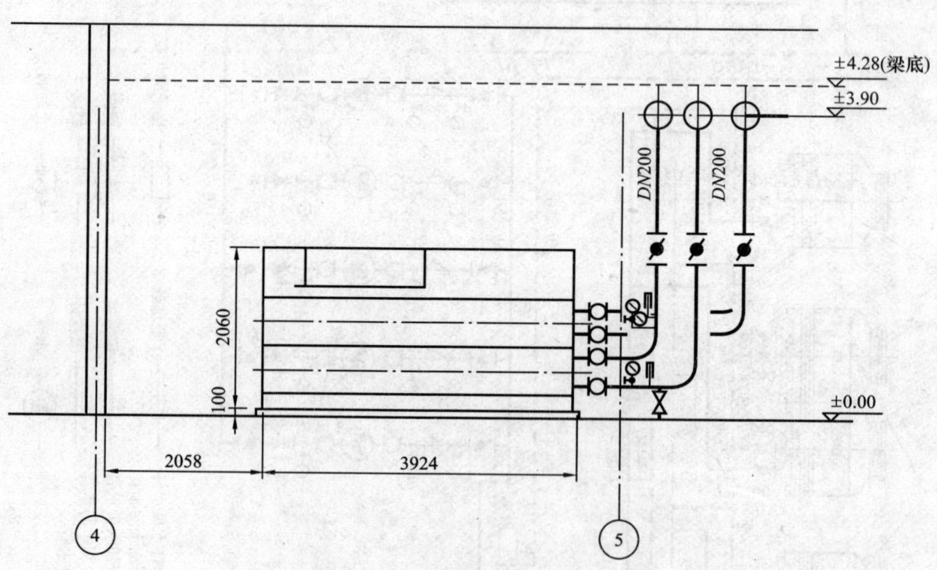

图 5-74　某空调机房 B—B 剖面图

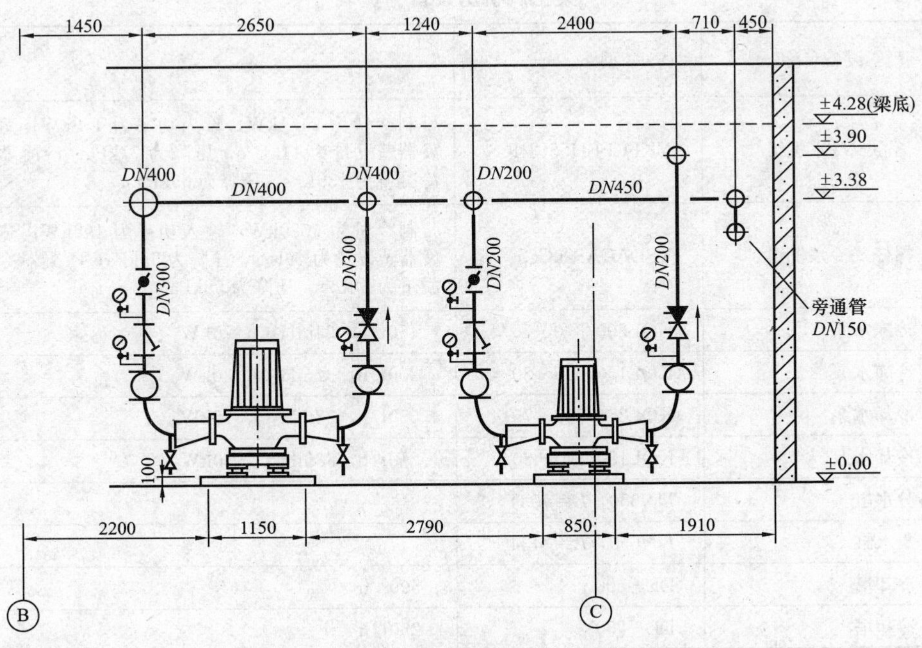

图 5-75　某空调机房 C—C 剖面图

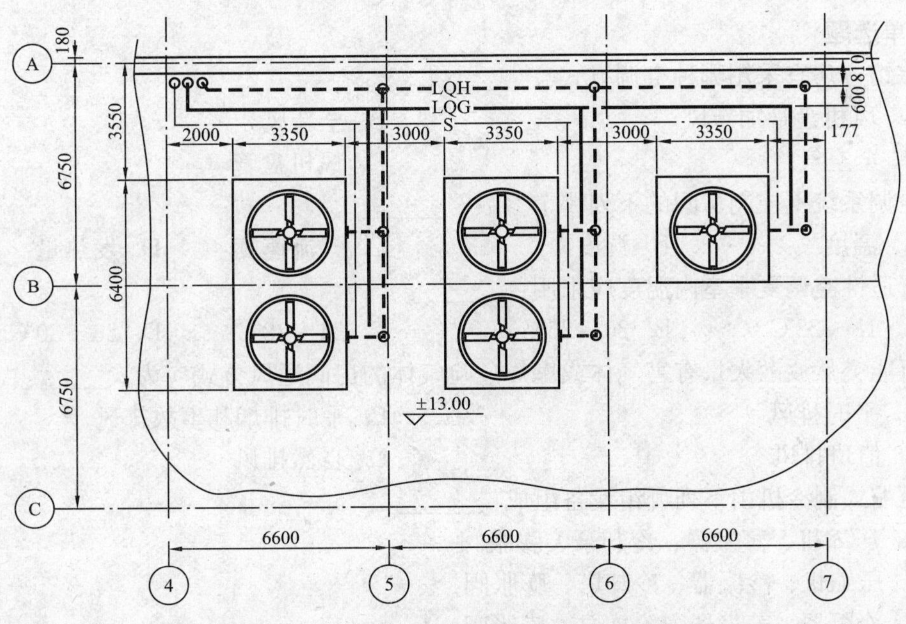

图 5-76　某空调机房屋顶冷却塔平面布置图

（7）表 5 - 6 为某空调机房设备一览表。

表 5 - 6 **某空调机房设备一览表**

设备编号	设备名称	型　号	参　数	数量
1	离心式冷水机组	YKFCFBH55CRF	制冷量为 2461kW，输入功率为 479kW；蒸发器蒸发量为 118L/s，压降为 77kPa；冷凝器冷凝量为 139L/s，压降为 65kPa	2
2	螺杆式冷水机组	YSDACAS35CGE	制冷量为 1020kW，输入功率为 199kW；蒸发器蒸发量为 49L/s，压降为 55kPa；冷凝器冷凝量为 58L/s，压降为 65kPa	1
3	冷冻水泵	KQL200/370 - 75/4	450t/h，34mH_2O，75kW	3
4	冷冻水泵	KQL150/315 - 30/4	200t/h，32mH_2O，30kW	2
5	冷却水泵	KQL250/315 - 75/4	550t/h，32mH_2O，75kW	3
6	冷却水泵	KQL150/345 - 30/4	210t/h，33mH_2O，30kW	2
7	分水缸	$DN650$，L=4034		1
8	集水缸	$DN650$，L=3134		1
9	冷却塔	DL - 500	500t/h	2
10	冷却塔	DL - 250	250t/h	1

习　　题

一、单选题

1. 旅馆客房宜采用哪种空调方式？______
   A. 风机盘管加新风　　B. 全新风
   C. 全空气　　D. 风机盘管
2. 空调系统不控制房间的下列哪个参数？______
   A. 温度　　B. 湿度　　C. 气流速度　　D. 发热量
3. 舒适性空调夏季室内温度应采用：______。
   A. 18～22℃　　B. 20～26℃　　C. 24～28℃　　D. 26～30℃
4. 可能突然放散大量有害气体或爆炸危险气体的房间通风方式应为：______。
   A. 平时排风　　B. 平时排烟和事故排风
   C. 值班排风　　D. 自然排风
5. 压缩式制冷机由下列哪组设备组成：______。
   A. 压缩机、蒸发器、冷却泵、膨胀阀
   B. 压缩机、冷凝器、冷却塔、膨胀阀
   C. 冷凝器、蒸发器、冷冻泵、膨胀阀
   D. 压缩机、冷凝器、蒸发器、膨胀阀
6. 公共厨房、卫生间通风应保持______。
   A. 正压　　B. 负压　　C. 常压　　D. 无压

7. 机械送风系统的室外进风装置应设在室外空气比较洁净的地点，进风口的底部距室外地坪不宜小于______m。

A. 3　　B. 2　　C. 1　　D. 0.5

8. 在通风管道中能防止烟气扩散的设施是______。

A. 防火卷帘　　B. 防火阀　　C. 排烟阀　　D. 空气幕

9. 高层民用建筑的下列哪组部位应设防烟设施______。

A. 防烟梯间及其前室、消防电梯前室和合用前室封闭避难层

B. 无直接自然通风，且长度超过 20m 的内走道

C. 面积超过 $100m^2$，且经常有人停留或可燃物较多的房间

D. 高层建筑的中庭

10. 影响室内气流组织最主要的是______。

A. 回风口的位置和形式　　B. 送风口的位置和形式

C. 房间的温湿度　　D. 房间的几何尺寸

11. 某房间 $t=(20\pm0.5)$℃，空调精度为______℃。

A. 20　　B. 0.5　　C. (20±0.5)　　D. 以上都不对

12. 风机盘管式加新风空调系统属于______空调系统。

A. 集中式　　B. 局部式　　C. 半集中式　　D. 分散式

二、多项选择题

1. 对集中式空调系统描述正确的是______。

A. 空调设备集中设置在专用空调机房里，管理维修方便，消声防振容易

B. 可根据季节变化调节空调系统的新风量，节约运行费用

C. 占有建筑空间小，房间单独调节难

D. 一个系统只能处理一种状态的空气，便于运行调节

E. 使用寿命长，初投资和运行费比较小

2. 对风管的描述正确的有______。

A. 风道的布置应考虑运行调节和阻力平衡

B. 空调风管断面都采用矩形

C. 风管材料可以是镀锌钢板

D. 风道一般布置在吊顶内、建筑的剩余空间、设备层

E. 风管材料可以是复合材料

三、问答题

1. 自然通风和机械通风的区别是什么?

2. 为什么要设置防排烟系统?

3. 空调系统的任务与组成是什么?

4. 集中式与半集中式空调系统的区别在哪里?

第六章　施工图识读项目实训

施工图识读能力训练不仅是建筑设备工程课程的教学目的，也是非常重要的教学手段。通过施工图识图训练，可以反过来加深对水暖理论知识的理解。本书提供了一套完整的北方某城市建筑给排水及暖通空调施工图，共包含33张图（见图册中图6-1～图6-33）。同时，根据本书不同的章节及相对独立的内容，提供了6个实训项目单，学生可根据实训项目单的要求，对施工图进行仔细识读。

本章节各实训项目内容也可以分别提前与各章节衔接教学。

当教学课时较少时，可以让学生分组完成施工图中不同区域的识读及材料设备统计。

第一节　实训项目单

一、实训项目单1——给排水施工图识读

给排水施工图识读实训项目单见表6-1。

表6-1　给排水施工图识读实训项目单

项目编号	CN1	项目名称	给排水实训	训练对象	土建类非建筑设备专业
课程名称	建筑设备工程（水暖部分）				
实训目的	1. 识读卫生间给排水施工图。 2. 了解常用卫生器具的类型、功能，以及平面尺寸、规格。 3. 掌握常用给排水管材、附件，以及管道连接方法。 4. 了解管道安装要求。 5. 了解建筑、结构对卫生间器具布置、管道安装的配合要求				
完成任务	1. 统计给排水管道的规格和数量，指明连接方法。 2. 统计卫生器具类型及规格数量。 3. 统计给排水各类阀门、附件等材料规格及数量。 4. 找出图中管道施工与土建配合之处并补充详细说明。 5. 所有结果应分楼层分别统计，并编写Excel表格，供指导教师核查				

二、实训项目单2——消防施工图识读

消防施工图识读实训项目单见表6-2。

表 6-2　消防施工图识读实训项目单

项目编号	CN2	项目名称	消防实训	训练对象	土建类非建筑设备专业
课程名称	建筑设备工程（水暖部分）				
实训目的	1. 识读消防施工图。 2. 了解常用的消防系统及各类消防系统的应用。 3. 掌握消火栓、喷头等消防设备的类型、功能及平面尺寸、规格。 4. 掌握常用消防管材、附件及管道连接方法。 5. 了解消防管道安装要求。 6. 了解消火栓、喷头等消防设备布置、管道安装的配合要求				
完成任务	1. 统计消防管道的规格和数量，指明连接方法。 2. 统计消火栓、喷头等消防设备型号、规格参数及数量。 3. 统计消防管道各类阀门、附件等材料规格及数量。 4. 画出图中管道施工与土建配合之处并补充详细说明。 5. 所有结果应分楼层分别统计，并编写 Excel 表格，供指导教师核查				

三、实训项目单 3——泵房、水箱间施工图识读

泵房、水箱间施工图识读实训项目单见表 6-3。

表 6-3　泵房、水箱间施工图识读实训项目单

项目编号	CN3	项目名称	水泵房、水箱间实训	训练对象	土建类非建筑设备专业
课程名称	建筑设备工程（水暖部分）				
实训目的	1. 识读水泵安装工程流程图。 2. 掌握离心水泵常用管材、附件及管道连接方法。 3. 了解管道安装要求。 4. 熟悉水泵吸水管与压水管管道连接的要求				
完成任务	1. 统计水泵房管道规格及数量、指明连接方式。 2. 统计水泵房各类阀门、附件等材料型号、规格参数及数量。 3. 画出图中管道施工与土建配合之处并补充详细说明。 4. 所有结果应分楼层分别统计，并编写 Excel 表格，供指导教师核查				

四、实训项目单 4——供暖施工图识读

供暖施工图识读实训项目单见表 6-4。

表 6-4　供暖施工图识读实训项目单

项目编号	CN4	项目名称	供暖实训	训练对象	土建类非建筑设备专业
课程名称	建筑设备工程（水暖部分）				
实训目的	1. 识读供暖工程施工图。 2. 掌握供暖常用管材、附件及管道连接方法。 3. 了解管道安装要求。 4. 熟悉供暖设备规格型号，如散热器、换热器等				
完成任务	1. 统计供暖管道规格及数量，指明连接方式。 2. 统计散热器、阀门、附件等材料设备型号、规格参数及数量。 3. 画出图中管道施工与土建配合之处并补充详细说明。 4. 所有结果应分楼层分别统计，并编写 Excel 表格，供指导教师核查				

五、实训项目单5——通风施工图识读

通风施工图识读实训项目单见表6-5。

表6-5 通风施工图识读实训项目单

项目编号	CN5	项目名称	通风实训	训练对象	土建类非建筑设备专业
课程名称	建筑设备工程（水暖部分）				
实训目的	1. 识读通风系统施工图，了解通风的必要性。 2. 了解常用风机、阀门、空气分配装置的类型。 3. 掌握常用通风管材、管道的连接方法。 4. 了解电气专业对通风排烟系统的配合要求及通风系统的安装要求				
完成任务	1. 统计通风管道规格及数量，指明连接方式。 2. 统计风机、阀门、空气分配装置等材料设备型号、规格参数及数量。 3. 画出图中管道施工与土建配合之处并补充详细说明。 4. 所有结果应分楼层分别统计，并编写Excel表格，供指导教师核查				

六、实训项目单6——空调施工图识读

空调施工图识读实训项目单见表6-6。

表6-6 空调施工图识读实训项目单

项目编号	CN5	项目名称	空调实训	训练对象	土建类非建筑设备专业
课程名称	建筑设备工程（水暖部分）				
实训目的	1. 识读空调系统施工图，了解空调的类型及各类空调系统的适用范围。 2. 了解冷水机组、新风机、风机盘管、风口、冷却塔等设备的类型。 3. 掌握空调制冷机房流程图。 4. 了解电气专业对空调系统的配合要求及空调系统的安装要求				
完成任务	1. 统计空调水管、风管规格及数量，指明连接方式。 2. 统计各类水管、风管阀门等材料附件规格及数量。 3. 统计冷水机组、新风机、风机盘管、风口、冷却塔等设备型号、规格参数及数量。 4. 画出图中管道施工与土建配合之处并补充详细说明。 5. 所有结果应分楼层分别统计，并编写Excel表格，供指导教师核查。制冷机房应单独统计				

第二节 施工图识读材料统计清单样板

施工图识读材料统计清单见表6-7。

表6-7 施工图识读材料统计清单

冷 冻 机 房				
编号	项目名称	单位	数量	规格参数或位置说明
1	镀锌钢管 *DN*50	10m	1.2	
2	无缝管 $\phi219\times6$	10m	2.6	
3	无缝管 $\phi273\times7$	10m	3.6	
4	蝶阀 WBGX-16*DN*200	只	8	机组进出口及水泵进出口

续表

冷　冻　机　房				
编号	项目名称	单位	数量	规格参数或位置说明
5	过滤器 *DN*200	只	2	水泵进口
6	止回阀 *DN*50	只	2	水泵出口
7	止回阀 *DN*200	只	2	水泵出口
8	多功能电子除垢仪 *DN*250	只	1	空调冷冻水回水总管
9	橡胶软接头 *DN*200	只	4	水泵进出口
10	电磁流量计 *DN*250	只	1	空调冷冻水回水总管
11	温度计	只	6	冷水机组进出水管
12	压力表	块	16	水泵及冷水机组进出水管
13	压力表旋塞 *DN*15	个	16	
14	平焊法兰 *DN*150	片	4	与水泵进出口连接的管道
15	平焊法兰 *DN*200	片	14	与冷水机组、电子除垢仪、过滤器阀门等进出口连接的管道
16	螺杆式冷水机组	台	2	30HXC350A，制冷量为 1218kW，功耗为 252kW
17	冷冻水泵	台	2	KQW150 - 300 - 30/4，流量为 200t/h，扬程为 32m，电动机功率为 30kW
18	冷却水泵	台	2	KQW250 - 300 - 37/4，流量为 280t/h，扬程为 28m，电动机功率为 37kW
19	管道橡塑保温	m^3	2.54	

附录1　给排水常用线型、标注及图例表示方法

给排水常用线型、标注及图例表示方法见附表1－1～附表1－9。

附表1－1　　管道图例

序号	名称	图例	备注
1	生活给水管	—— J ——	
2	热水给水管	—— RJ ——	
3	热水回水管	—— RH ——	
4	中水给水管	—— ZJ ——	
5	循环给水管	—— XJ ——	
6	循环回水管	—— XH ——	
7	热媒给水管	—— RM ——	
8	热媒回水管	—— RMH ——	
9	蒸汽管	—— Z ——	
10	凝结水管	—— N ——	
11	废水管	—— F ——	可与中水源水管合用
12	压力废水管	—— YF ——	
13	通气管	—— T ——	
14	污水管	—— W ——	
15	压力污水管	—— YW ——	
16	雨水管	—— Y ——	
17	压力雨水管	—— YY ——	
18	膨胀管	—— PZ ——	
19	保温管		
20	多孔管		
21	地沟管		
22	防护套管		
23	管道立管	XL-1 平面　XL-1 系统	X：管道类别 L：立管　1：编号
24	伴热管		
25	空调凝结水管	—— KN ——	
26	排水明沟	坡向 ——→	
27	排水暗沟	坡向 ——→	

注　分区管道用加注角标方式表示，如J1、J2、RJ1、RJ2……

附表1-2　　**管道附件图例**

序号	名称	图例	备注
1	套管伸缩器	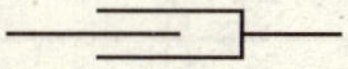	
2	方形伸缩器		
3	刚性防水套管	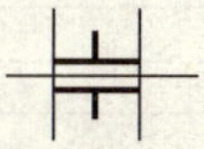	
4	柔性防水套管		
5	波纹管	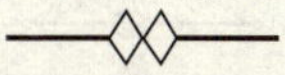	
6	可曲挠橡胶接头		
7	管道固定支架		
8	管道滑动支架	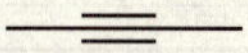	
9	立管检查口	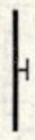	
10	清扫口	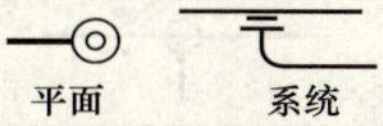 平面　系统	
11	通气帽	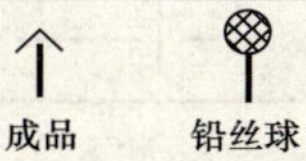 成品　铅丝球	
12	雨水斗	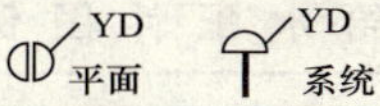 YD 平面　YD 系统	
13	排水漏斗	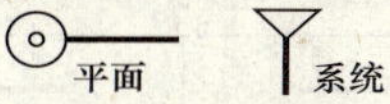 平面　系统	
14	圆形地漏		通用。如为无水封，地漏应加存水弯
15	方形地漏	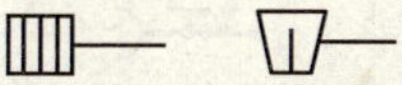	
16	自动冲洗水箱		
17	挡墩		
18	减压孔板	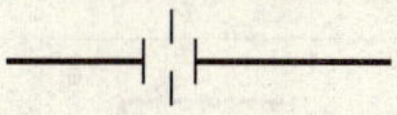	
19	Y型除污器		
20	毛发聚集器	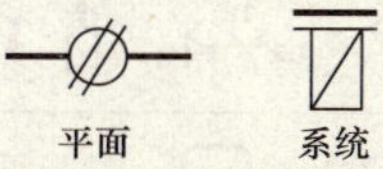 平面　系统	
21	防回流污染止回阀	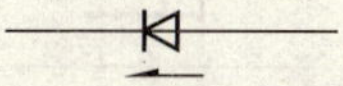	
22	吸气阀		

附表 1-3　　**管道连接图例**

序号	名称	图例	备注
1	法兰连接	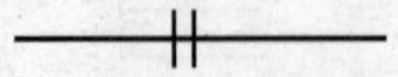	
2	承插连接	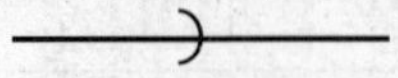	
3	活接头	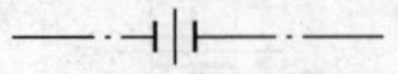	
4	管堵		
5	法兰堵盖		
6	弯折管	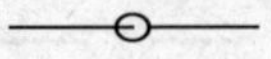	表示管道向后及向下弯转 90°
7	三通连接	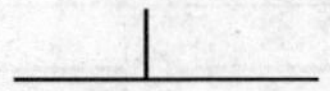	
8	四通连接	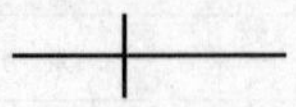	
9	盲板		
10	管道丁字上接	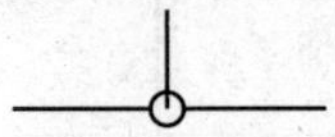	
11	管道丁字下接	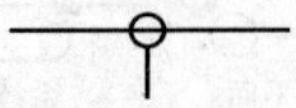	
12	管道交叉	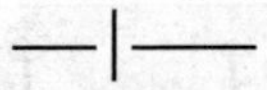	在下方和后面的管道应断开

附表 1-4　　**给水配件图例**

序号	名称	图例	备注
1	放水龙头	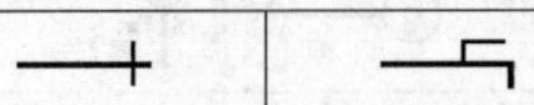	左侧为平面，右侧为系统
2	皮带龙头	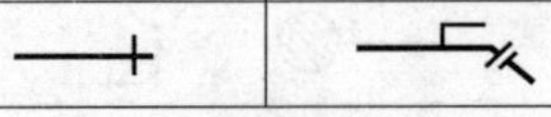	左侧为平面，右侧为系统
3	洒水（栓）龙头	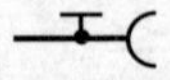	
4	化验龙头	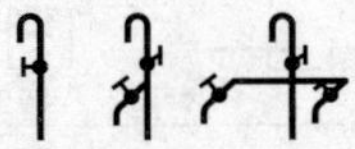	
5	肘式龙头	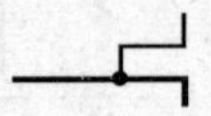	
6	脚踏开关	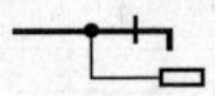	
7	混合水龙头	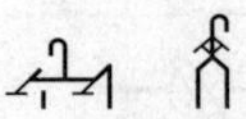	
8	旋转水龙头	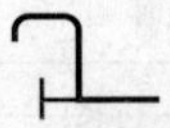	
9	浴盆带喷头混合水龙头		

附表 1-5 阀门图例

序号	名称	图例	备注
1	闸阀		
2	角阀		
3	三通阀		
4	四通阀		
5	截止阀	$DN\geqslant 50$　$DN<50$	
6	电动阀		
7	液动阀		
8	气动阀		
9	减压阀		左侧为高压端
10	旋塞阀	平面　系统	
11	底阀		
12	球阀		
13	温度调节阀		
14	压力调节阀		
15	电磁阀	M	
16	止回阀		
17	消声止回阀		
18	蝶阀		
19	弹簧安全阀		
20	平衡锤安全阀		
21	自动排气阀	平面　系统	
22	浮球阀	平面　系统	
23	延时自闭冲洗阀		
24	吸水喇叭口	平面　系统	
25	疏水器		

附表 1-6 消 防 设 施

序号	名称	图例	备注
1	消火栓给水管	XH	
2	自动喷水灭火给水管	ZP	
3	室外消火栓		
4	室内消火栓（单口）	平面 系统	白色为开启面
5	室内消火栓（双口）	平面 系统	
6	水泵接合器		
7	自动喷洒头（开式）	平面 系统	
8	自动喷洒头（闭式）	平面 系统	下喷
9	自动喷洒头（闭式）	平面 系统	上喷
10	自动喷洒头（闭式）	平面 系统	上下喷
11	侧墙式自动喷洒头	平面 系统	
12	侧喷式喷洒头	平面 系统	
13	雨淋灭火给水管	YL	
14	水幕灭火给水管	SM	
15	湿式报警阀	平面 系统	
16	遥控信号阀		
17	水流指示器		
18	水力警铃		
19	雨淋阀	平面 系统	
20	末端测试阀	平面 系统	
21	末端测试阀		

注 分区管道用加注角标方式表示，如 XH1、XH2、ZP1、ZP2……

附表1-7　　卫生设备及水池

序　号	名　　称	图　　例	备　　注
1	立式洗脸盆		
2	台式洗脸盆		
3	挂式洗脸盆	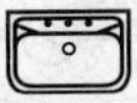	
4	浴盆	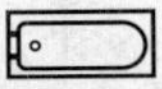	
5	化验盆、洗涤盆	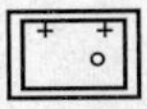	
6	带沥水板洗涤盆	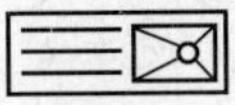	不锈钢制品
7	污水池		
8	妇女卫生盆		
9	立式小便器		
10	壁挂式小便器		
11	蹲式大便器	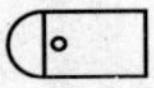	
12	坐式大便器		
13	小便槽	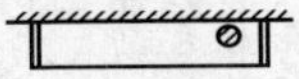	
14	淋浴喷头		

附表1-8　　给排水设备

序　号	名　　称	图　　例	备　　注
1	水　泵	平面　系统	
2	潜水泵		
3	管道泵		

附表 1-9　　仪　表

序　号	名　称	图　例	备　注
1	温度计		
2	压力表		
3	水　表		
4	真空表		

附录 2　供热通风空调工程常用线型、比例及图例

供热、通风及空调工程常用线型、比例及图例见附表 2-1～附表 2-5。

附表 2-1　　水、汽管道代号

序号	代号	管道名称	备　注
1	R	（供暖、生活、工艺用）热水管	1. 用粗实线、粗虚线区分供水、回水时，可省略代号 2. 可附加阿拉伯数字 1、2 区分供水、回水 3. 可附加阿拉伯数字 1、2、3…表示一个代号、不同参数的多种管道
2	Z	蒸汽管	需要区分饱和、过热、自用蒸汽时，可在代号前分别附加 B、G、Z
3	N	凝结水管	
4	P	膨胀水管、排污管、排气管、旁通管	需要区分时，可在代号后附加一位小写拼音字母，即 Pz、Pw、Pq、Pt
5	G	补给水管	
6	X	泄水管	
7	XH	循环管、信号管	循环管为粗实线，信号管为细虚线。不致引起误解时，循环管也可为“X”
8	Y	溢排管	
9	L	空调冷水管	
10	LR	空调冷/热水管	
11	LQ	空调冷却水管	
12	n	空调冷凝水管	
13	FQ	氟汽管	
14	FY	氟液管	

附表 2-2　　水、汽管道阀门和附件图例

序号	名　称	图　例	附　注
1	阀门（通用）、截止阀	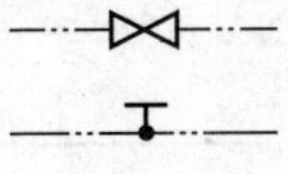	1. 没有说明时，表示螺纹连接 法兰连接时  焊接时  2. 轴测图画法 阀杆为垂直 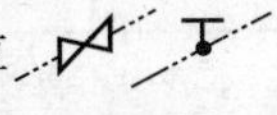 阀杆为水平 
2	手动调节阀		
3	角阀	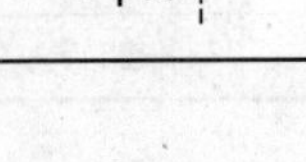 或	

续表

序号	名　称	图　例	附　注
4	平衡阀		
5	三通阀	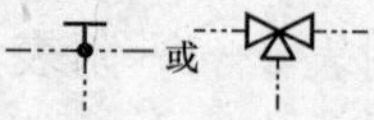 或	
6	节流阀		
7	止回阀	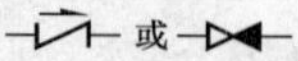 或	左图为通用，右图为升降式止回阀，流向同左。其余同阀门类推
8	疏水阀		在不致引起误解时，也可用  表示。也称“疏水器”
9	浮球阀	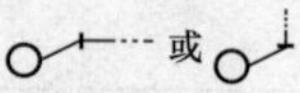 或	
10	集气罐、排气装置	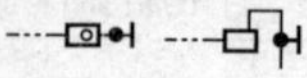	左图为平面图
11	自动排气阀		
12	除污器（过滤器）		左为立式除污器，中为卧式除污器，右为Y型过滤器
13	补偿器		也称“伸缩器”
14	矩形补偿器	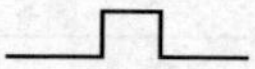	
15	套管补偿器		
16	波纹管补偿器	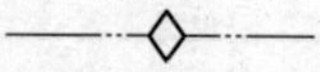	
17	弧形补偿器		
18	球形补偿器		
19	变径管、异径管		左图为同心异径管，右图为偏心异径管
20	丝堵		也可表示为 
21	可屈挠橡胶软接头		
22	金属软管		也可表示为 
23	绝热管		
24	固定支架	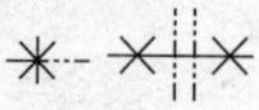	

注　部分阀门图例与附表1-5重复，本表中不再列出。

附表2-3　　风　道　代　号

代　号	风道名称	代　号	风道名称
K	空调风管	H	回风管（一、二次回风可附加1、2区别）
S	送风管	P	排风管
X	新风管	PY	排烟管或排风、排烟共用管道

附表 2-4　**风道、阀门及附件图例**

序号	名称	图例	附注
1	带导流片弯头	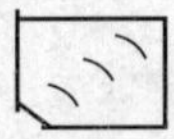	
2	消声器、消声弯管	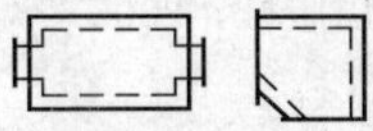	也可表示为 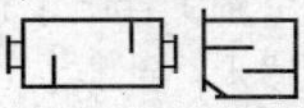
3	插板阀	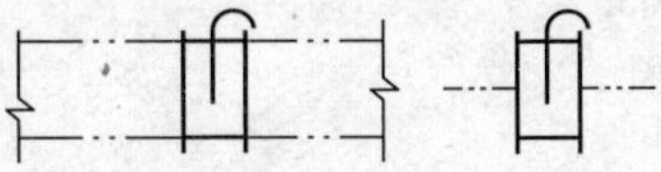	
4	天圆地方	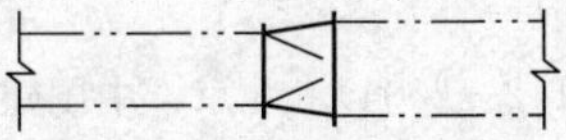	左接矩形风管，右接圆形风管
5	蝶阀	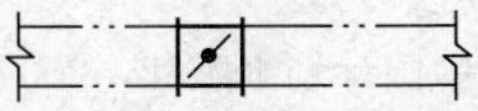	
6	对开多叶调节阀	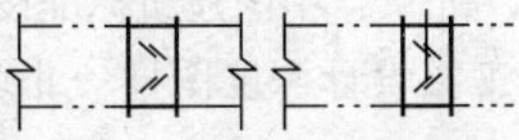	左为手动，右为电动
7	三通调节阀	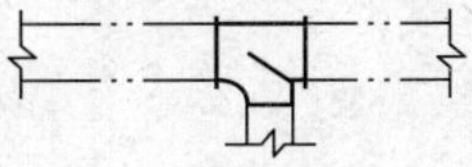	
8	防火阀	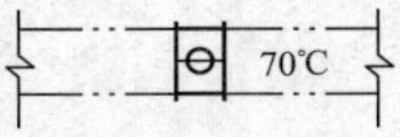 70℃	表示 70℃动作的常开阀。若因图面小，可表示为 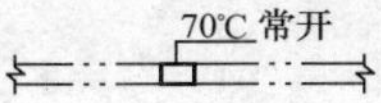 70℃常开
9	排烟阀	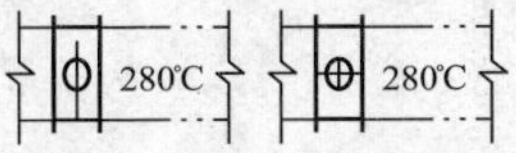 280℃　280℃	左为 280℃动作的常闭阀，右为常开阀。若因图面小，表示方法同上
10	软接头	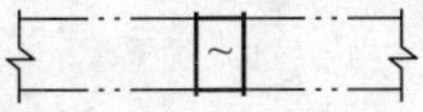 ~	也可表示为 
11	散流器	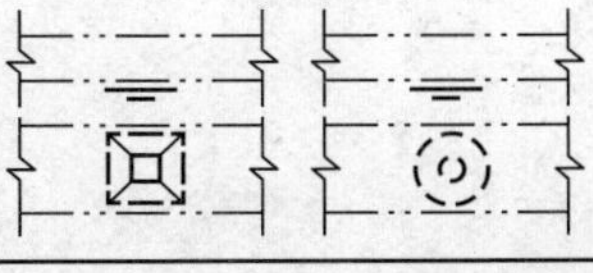	左为矩形散流器，右为圆形散流器。散流器为可见时，虚线改为实线

附表 2-5　**暖通空调设备图例**

序号	名称	图例	附注
1	散热器及手动放气阀	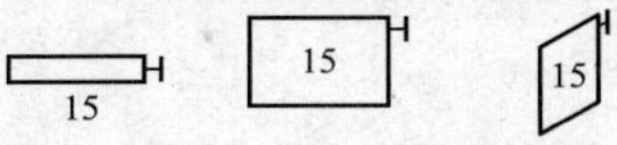 15　15　15	左为平面图画法，中为剖面图画法，右为系统图、Y 轴侧图画法
2	轴流风机	 或	
3	离心风机		左为左式风机，右为右式风机
4	板式换热器	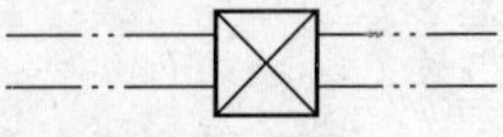	
5	风机盘管	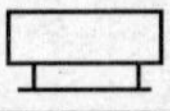	可标注型号，如 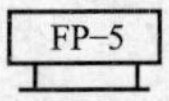 FP-5

参 考 文 献

[1] 贾永康. 供热通风与空调工程施工技术. 北京：机械工业出版社，2005.
[2] 黄奕沄. 空调用制冷技术. 北京：中国电力出版社，2007.
[3] 魏恩宗. 锅炉与供热. 北京：机械工业出版社，2003.
[4] 刘金生. 建筑设备工程. 北京：中国建筑工业出版社，2006.
[5] 杨光臣，马克忠. 重庆：重庆大学出版社，1996.
[6] 赵兴忠. 建筑设备工程. 北京：科学出版社，2003.
[7] 中国建筑科学研究院. 地面辐射供暖技术规程（JGJ 142—2004）. 北京：中国建筑工业出版社，2004.
[8] 路延魁. 空气调节设计手册. 北京：中国建筑工业出版社，1995.
[9] 中国建筑标准设计研究所. 给水排水标准图集. 北京：中国计划出版社，2004.
[10] 王素卿. 全国民用建筑工程设计技术措施—给水排水. 北京：中国建筑标准设计研究所，2003.
[11] 中国建筑标准设计研究院. 民用建筑工程给水排水施工图设计深度图样. 北京：中国建筑标准设计研究院，2004.